江苏理工学院社科类人才引进项目
"拉斯姆森《美国农业史》翻译、整理与研究"(KYY18563)
江苏理工学院横向课题(KYH19577)
资助出版

# 美国作物采集活动研究
## 以中国为田野（1898—1949）

刘琨　王红梅　著

中国农业科学技术出版社

**图书在版编目（CIP）数据**

美国作物采集活动研究：以中国为田野：1898—1949 / 刘琨，王红梅著. -- 北京：中国农业科学技术出版社，2021.8

ISBN 978-7-5116-5419-9

Ⅰ.①美… Ⅱ.①刘… ②王… Ⅲ.①作物-种质资源-资源调查-美国-近代 Ⅳ.①S329.712

中国版本图书馆 CIP 数据核字（2021）第 144857 号

| | |
|---|---|
| 责任编辑 | 朱 绯 |
| 责任校对 | 马广洋 |
| 责任印制 | 姜义伟 王思文 |

| | |
|---|---|
| 出 版 者 | 中国农业科学技术出版社 |
| | 北京市中关村南大街12号 邮编：100081 |
| 电 话 | （010）82106632（编辑室） （010）82109702（发行部） |
| | （010）82109709（读者服务部） |
| 传 真 | （010）82106626 |
| 网 址 | http://www.castp.cn |
| 经 销 者 | 各地新华书店 |
| 印 刷 者 | 北京建宏印刷有限公司 |
| 开 本 | 170 mm×240 mm |
| 印 张 | 14.75 |
| 字 数 | 241 千字 |
| 版 次 | 2021 年 8 月第 1 版 2021 年 8 月第 1 次印刷 |
| 定 价 | 70.00 元 |

版权所有·翻印必究

# 目 录

绪 论/1

## 第一章 美国在华作物采集活动历史背景和主体/9
第一节 美国采集中国作物的客观条件/9
第二节 美国开展作物采集的主观动因/12
第三节 美国在华作物采集活动主体/17

## 第二章 弗兰克·迈耶在华作物采集活动/24
第一节 迈耶的生平背景/24
第二节 迈耶在华作物采集活动主要过程和代表性成果/26
第三节 迈耶及其在华作物采集活动评析/91

## 第三章 欧内斯特·威尔逊在华作物采集活动/103
第一节 威尔逊的生平背景/103
第二节 威尔逊在华采集活动主要过程和代表性成果/104
第三节 威尔逊及其在华采集活动评析/110

**第四章 约瑟夫·洛克在华作物采集活动/115**
    第一节 洛克的生平背景/115
    第二节 洛克在华采集活动的主要过程和代表性成果/117
    第三节 洛克及其在华采集活动评析/138

**第五章 其他外籍人士在华作物采集活动/144**
    第一节 传教士与来华美国专家的作物采集活动/144
    第二节 驻华美国外交官和美籍雇员的采集活动/179
    第三节 其他人员的作物采集活动评析/194

**第六章 美国作物采集活动历史评价和启示/200**
    第一节 历史评价/200
    第二节 启 示/206

**参考文献/214**

**附 录/225**

**后 记/227**

# 绪　　论

## 一、选题依据及意义

19世纪初，一些西方传教士和博物学家，陆续来华开展宗教传播和资源考察活动；西方人来华开展考察主要是出于经济目的，活动的核心内容是采集引进动植物资源。第一次鸦片战争前，西方植物学家一般在华南沿海地区开展考察活动；第二次鸦片战争结束后，西方列强用武力手段打开中国的国门，获取了大量的政治、经济、军事等特权，西方人可以在中国内陆自由往来和经商。在此背景下，英、法、俄等国植物学家或探险者纷纷来华开展动植物标本采集；在上述国家影响下，美国联邦政府开始有目的地从海外采集引进植物资源，与此同时，随着美国经济实力持续增强、国际地位不断提高，参与国际事务的能力越来越强，国际影响力开始后来居上，尤其在外交事务方面，完全与英、法、俄等老牌资本主义国家平起平坐。与英、法、俄等国相比，美国在华开展采集活动起步时间比较晚，主要原因是相当长时期内，美国人认为外来植物不适应本地气候条件，来华开展科研考察的人员也仅限于科研机构，诸如哈佛大学阿诺德树木园、美国国家地理学会、费城自然博物馆等。

19世纪末至20世纪初，美国农业生产局面发生较大变化，联邦政府为了帮助各州农民解决农业生产的作物种质资源短缺问题，保持农业经济持续稳定发展，大规模组织植物猎人、作物育种专家在世界各地广泛搜寻抗旱、耐寒、抗盐碱的作物品种。中国拥有数千年作物栽培历史，作物种类十分丰富，自然地理环境与美国有较多相似之处，在中国开展作物采集活动成为美国首选。20

世纪上半叶，美国植物猎人、植物学家等多方力量在华采集了大批粮食作物、蔬菜作物、果树作物以及其他重要经济作物；这些中国作物种质资源及时补充了美国农业生产的作物种质资源需求，成为美国农业生产水平跨越式发展的关键因素之一。

出于上述认知，在大量检索美国农业历史文献基础上，通过研究素材的系统分类和整理分析，作者得出如下结论：关于美国在华采集活动已有部分学者进行关注，并发表了相关研究成果；但从作物种质资源采集角度开展系统研究的成果为数不多，其中原因可能与专业研究方向、研究价值评定、文献检索难度、跨语言学术研究等因素有关。

在充分理解前述研究难度的前提下，作者结合自身学术条件开展研究，旨在搜集整理美国采集中国作物相关史料，时机成熟时结集出版有一定学术价值的美国农业研究史料集，以丰富国内农史研究者的参考文献。从专门史角度进行客观分析，美国在华作物采集活动为美国农业创造了巨大的经济效益，把中国数千年驯化的作物品种变成全人类的共同财富；但这种经济掠夺行为却给近代中国带来灾难性影响，例如，中国的茶叶、大豆等经济作物被采集引种到美国，使中国丧失了国际贸易中此类商品的优势地位；中国政府和商人无力抵抗西方农产品的大量倾销，近代中国经济进一步陷入困境。从另外一个角度来分析，中国作物种质资源为美国农业发展提供了广阔的资源选择空间，促进了美国植物分类学、生物学等学科迅速发展，也间接促进了近代中国农业学科建立和发展。

研究美国在华作物采集活动的背景和主体、作物采集过程、代表性采集成果等，对于制定中国现代农业发展战略具有较高借鉴价值。选择性借鉴美国农业发展经验，对于完善中国现代农业发展模式也有重要意义，尤其是考证美国在华作物采集活动的具体成果，归纳整理采集作物的具体性状信息，对研究中国纯种作物种植史、保障中国粮食安全战略的顺利实施，均具有重要学术借鉴价值。

## 二、国内外研究现状

国内外学术界对于西方国家在华采集活动的史实已达成共识，学者们从不同角度进行了分类研究，通过梳理相关文献和专业资料，可以归纳出前人的研究视角主要集中在采集活动过程本身、植物猎人传记、在华采集成果对西方生物学的影响等方面，具体研究现状如下。

### 1. 中国科学院自然科学史研究所罗桂环研究员的研究

其著作《近代西方识华生物史》（2005）第七章介绍了 19 世纪美国人在华的生物收集情况，以卫三畏（S. W. Williams）、麦嘉缔（D. B. McCartee）为例，阐述了他们关注中国经济植物和农作物的具体情况，并概述了 20 世纪初期美国农业部、国家地理学会在华开展植物和作物采集活动；第十章论述了西方引种中国重要植物及其影响，对西方植物猎人采集引种中国经济树种、观赏花卉、果树作物、茶叶、各种粮食作物以及其他经济作物的情况进行部分考证，具有较高学术借鉴价值。《近代西方人在华的植物学考察和收集》（1994）针对 20 世纪初期西方人在华植物采集活动的具体内容、采集者、采集区域、采集标本数量等进行概述；《西方从中国的植物引种及其影响》（1995）比较详细介绍了西方人在中国采集引种的植物资源，包括花卉、绿化树种、果树、经济作物等，对西方人植物采集目的、品种、采集者以及影响等内容进行考证；《近代西方对中国生物的研究》（1998）梳理了 20 世纪初期英、美等国对中国动植物区系和地理分布的研究情况，介绍了不同阶段研究中国生物资源的西方代表性人物和著作，包括重要学术著作内容、特点和意义等；《西方对"中国——园林之母"的认识》（2000）详细介绍了英国植物猎人欧内斯特·威尔逊（Ernest H. Wilson）所著《China, Mother of Gardens》，内容包括西方人在华植物采集动因和代表性采集成果以及植物猎人福琼、科尔、帕克斯、威尔逊、福雷斯特、洛克等的主要贡献；《民国时期对西方人在华生物采集的限制》（2011）描述了 20 世纪 20—30 年代中央研究院为了维护国家主权，对西方人生物学考察和植物采集活动进行限制的措施，并对其积极作用进行历史评价；《哈佛大学阿诺德树木园对我国植物学早期发展的影响》

（2011）则阐述了美国哈佛大学阿诺德树木园成立背景、在华开展植物采集活动、在植物学分类研究中的积极作用以及陈焕镛、胡先骕等留学生归国后开展的学术奠基工作。

### 2. 关于西方人在华采集活动过程本身的研究

博士学位论文《近代西方人在云南的探查活动及其著述》（杨梅，2011），从商业贸易、交通、地理学、地质矿产、生物学、民族学等多视角，系统研究了西方人在云南植物探险活动，论证了西方人在云南开展生物学研究的具体影响。硕士学位论文《华西的植物研究（1920—1937）——以华西协和大学为中心》（李如东，2012），对西方传教士在西南地区开展植物考察活动进行研究，主要围绕"华西"（指中国西南地区，以四川为主）的社会历史背景、动植物资源情况、西方传教网络建立、农业传教士的采集活动等展开论述。《哈佛大学阿诺德植物园植物学家的东部藏区活动考述（1906—1927）》（李沛容，2013），根据哈佛大学阿诺德树木园的档案、日记和文献资料，对20世纪初期西方植物猎人欧内斯特·威尔逊（Ernest H. Wilson）、威廉·珀德姆（William Purdom）、约瑟夫·洛克（Joseph F. Rock）等在东部藏区开展的植物考察活动进行考证，举例论述了藏区物种对世界植物学、园艺学的深远影响，对哈佛大学阿诺德树木园所藏文献的学术价值进行评论。

### 3. 关于西方人在华采集成果的研究

《从19世纪到建国之前西方国家对我国进行的植物资源调查》及续篇（毕列爵，1983），对西方植物猎人的具体情况做了比较详细的介绍，并对植物采集活动开展的地域、采集标本、经济植物数量等内容进行了初步研究。《欧美植物园引种中国植物遗传资源案例研究》（武建勇，薛达元，赵富伟，2013）以英国皇家爱丁堡植物园、美国哈佛大学阿诺德树木园、美国伊利诺伊州莫顿树木园为例，从活植物保存数据库名录中筛选出中国植物品种，统计各植物园（树木园）已经采集的中国植物具体数据，并结合《生物多样性公约》《名古屋议定书》等相关条款，尝试探讨中国在处理西方植物园（树木园）采集引种历史问题方面的欠缺，以及在生物遗传资源保护方面存在的问题。

### 4. 关于西方人在华植物采集活动影响的研究

《The Stubborn Earth: American Agriculturalists on Chinese Soil, 1898—1937》（Randall E. Stross, 1986）采用叙事手法，对20世纪初期在华美国农业专家、农业传教士的亲身经历进行叙述，记录了大量的历史事件、不同人物的性格特征以及他们在有序美国梦想与无序中国现实之间碰撞发生的不同遭遇。书中对比介绍了中美两国农业发展历史背景，讲述乾隆皇帝和华盛顿总统不同的个人兴趣对国家农业发展的影响以及美国联邦政府对植物和作物采集工作、发展农业机械化的高度重视；该书以历史发展脉络为主线，详细梳理了近代中国洋务运动中农业发展措施、裴义理来华创建金陵大学农科、基督教在华传播情况、中国农业改良运动、金陵大学和康奈尔大学的作物改良合作计划、中美高等农业教育合作交流、卜凯和中国农业经济调查等；最后一部分讲述了中国作物遗传育种学家沈宗瀚（美国康奈尔大学博士）为近代中国农业发展所做的各种努力，描述了他与美国农业专家所遭遇的政治、社会、文化障碍。著者从美国人立场出发，对近代中国特殊历史背景下，美国试图帮助中国解决农业、农村问题进行观点鲜明的考证，比较客观地分析了美国农业专家、农业传教士在华工作成效，并意图阐释人们经常谈到却不一定认同的一句话：科技和社会相互依赖。

《Frank N. Meyer: Plant Hunter in Asia》（Isabel Shipley Cunningham, 1984）对弗兰克·迈耶（Frank N. Meyer）在华采集活动主要过程、重要成果和深远影响进行了详细介绍，成为国内外学者了解这一史实的窗口。《陈焕镛和阿诺德树木园》（William Joseph Haas, 1993），介绍了哈佛大学阿诺德树木园的成立背景、发展历史、植物种类以及陈焕镛在美国的学习经历和家庭背景。1996年，哈斯（Haas）在博士学位论文基础上，出版人物传记《China Voyager: Gist Gee's Life in Science》，对Nathaniel Gist Gee（祁天锡）的家庭背景、在中国从事生物学教育工作经历、晚年的不幸遭遇进行了比较详细的描述；书中还详细描述了祁天锡利用在华担任科学顾问的机会开展生物学考察研究，这部著作成为了解相关史实的窗口，具有一定的史学价值。中国科学院上海辰山植物科学研究中心马金双在书评《In the Footsteps of Augustine Henry and His

Chinese Plant Collectors》(2013),对爱尔兰人韩尔礼①(Augustine Henry)的生平背景、在华植物采集活动经历、主要代表性成果以及个人著作的广泛影响等做了详细介绍和客观评论。

在梳理分析国内外参考文献过程中,作者关注到已有学术成果尚有较多空白研究点,尤其是缺少从作物种质资源采集角度开展深入研究的系列成果,从国别史角度对作物采集活动进行研究的相关成果也为数不多。

### 三、基本结构与研究重点

**核心概念界定**:采集——采摘和收集之意,是人类生存的重要活动内容;作物采集是指搜集、整理、保存农作物的插条、种子、根茎等,是进行农业生产的必备条件,是培育、改良作物种质资源的物质基础。

**研究范围界定**:本著作以历史发展脉络和美国在华作物采集活动的时间为主线,将20世纪上半叶美国作物采集活动置于两国农业交流研究的背景下,详细考证美国植物猎人、植物学家、农业传教士等在华作物采集的具体活动过程和代表性成果,积极探讨作物采集活动对美国农业的深远影响以及对中国现代农业的启示意义。著作的研究时间划定为1898—1949年,起始时间之所以选择1898年,主要原因是与英、法、俄等欧洲国家相比,美国在华植物资源考察和作物采集活动起步时间比较晚,1862年美国联邦政府设立农业司,1889年正式更名农业部,1898年农业部植物产业局成立"外国种子和植物引进办公室"(The Office of Foreign Seed and Plant Introduction,文中简称SPI),该机构致力于在世界各地采集引进新作物品种和具有特殊经济价值的植物品种,尤其加强了在中国的作物采集活动,本著作将1898年SPI成立时间作为研究起点正是基于这一原因;随着中国人民反帝反封建运动深入开展,1949年中华人民共和国成立后,中央政府废除与西方列强的一切不平等条约,美国植物猎人、植物学家无法继续在华开展采集活动,所有的经济资源掠夺活动被

---

① 1881年,韩尔礼以卫生官员助理身份抵达上海,第二年他担任湖北宜昌海关关务助理,时间长达7年之久。

彻底终止，本著作因此将1949年作为研究时间终点。

著作的基本结构：除绪论部分外，共分为六个章节，绪论主要阐述选题依据和研究意义、国内外研究现状、基本结构与研究重点、创新之处和可能存在的问题。

第一章考证了美国在华作物采集活动的历史背景和主体，美国在世界各地采集作物种质资源，而在华开展大规模作物采集活动是由多种因素促成的，客观外因包括：近代中国的政治体制特征、近代中国的社会经济环境、近代中国的作物种质资源、欧洲各国在华采集活动的影响等；主观动因包括：美国农业经济发展的迫切需要、拥有得天独厚的农业生产环境、欧洲早期移民的特殊兴趣爱好、美国联邦政府的积极农业政策等；美国在华作物采集活动的主体包括：植物学家、植物猎人、各国驻华传教士等，作物采集活动过程中联邦政府与各州政府发挥了组织领导作用，植物学家与植物猎人专业开展了作物采集活动，各国驻华传教士积极参与采集活动，美国驻华外交官、商人、军队等多方力量相互配合，共同支持采集活动，留美中国学者也发挥了中介桥梁作用。

第二章至第五章系统梳理了美国在华作物采集活动的主要过程和代表性成果。著作以植物猎人采集活动的时间为主线，重点关注作物采集活动过程和代表性采集成果，这几个章节是著作的核心内容，本著作在详细梳理美国农业部219篇《新作物引进公告》基础上，对采集活动的采集者、采集时间、采集地点、采集路线、代表性采集成果、样本数量、采集编号、作物主要性状等进行了考证分析；各章节具体内容安排如下：第二章弗兰克·迈耶在华作物采集活动，第三章欧内斯特·威尔逊在华作物采集活动，第四章约瑟夫·洛克在华作物采集活动，第五章其他外籍人士在华作物采集活动；著作中各章节所列统计表格均按采集时间先后顺序，按照蔬菜、果树、粮食、经济作物进行分类考证。第六章对美国作物采集活动进行历史评价，探讨采集活动对中国现代农业的启示意义，著作研究旨在体现历史经验和现实生产相结合，历史评价重在突出以史为鉴、面向未来的题中之义，启示部分针对20世纪上半叶美国的作物采集活动和农业发展经验进行综合论述。附录内容是涉及的部分中国作物拉丁学名和英汉名称对应一览表。

研究重点：第二章至第五章是著作的研究重点，主要考证了美国植物猎人与其他采集人员在华采集活动的主要过程、代表性采集成果等。著作采用了文献分析法、数据整理法、补充论证法等多种科研方法。

## 四、创新之处和可能存在的问题

### 1. 创新之处

研究视角创新。国内外学者已关注欧美国家在华采集活动的史实，并产生一批学术成果，中国科学院自然科学史研究所罗桂环研究员的系列成果比较有代表性，但大多数学者的研究视角是从植物品种、动物资源方面展开的，缺少从作物采集引种视角进行深入研究的系列成果，本著作正是基于这种学术缺憾而展开研究。

研究内容创新。著作研究的实质性内容是20世纪上半叶中美农业交流问题，大多数学术成果研究了近代中国从美洲引进作物品种的情况以及美洲作物对近代中国农业的具体影响；本研究反其道而行之，将美国在华采集的作物品种作为主要研究对象，分析美国采集引种中国作物的情况以及中国主要作物品种对美国农业的深远影响。

### 2. 可能存在的问题

著作的主要参考资料是美国农业部现存的历史文献，其中研究内容涉及植物学、生物学等专业词汇，有可能出现翻译偏差；部分参考文献距今已有120年，资料中涉及的地理位置、城市名称已发生重大变化，尤其音译方式记载的城镇名称（诸如新疆地名的维语音译），准确还原这些地理位置和城镇名称难度极大，不可避免出现疏漏或不到位之处。

作物栽培育种信息具有较强的经济价值和保密性质，美国农业部已公开数据具有很大保留性，尽管著者已梳理所搜集文献的每个作物品种，相关统计表格仍无法克服参考资料不足而导致的数据缺失。此外，由于学术研究水平有限，行文过程中可能会出现"详述略论"的情况。

# 第一章　美国在华作物采集活动历史背景和主体

作物采集是人类一项古老的生产活动，最早记载可追溯到公元前2500年苏美尔人在小亚细亚的采集活动①。作物采集也是保证主权国家粮食安全、促进农业经济快速发展的重要手段。在美国农业发展历史中，作物采集活动起到相当重要的作用。戴维·费尔柴尔德（David Fairchild）② 曾经写到："肉末玉米粥的时代已经永远过去，加州淘金热以来，我们餐桌上的食物清单已经发生极大的变化，是什么带来这些变化？太平洋沿岸各州不是粮食作物的黄金产地，这也不是工业发展的成果，而是新作物采集的功劳。"③ 进入19世纪以来，随着美国移民数量的不断增多，海外作物采集活动成为美国农业生产迅速发展的重要手段之一。

## 第一节　美国采集中国作物的客观条件

### 一、近代中国的政治体制特征

近代中国特指1840年鸦片战争爆发后至1949年中华人民共和国成立。在

---

① RYERSON K A. Plant Introductions [J]. *Agricultural History*, Bicentennial Symposium: Two Centuries of American Agriculture, 1976, 50 (1): 248.
② 美国植物学专家，全面负责美国农业部外国种子和植物引进办公室的植物采集工作。
③ FAIRCHILD D. An Account of Some of the Results of the Work of the Office of Seed and Plant Introduction of the Department of Agriculture and of Some of the Problems in Process of Solution [J]. *The National Geographic Magazine*, 1906, 17 (4): 179.

这一历史时期，中国一代又一代仁人志士和人民群众，为救亡图存、实现民族复兴而英勇奋斗。鸦片战争失败后，中国的国门被西方的坚船利炮打开，列强们通过一系列不平等条约在中国获取了大量的特权，具有数千年历史的封建中国逐渐变成半殖民地半封建社会，这种畸形的社会形态是外国资本主义入侵，并与本国封建势力相结合造成的。

西方列强通过武力逐步控制了中国的政治、经济、外交和军事，使中国丧失了独立的国际地位，但中国是具有5000多年文明史的东方古国，自秦汉以来始终是一个统一的多民族国家，中华民族特有的凝聚力和自强不息的"家国同构"精神，使得西方列强深感无法瓜分中国，而列强之间的利益矛盾也无法调和；在这种历史背景下，西方列强对中国实施了间接统治，即通过与中国封建势力、买办势力的相互勾结共同剥削压迫中国人民。近代中国的社会形态是世界历史所独有的，这种畸形的政治体制使中国主权几乎被破坏殆尽，西方人可以在中国为所欲为。

## 二、近代中国的社会经济环境

西方列强使用武力打开中国大门，把近代中国纳入世界资本主义经济体系，中国自给自足的自然经济基础逐渐解体，城乡商品经济得到一定发展，资本主义生产关系逐渐完善并走向成熟。但西方列强并不想让中国发展成独立的资本主义国家，他们利用政治和经济特权对中国民族资本企业进行压制，始终使其处于不充分发展状态，外国资本主义和官僚资本主义在中国经济中处于主导地位。

在西方列强激烈争夺和地方封建势力分封割据下，中国形成了地域广阔的分裂性地方农业生产格局，区域经济和政治发展极度不平衡，为中国封建军阀的割据提供了极大可能性。19世纪60—90年代，中国洋务派发动"洋务运动"，目的在于学习西方先进的武器装备技术，但没有达到预期效果；19世纪90年代，以康有为、梁启超为代表的资产阶级维新派发起"戊戌维新运动"，试图通过"新政变法"来发展中国资本主义，为中国寻找富强之路，但这场维新派政治改革运动犹如昙花一现；近代中国其他阶级也曾为民族独立、国家富强奋斗过，但最终都失败了，历次政治运动和经济改革中唯有农业改革延续下来，向西方国家学习先进的农业技术在中国成为一种社会潮流。

### 三、近代中国丰富的作物种质资源

13世纪末，意大利旅行家马可·波罗（Marco Polo）从中国回国后，《马可·波罗游记》中描述的场景激发了无数西方人对中国的向往。欧洲植物学家渴望得到中国的植物资源，因为中国拥有地球上未被第三世纪冰川影响的丰富植物群。明清中央政权几百年来一直限制外国人进入中国内地，仅开放广州、澳门两个口岸，但1840年鸦片战争后，西方人逐渐获得进入中国内地的各种特权。

中国地域十分广阔，南北跨越多个气候带，优越的生态环境孕育了丰富的作物资源①，中国是世界上生物多样性最丰富的国家之一。西方传教士利玛窦对中国的物产评论道："可以放心地断言，世界上没有别的地方在单独一个国家的范围内，可以发现这么多的动物和植物品种。中国气候条件变化的幅度，可以种植种类繁多的作物，有些适合生长在热带，有些适合生长在温带……我甚至愿意冒昧地说，凡是在欧洲生长的一切作物都可以在中国找到，否则的话，所缺少的东西也会被欧洲人闻所未闻的作物品种所代替②。"

中国农耕历史已有近万年，《周礼》中记载有九谷、六谷和五谷等粮食作物。中国由于人口众多，不同地域农民驯化栽培出各具特色作物品种，粮食作物有水稻、小麦、谷子（粟）、高粱、大豆等，上述作物既有本土起源的，例如，谷子（粟）、水稻等；也有域外引种的，例如，小麦、玉米、甘薯、马铃薯、花生等。蔬菜作物和果树从域外引种的比较多，两汉两晋时期，从陆路引种了胡瓜、胡葱、胡荽、胡麻、胡桃、胡椒、茄子、苜蓿、葡萄、安石榴、巴达杏、扁桃等作物；南北朝时期，从海路引种了海棠、海枣、海芋、莴苣、菠菜等作物；宋明清时期，从国外引种了胡萝卜、番荔枝、番木瓜、杧果、菠萝、番茄、洋葱等作物③。丰富的作物品种使中国人的食物需求多样性得到满

---

① 罗桂环. 近代西方识华生物史 [M]. 济南：山东教育出版社，2005：1.
② 利玛窦，金尼阁. 1615, 利玛窦中国札记 [M]. 何济高等译. 北京：中华书局，2010：10.
③ 曾雄生. 中国农学史（修订本）[M]. 福州：福建人民出版社，2012：8.

足，中国丰富的作物种质资源受到西方植物学家的高度关注，他们将中国作为作物采集活动的首选区域。

### 四、欧洲各国在华采集活动的影响

鸦片战争之前，在清政府海禁政策影响下，西方商人、传教士、欧洲探险者在华活动范围比较有限，只能在指定活动区域经商、传教、游历，采集到的作物样本比较少，作物品种也很普通。但同一时期，英国、法国、俄国在东南亚和南亚地区开展了较为详细的动植物资源考察，出版了《植物志》等研究成果。鸦片战争之后，西方人逐渐在中国有了行动自由权，可以在中国内地自由往来；英国人出于商业目的开始在中国进行植物采集活动，福琼、汉斯、郁和、韩尔礼、威尔逊、瓦德和福雷斯特等英国人在植物采集活动中起到先锋作用①，他们为英国商业种苗公司采集了数量众多的经济作物和花卉；法国人比较注重在华传教，法国传教士在传教之余也进行了植物种苗和生物情报搜集整理，协助西方植物猎人开展采集活动，主动为其提供食宿和力所能及的帮助；沙俄既不像英国有领事馆或海关作为活动立足点，也不像法国有众多的传教士住所可供驻足中转②，他们一般采取武装考察方式，例如，军人普热瓦尔斯基率领大批武装人员，在中国的东北、西北地区进行比较深入的动植物资源考察活动。

在上述国家植物采集活动影响下，美国在华动植物资源采集活动开始起步，并大有后来居上之势。美国政府聘请欧美国家植物猎人、植物学家前往中国，组织了大规模的作物采集活动。

## 第二节　美国开展作物采集的主观动因

### 一、美国农业经济发展的迫切需要

能够有机会拥有大量的土地是吸引世界各地移民前往美国的主要原因，

---

① 罗桂环．近代西方识华生物史［M］．济南：山东教育出版社，2005：24．
② 罗桂环．近代西方识华生物史［M］．济南：山东教育出版社，2005：16-17．

19—20世纪美国的移民浪潮多次出现，世界各国农业种植者汇聚在美国。但是，首批欧洲移民到达新大陆后，发现当地仅有为数极少的以渔猎和种植业为生的印第安人，作物品种以谷物、玉米、白马铃薯、烟草为主①，作物种类少，南瓜、菜豆、豌豆、野生果实作为辅食，他们的农具和耕作方法也比较原始②。早期移民发现在新大陆上生存下来并不容易，他们带来的作物种子在未开垦的荒原上种植，最初几年的种植效果十分不理想③，原有的耕作方法基本不起作用，直至他们效仿印第安人的耕作方法，才扭转了不利的农业生产状况。

19世纪60年代，新农具和新技术开始在美国农业生产中广泛采用，欧洲国家对美国农产品的需求量持续增加，美国成为世界上粮食和主要农产品最大的出口国；1859年农产品占美国出口总额的80.5%、1880年占比达到83%④，南北战争也促进了国内消费需求的增长，多种因素叠加成为美国农业迅速发展的驱动力。在美国形成时期，欧洲传教士对作物新品种的传播也起到了积极作用，他们把大量的欧洲作物运送到美洲新大陆，包括果树作物、粮食作物和饲料作物。1853—1917年，美国国土面积持续扩大，移民数量也在持续增加，各州新农民对新作物品种的需求量日趋旺盛，从海外采集引种新作物已成为农业经济发展的迫切要求。

## 二、利用得天独厚的农业生产环境

美国的农业生产拥有得天独厚的环境条件，广袤的土地、丰富的气候带、多样化的土壤类型。美国的国土面积937.1万平方千米，居世界第4位，农业用地4.3亿公顷，占全球农业用地10%，其中耕地1.6亿公顷，占世界耕地

---

① RASMUSSEN W D. *Agriculture in the United States——A Documentary History* [M]. New York: Random House, Inc., 1975: 3.
② 郑林庄选编. 美国的农业——过去和现在 [M]. 方原等译. 北京: 农业出版社, 1980: 1.
③ RASMUSSEN W D. *Agriculture in the United States——A Documentary History* [M]. New York: Random House, Inc., 1975: 5.
④ 沈志忠. 近代中美农业科技交流与合作初探——以金陵大学农学院、中央大学农学院为中心 [J]. 中国农史, 2002, 21 (4): 20.

11%。美国不仅耕地面积大，人均耕地9.1亩（1亩约合667平方米，全书同），远超世界人均耕地5.4亩，而且土质肥沃，土壤结构多样，十分有利于农业生产①。

美国农业生产按照经济区域实行专业化分工，每个区域专门生产全国市场所需要的农产品。美国农业生产历史性形成10个农业区域，这些区域各具特色，以其农产品性质而闻名：东北部和滨湖各州属于牛奶生产带，积温低、降水量大，有利于饲料作物生长，丰富的青饲料和粗饲料为畜牧业发展创造了良好条件；中西部各州属于玉米生产带，肥沃的黑色土壤，长达180~200天的作物生长期，800~1 000毫米降水量，地理类型基本属于平原，有利于玉米、大豆等作物生长；北部各州属于小麦生长带，肥沃的土壤，平坦的地形，年降水量在400~600毫米波动，这些州的北部地区以硬粒春播小麦为主，南部地区则以硬粒秋播小麦为主；太平洋沿岸各州属于亚热带气候，雨量充沛，土壤肥沃，以种植果树作物和蔬菜作物为主；西部各州则属于山区畜牧带，占全国陆地面积三分之一，深谷与盆地纵横，属于干燥的大陆性气候，这些州以畜牧业为农业生产主体②。

## 三、欧洲早期移民群体的特殊兴趣

美国农业早期的作物采集活动是由植物猎人、商业苗圃公司、海军官兵、领事官员、传教士等共同完成的③。在美国形成初期，前往新大陆的一些探险者既不是穷人也不是文盲，他们中的很多人都是富人或学者，这些人之所以希望获得新作物品种，并不是想从中获利，而是为了在采集活动过程中得到特殊乐趣。这种积极探索的兴趣爱好满足了新移民群体的猎奇心理，他们从商业活

---

① 王守臣等. 当代美国农业 [M]. 长春：吉林人民出版社，2001：1-2.
② 尼·米·安德列耶娃. 美国农业专业化 [M]. 任舒译. 北京：农业出版社，1979：23-33.
③ RASMUSSEN W D. *Agriculture in the United States——A Documentary History* [M]. New York: Random House, Inc., 1975: 5.

动转向开拓农业新领域①。18世纪末至19世纪初，美国联邦政府尚未设立农业部门或专门管理农业机构，这一时期的作物采集活动完全是个人自发行为，尤其值得一提的是本杰明·富兰克林、托马斯·杰弗逊，他们对新作物采集活动均有特殊的兴趣爱好，在担任驻法大使期间分别从法国采集到数量可观的新作物品种并邮寄回国。

1862年，在美国各州农业社团的支持下，联邦政府正式成立了农业司。此时，大多数农业社团强烈希望政府从海外引进新作物品种，联邦政府针对这一请求给予了积极回应。1898年，美国农业部外国种子和植物引进办公室（简称SPI）②成立，该机构先后聘请欧美国家多位著名植物猎人前往世界各地，有针对性采集新作物品种，采集活动满足了数以千计私人农业试验站、各州农业试验站的作物种质资源需求。20世纪初期，美国农业部每天都能收到世界各地的新作物样本，数量从一小盒到2 200多磅（1磅约合0.454千克，全书同）不等；这些新作物种质并没有随意派发给有需求的试验站，而是精心挑选与原产地种植环境相似，作物育种水平高、实验设备齐全的育种站进行种植试验，因为这些来自世界各地的新作物样本成本极高。

新作物品种育种试验和传播种植要归功于美国各州的农业社团，费城农业社团成立（1785年）作为开端，马萨诸塞州、弗吉尼亚州、南加州等地社团组织相继成立；这些组织以促进农业发展为宗旨，对各种作物都怀有浓厚的兴趣，作物采集成为他们的主要活动之一；此外，社团组织编印的农业期刊，在新作物种植试验、农业信息传播等方面发挥了重要的作用。

## 四、美国联邦政府的积极农业政策

美国联邦政府历来标榜自身的"放任自流政策"，但仔细研究美国农业经济发展历程，不难发现联邦政府每时每刻都在插手干预农业经济，而且随着国

---

① FAIRCHILD D. An Account of Some of the Results of the Work of the Office of Seed and Plant Introduction of the Department of Agriculture and of Some of the Problems in Process of Solution [M]. Washington: The National Geographic Magazine, 1906, 17 (4): 181.

② The Office of Foreign Seed and Plant Introduction, 缩写SPI, 隶属美国农业部植物产业局。

民经济发展，行政干预力度不断增强。美国政府为什么如此"偏爱"农业部门？主要原因在于：农业生产不仅为国民经济其他部门提供原材料，而且也为第二、第三产业发展提供原始资本积累①。17世纪至20世纪初期，美国农业生产始终处于人多地少状态②；农业是国民经济中最大的部门，如果其发展受阻，必然影响国家经济的发展。19世纪中期至20世纪初期，美国农业生产以家庭经营为主，但由于地形复杂、气候多变，农业生产的风险性很高，在遭遇各种自然灾害后，不仅农业生产难以维持下去，而且日常生活也难以保障。这一时期美国农业生产经常受到经济危机困扰，农场主和农民的经济收入偏低，农业生产逐渐萎缩，严重影响了国民经济正常运行；但解决上述难题并非少数农场主力所能及，必须由联邦政府从国家层面给予协助。

美国联邦政府对农业最主要的贡献始于19世纪30年代，专利局开始向农民分发国外采集引进的作物种子，仅1840年就分发了30 000袋种子，极大调动了农民的生产积极性。19世纪50年代，专利局开始雇用农业化学家、植物学家和昆虫学家开展相关农业研究，负责分发国外引进种子的官员亨利·埃尔斯沃斯（Henry Ellsworth）开始呼吁成立更加合适的政府机构开展作物采集工作。1862年，美国联邦政府农业司成立，设立专人负责采集农业信息、分发国外采集引进的种子和植物。农业司专员艾萨克·牛顿（Isaac Newton）是首位想把中国作为采集试点国家的官员，他试图从中国采集各种作物种子、学习中国传统的农业生产经验；他在工作报告中写道："这个我们曾经瞧不起的古老国家，在农业方面给予我们很多宝贵的经验。中国人通过精心培育、庄稼轮作、施用各种有机肥，使土地盛产了几千年时间"③；为了寻找更好的高粱品种作为食糖提取原料，牛顿派人前往中国购买高粱种子，学习制糖方法。

---

① 徐更生. 美国农业政策[M]. 北京：中国人民大学出版社，1991：3-5.
② RASMUSSEN W D. *Agriculture in the United States——A Documentary History* [M]. New York：Random House, Inc., 1975：10.
③ STROSS R E. *The Stubborn Earth：American Agriculturalist on Chinese Soil*, 1898-1937 [M]. Berkeley Los Angeles London, University of California Press, 1986：6.

1898年，美国农业部为了回应密西西比河峡谷和西部地区定居者要求获得新作物品种的请求，派遣作物育种专家到世界各地采集新作物品种。1898年，马克·卡尔顿（Mark A. Carleton）前往俄罗斯、匈牙利、澳大利亚等国寻找麦类、稻类作物品种；1897—1898年，尼尔斯·汉森（Niels E. Hansen）前往俄罗斯、土耳其、西伯利亚、中国采集饲料作物；1900—1902年，西曼·纳普（Seaman A. Knapp）前往中国、日本、缅甸、斯里兰卡、俄罗斯、土耳其、意大利等国采集稻类作物；沃尔特·施温高（Walter T. Swingle）在欧洲、地中海和北非地区考察椰枣、柑橘等果树作物。1912年，美国农业部在各州设立12个新作物品种种植实验站，全力推进国外新作物品种采集活动。

20世纪40年代，美国农业部开始积极与各州政府开展项目合作，其中一个主要进展是通过了《1946年科研和营销法案》即"公法723"，规定联邦政府和《哈奇法案》部分基金预留给各州和联邦政府开展项目合作；美国农业部建立了4个国家级示范区，分别位于纽约州日内瓦市、佐治亚州实验站、艾奥瓦州艾姆斯市、华盛顿州普尔曼市，并成立由州立实验站主任组成的咨询委员会；这些措施有效保障了海外采集的新作物品种在美国本土繁育种植，为农业生产跨越式发展的作物种质保障奠定了坚实的基础。

## 第三节　美国在华作物采集活动主体

### 一、联邦政府、州政府积极推动采集活动

美国独立战争与"1812年战争"（亦称美国第二次独立战争）结束后的十年期间，美国的作物采集活动主要以个体或家庭农场为主，新成立的政府既未设立农业部门，也没有相关经费预算。但时任联邦政府财政部部长威廉·克劳福德（William H. Crawford）拥有很强的作物发展意识，1819年，他给美国驻国外全体领事发布了一项通知，要求他们尽可能在海外采集有价值的作物品种邮寄到美国海关，这也是美国官员参与作物采集活动的滥觞。

美国联邦政府正式组织作物采集工作比较晚。1836年，亨利·埃尔斯沃

斯（Henry Ellsworth）被任命为美国专利局局长，为采集工作带来新的活力和前景，经过不懈的努力争取，他成功获得联邦政府授权，可以使用专利局基金资助新作物品种的采集工作。时任美国总统马丁·范布伦（Martin Van Buren）非常支持作物采集工作，敦促国会尽快划拨工作经费，这是美国官方首次从经济上支持作物采集活动。1849年，美国专利局划归内政部，其农业事务功能被重新整合。

19世纪50年代，农民、农业社团、农业出版社迫切要求美国联邦政府成立农业部门。1862年，在各州农业社团的大力支持下，美国联邦政府农业司正式成立，后来成为联邦政府中最重要的经济部门。该机构成立后立即组织专人开展采集工作，植物猎人在全球范围内搜寻对美国农业发展具有潜在价值的新作物品种；而这段时期正值美国内战，土地面积和人口数量仍在不断增长中，很多拓荒者迁居到新密西西比地区，把印第安人和野牛从这个地区轰赶出去，为农业种植创造了前提条件。

1898年，美国农业部植物产业局组建SPI，戴维·费尔柴尔德（David Fairchild）作为首位主任，他主持全面工作近25年。SPI的主要职责是引进植物新品种和海外重要经济作物，他们首先在国内开展一次全面的作物需求调查，调查对象包括部属、州属试验站、私人实验室、植物园以及树木园等，准确掌握了他们的作物种质需求，以便有针对性地开展采集工作。从海外采集抗病性强、耐寒耐旱的新作物品种是SPI最重要的工作内容之一，植物产业局其他部门给予积极配合，尤其是海外新作物品种后续的育种、栽培、推广工作。每个海外植物品种和作物样本都分配一个独立的采集编号（S. P. I. No.），这种编号以每年3 000~4 000个速度递增[1]；截至2000年，美国的海外作物采集编号已近60万个[2]，这项长达百年的作物采集活动为美国植物基因库提供了必要的发展前提；以小麦作物为例，通过20多年的系统性采集，将近3 500个品种被采集到美国，为小麦育种和基因技术发展提供了相当丰富的种质资源

---

[1] RASMUSSEN W D. *Agriculture in the United States——A Documentary History* [M]. New York: Random House, Inc., 1975: 2771.

[2] 佟大香等. 国外农作物引种与中国种植业 [J]. 中国农业科技导报, 2011, 3 (3): 51.

选择空间。

## 二、植物学家、植物猎人专业开展采集活动

19世纪末至20世纪40年代,美国农业部先后聘请英国著名植物学家、资深植物猎人欧内斯特·威尔逊(Ernest H. Wilson),荷兰裔美籍植物猎人弗兰克·迈耶(Frank N. Meyer),奥地利裔美籍植物学家、探险家约瑟夫·洛克(Joseph F. Rock),美国园艺学家弗雷德里克·波普诺(Fredrick Wilson Popenoe)以及美国植物学家戴维·费尔柴尔德(David Fairchild)等人,通过不同途径到达中国,在华北、东北、西北、西南等地区长期进行植物和作物采集活动;他们除了采集大量的珍稀经济树种外,还把中国各地具有代表性的粮食作物、蔬菜作物、果树作物采集到美国本土[1]。在美国数以千计作物育种专家的共同努力下,大批中国作物品种被成功引种到美国,及时缓解了农业生产中作物种质资源短缺难题。

英国植物猎人欧内斯特·威尔逊在中国的植物考察活动,最初是为英国邱园引进珍稀树种,不久他受聘于哈佛大学阿诺德树木园,在华长期开展植物采集活动,威尔逊在采集珍稀树种方面的成果相对于其他植物猎人更多一些。弗兰克·迈耶一直受聘于美国农业部,长期在华开展采集活动,工作重点是采集新作物品种;他从中国采集的作物种类和样本数量是其他植物猎人或植物学家至今无法超越的,美国人民为了纪念这位杰出的植物猎人,设立了迈耶奖章,以奖励在作物采集活动或者农业发展中成就斐然的科学家和学者,美国家喻户晓的"迈耶柠檬"也是对他最好的纪念。约瑟夫·洛克则先后受聘于哈佛大学阿诺德树木园和美国国家地理学会,他在迈耶意外溺亡后受聘前往中国开展作物采集工作;从作物采集成果来看,洛克的采集成果主要集中在果树作物和蔬菜作物方面,采集时间也集中在20世纪20年代;洛克在华工作期间对西南地区的地理环境、人文习俗和社会制度产生浓厚兴趣,进行了长期的考察和研

---

[1] STONER A, HUMMER K. 19$^{th}$ and 20$^{th}$ Century Plant Hunters [J]. HortScience, 2007, 42(2): 197.

究，他后来成为中国民族学、纳西学、藏学研究专家，编撰了多部有价值的学术著作；20世纪50年代初，随着中国政治形势发生天翻地覆的变化，洛克迫不得已离开中国①，此后再也没有机会返回长期居住的云南丽江。

### 三、各国驻华传教士主动参与采集活动

20世纪初，美国的农业传教运动大规模展开，很多专家型农业传教士分批前往中国，他们旨在中国进行农业传教活动。1907年，高鲁甫（George Weidman Groff）在广州岭南大学任教，他是来华的第一位农业传教士；1914年，芮思娄（J. H. Reisner）在南京金陵大学农科任教，在华从事农业教育和农业科研工作长达14年，为中国培养了大批农科人才；1915年，美国基督教北长老会派遣农业传教士卜凯（John L. Buck）到安徽北部宿州的北长老会传教站开展农业工作；1916年，美国基督教公理会派遣农业传教士林查理（Charles Henry Riggs）来华，在福建邵武南门外白诸桥边创办了农林试验场，进行改良农具的研究和推广；1920—1921年，卜凯和林查理又先后在金陵大学农科任教②。这些美国农业传教士为中国多所大学开展农业教学和农业科研工作，他们在育种栽培中国作物的同时，也从中国采集了大量的新作物品种，并邮寄给美国农业部。

一些长期驻华的传教士，在美国政府的聘用或教会指派下，直接参与作物采集活动③，他们在中国内地游历传教的同时，有针对性地采集了具有区域特色的新作物品种，并把作物样本邮寄给美国农业部。这个群体中有代表性传教士包括：美国北浸礼会传教士威特伍德（R. Wittwood）、斯威特（W. S. Sweet）和哈德恩（A. B. Haden），上海基督教差会传教士詹姆斯·维尔（James Ware）、法纳姆（J. M. W. Farnham）等。他们中大多数人具有较高文

---

① 斯蒂芬妮·萨顿. 苦行孤旅：约瑟夫·F. 洛克传 [M]. 李若虹译. 上海：上海辞书出版社，2013：3.
② 赵晓阳. 思想与实践：农业传教士与中国农业现代化——以金陵大学农学院为中心 [J]. 中国农史，2015（4）：39.
③ 陆玉芹. 美国农业传教士与中国乡村建设（1907—1937）[J]. 中国农史，2015（1）：34-35.

化知识水平，曾受过采集工作技能专业训练，并对采集活动有比较强烈的参与意愿，例如，当时驻中国大名府（今河北邯郸大名县）传教士哈瑞斯·哈尔丁（Horace W. Harlding），多次向美国农业部请愿，表示自己可以随时采集所在区域任何作物样本，并邮寄回国[①]；岭南大学校长、传教士埃德蒙兹（C. K. Edmunds）在写给美国农业部的信中，表达了自己强烈的参与愿望，并渴望能即刻动身前往云南、四川等地开展采集工作。

### 四、美国外交官员、学者等支持采集活动

1840年鸦片战争爆发后，美国积极参与西方列强在中国的势力范围划分，国际影响力不断增加。很多美国驻华外交官对作物采集活动都拥有很高的热情，他们在中国广泛搜集地方农业情报，不定期整理汇报给美国联邦政府，在条件允许时就直接采集作物样本，随时邮寄给美国联邦政府。例如，美国驻天津总领事威廉姆斯（E. T. Williams）、驻香港总领事阿莫斯·怀尔德（Amos P. Wilder）、驻大连领事威廉姆森（A. A. Williamson）、驻华总领事塞缪纳·本虚（Samuel S. Knabenshue）等。美国外交官员在亲自参与作物采集活动同时，还协调各方面的关系，帮助植物猎人把大量的作物样本运送回美国本土，为采集活动提供尽可能多的便利条件。美国在华作物采集活动也得到学者的大力支持，其中包括美国作物育种专家、植物学家以及在华从教的美籍学者。

中美两国的政府间合作项目对于推进作物种质资源交流也发挥了重要作用。美籍学者或作物育种专家利用对华农业援助项目，批量采集了很多具有重要价值的作物品种。1920年，中国淮河流域发生大饥荒，时任美国总统威尔逊发起成立中国赈灾百人委员会，赈灾行动结束后赈灾基金尚有较多剩余，金陵大学农林科长赖斯纳（译名）建议将款项用于华北地区农林改良工作，得到委员会批准并拨款100万美元，由此促成了美国康奈尔大学与金陵大学合作

---

① U.S.D.A, *Bulletin of Foreign Plant Introductions*, *New Plant Immigrants*, No. 44. p. 6. July 16 to 31, 1910.

的"中国作物改良合作计划"。康奈尔大学派遣作物育种专家到金陵大学主持作物改良工作,把提高华北地区小麦、大麦、高粱、大豆、水稻等粮食作物的产量作为主要目标①,洛夫(H. H. Love,水稻育种专家)、马雅思(C. H. Myers,蔬菜育种专家)、魏更斯(R. G. Wiggans,高粱和玉米育种专家)等先后到金陵大学任教,指导作物改良育种工作,使中国作物育种事业迈入新阶段。在这一项目合作期间,洛夫在金陵大学农学院王绶实验田中采集了4枝麦穗并邮寄回国,这些麦种样本在美国经过数代优化育种,在纽约州、宾夕法尼亚州、俄亥俄州、新泽西州、马里兰州、特拉华州、弗吉尼亚州等地成功种植,其生产效果完全超出人们的预期;在近20年时间中,这一作物创造产值逾2亿美元,在美国东部地区每年产生1 000万美元价值②。此后,中美双方在这一项目基础上,又开展了多次农业合作,包括1946年中美农业技术合作团项目、1945—1948年农林部与美国万国农具公司的合作项目、1948年中国农村复兴联合委员会项目等。

大多数美国商人出于商业利益,积极参与海外作物采集活动。第二次鸦片战争后,西方列强在华攫取了更多特权和更大活动空间,一些美国商人开始在中国内地考察经济作物资源。英国人和美国人比较热衷于成立学术团体,这很可能是他们注重商会组织的体现方式③;在来华商人的资助下,西方学者先后成立"厦门文化和科学学会""北京博物学会"等组织,并以此为依托调查研究中国的动植物资源,形成一批学术研究成果。美国商人资助的学术组织成为作物采集活动的前沿阵地,不仅为植物猎人提供大量的作物信息,而且还起到贮藏和中转站作用。

美国海军在作物采集活动中发挥了关键性作用。美国本土距离中国万里之遥,将采集到的作物样本以最短时间运送到美国本土,使其保持较高成活率,这也是作物采集的关键环节;如果运输过程中作物水分过多就会腐烂,水分过

---

① 沈志忠. 近代中美农业科技交流与合作研究[M]. 北京:中国三峡出版社,2008:31.
② 包平等. 金陵纪事——康奈尔首例国际农业技术合作项目[M]. 北京:中国农业出版社,2015:6.
③ 罗桂环. 近代西方识华生物史[M]. 济南:山东教育出版社,2005:19.

少就可能干枯死掉,这就要求美国海军保管员拥有极强的责任心和专业技能。1827年,美国第8任总统马丁·范布伦命令美国海军配合外交官员,将地中海、亚洲、南美洲等地采集到的大量新作物品种尽快运往美国本土[①]。例如,新作物品种中的大种子利马豆,至今仍是美国民众的主要蔬菜品种。美国军舰经常执行此类特殊的作物采集任务,例如,佩里舰长曾经专门远航日本,其主要任务就是采集新作物品种,专程运送农业代理人。

### 五、中国留学生发挥了中介桥梁作用

赴美中国留学生在作物采集活动中发挥了中介桥梁作用。19世纪60—70年代,中国的洋务运动开始兴起,清政府向欧美国家派遣留学生,这是中国学习西方先进技术的新举措。1908年美国退还庚子赔款后,前往美国留学成为中国社会的一种新时尚,部分留学生攻读农科,他们学成归国后利用自己掌握的生物学、作物育种学专业知识,创建了近代中国农业学科,他们本人成为一代农学大师,例如:过探先、俞大绂、冯泽芳、金善宝等。

很多中国留学生与美国作物育种专家长期保持良好的师生关系,他们利用美国先进的科研设备和较好的实验条件进行科学研究,经常与美国作物育种专家交换种质资源,例如,美国农业部《新作物引进公告》中曾多次提到中国的金雅梅博士,她多次给美国农业部邮寄中国作物样本,包括绿豆、扁豆、白菜、柿子、香瓜等作物品种;此外,湖北农务学堂W. Hong[②]也给美国农业部邮寄过葡萄柚和茶树种子。

20世纪30年代,中国金陵大学农学院的部分教师经常到美国康奈尔大学、加州大学担任客座教授或研究员。例如,章文才曾在加州大学农学院柑橘系任教,他与美国著名柑橘专家施温高(W. T. Swingle)合作开展农业科学研究,经常相互交换作物种质样本。

---

① RYERSON K A. Plant Introductions [J]. *Agricultural History*, Bicentennial Symposium: Two Centuries of American Agriculture, 1976, 50 (1): 249.

② 多方考证没有查到此人具体信息。

# 第二章　弗兰克·迈耶在华作物采集活动

20世纪初期被西方人称作"植物采集的伟大时代"，英美等国家著名的植物学家、植物猎人欧内斯特·威尔逊（E. H. Wilson）、乔治·福雷斯特（George Forrest）、威廉·珀德姆（William Purdom）、金登·沃德（Kingdon Ward）、雷金纳德·法勒（Reginald Farrer）、弗兰克·迈耶（Frank N. Meyer）、约瑟夫·洛克（J. F. Rock）等，通过不同途径到达中国内地和西部地区开展采集活动，当时很多植物猎人同时为数家商业公司服务，只有迈耶始终坚持为美国农业部工作，他凭借着坚强的毅力，几乎走遍中国的所有区域，为美国农业部采集邮寄了数量可观的、极具经济价值的作物种质资源。

## 第一节　迈耶的生平背景

### 一、家庭环境和教育背景

1875年11月29日，弗兰克·迈耶（Frank N. Meyer，简称迈耶）[①]，出生在荷兰阿姆斯特丹港口附近的一个贫苦家庭。他出生时，父亲Jan Franciscus Meyer和两个姐姐都身患重病，一家人陷入严重的生存困境；后来他的父亲痊愈，但这个家庭却失去了2个孩子；剩余的姐弟3人在一间很小的房子中长大，依靠父亲作港口警察的微薄收入维持生活，经济状况非常窘迫。

---

① Frans Nicholas Meijer 是迈耶移民美国之前在荷兰的名字。

艰苦的家庭环境造就了迈耶的内向性格，他在青少年时期就非常喜爱动植物，每天放学后一般不出去玩耍，在家阅读有关旅行的故事或在自家花园中打理花草树木，也会经常一个人长距离徒步。随着迈耶年龄的增长，父亲得知他想要成为植物专家，立即遗憾地告诉他，家庭经济条件无法承担该职业所需要的培养费用。由于经济原因，迈耶很早就结束学业，在一家仪器制造商的店铺中当雇员。

## 二、来华之前的工作经历

迈耶14岁时进入荷兰阿姆斯特丹植物园工作，入职初期他担任园丁助手，通过坚持不懈的努力，他很快成长为一名合格的园丁。在植物园工作期间，素以严谨著称的植物学家雨果·弗里斯（Hugo de Vries）关注到迈耶的勤奋好学，于是训练他成为自己的实验助手，教给他英语和法语，学习操作各种实验设备，这使得迈耶很快就适应花园温室工作，并学会了车工和木匠技术。迈耶对外部世界始终保持强烈的探寻欲望，他经常利用业余时间前往荷兰各地进行实地考察，采集制作大量的荷兰植物标本，坚持学习多种语言、数学、科学和绘画，参加植物学专业的学术演讲会。当迈耶年满18岁时，他已经成为种植实验园的业务主管，在植物繁殖育种方面具备了较高的技术水平。

正值迈耶19岁时，服义务兵役中断了他的植物育种事业，他不得不放弃手头的工作去服兵役。10个月后，雨果·弗里斯（Hugo de Vries）安排迈耶师从格罗宁根大学植物学教授菲特先生，在格罗宁根大学进修6个月后，迈耶回到自己的家乡，继续在种植实验园工作，并利用业余时间到荷兰各地参观苗圃，对所见到的任何植物、动物都很感兴趣。迈耶23岁时，受到荷兰诗人弗雷德里克·伊登（Frederick van Eden）"乌托邦"思想的深刻影响，他离开工作多年的植物园，前往诗人创办的实验区体验生活。不久，他开始按照自己内心意愿漫游欧洲，徒步穿越比利时、德国、法国、瑞士、意大利等国家，详细考察所到之地的植物区系。迈耶徒步旅行时仅凭借一张地图和一个指南针，基本忽略了原有的道路，他甚至翻越过阿尔卑斯山脉，有一次险些在暴风雪中丧命。欧洲考察工作结束后，迈耶在英格兰的一家商业苗圃公司工作，这次工作的时间长达1年多。

1901年10月，迈耶从英国南安普敦前往美国工作和生活。在弗里斯先生的推荐下，埃尔文·史密斯（Erwin F. Smith）博士帮助他在美国农业部找到一份工作；迈耶开始在美国有了稳定的生活来源，并逐渐结交了很多好朋友。1902年9月，迈耶前往美国各地进行考察，在农业部洛杉矶植物改进园临时工作一段时间，在南加州圣安娜考察了各种植物资源；还被一家商业苗圃公司聘请为园丁主管，在那里工作了7个多月。1903年3月，迈耶开始考察美国旧金山、墨西哥圣布拉斯、瓜达拉哈拉、墨西哥城、库埃纳瓦卡等地区/国家的植物区系，并为新成立的加州奇科植物引进园邮寄了8个种类的植物种子，或许这是他为美国农业部采集植物资源的滥觞；7月，迈耶在密苏里植物园工作，主要负责草本植物繁育和草种交换。1905年3月，迈耶收到美国农业部海外植物猎人的聘用通知，要求他立即动身前往中国开展采集工作，这份工作是迈耶长期梦寐以求的，他立刻欣然接受，并着手准备工作。

## 第二节 迈耶在华作物采集活动主要过程和代表性成果

### 一、迈耶首次在华考察路线和代表性成果

#### （一）1905—1908年在华作物采集活动路线

1905年9月，迈耶从美国旧金山启程，搭乘海船取道日本横滨到达中国上海，开始了首次在华采集活动。到达上海后，他做的第一件事就是协调货物运输环节，把采集到的作物样本安全运送到美国，是整个采集活动的关键环节，凭借着出色的交际能力，迈耶与麦格雷戈（D. Macgregor）[①] 很快达成合作协议，这位先生答应帮助迈耶解决相关的运输问题。迈耶随后乘船前往天津，途经烟台时拜访了戴维·费尔柴尔德（David Fairchild）的两位好友，即金雅梅（Yamei Kin）和约翰·内维厄斯（John L. Nevius），这两位女士后来为

---

① D. Macgregor，英国人，1904—1929年担任上海英租界工部局公园与开放空间部门主管。

迈耶的采集工作提供了很多帮助。9月，迈耶在天津考察水果市场，种类丰富的水果品种激发了他的浓厚兴趣；迈耶到达北京后，立刻组织了为期10天的野外考察活动，目的地是北京东北部山区，据说那里有桃子、苹果、扁桃等果树，这次考察活动使他对中国的果树种类有了初步的认识。10月，迈耶前往蒙古农业区和山海关、昌黎、宣化等地区进行采集活动，山海关之行是为了采集旱稻作物样本，昌黎之行是为了调查纸皮核桃的种植情况；由于当地农民不配合，迈耶并没有如愿采集到纸皮核桃样本，但采集到一些蔬菜样本和葡萄、杏、梨、野生柿子等果树的插条；他返回北京后，立即把采集到的作物样本邮寄给加州奇科植物引进园、哈佛大学阿诺德树木园以及美国作物育种专家。12月中旬，他邮寄走23个样本包裹，其中包括高品质白菜、红萝卜等蔬菜作物样本。1905年12月，迈耶在北京西山地区进行考察活动，他在一座寺庙中采集到阿月浑子树雄株、七叶树、楸树与柳树等植物插条，尽管这些植物样本对美国植物学家来说并不是最新的，但它们从未在美国本土大规模种植过。

  1906年元旦，迈耶在北京采集到白梨树（北京梨）样本，这是他始终在寻找的果树品种，令他激动不已。1月末，美国农业部植物产业局局长贝弗利·加洛韦（Beverly T. Galloway）指示迈耶前往上海，因为这个季节华北地区天气过于寒冷，不适合开展野外考察活动。2月，迈耶乘坐火车到达汉口，但却没有采集到任何有价值的作物样本；随后，他前往上海、浙江等地进行考察。在浙江塘栖，迈耶采集到一种早开花樱桃树，这种塘栖樱桃（*Prunus pseudocerasus*）被引种在加州奇科植物引进园，实验证明它比其他樱桃树早开花10天，果实的成熟时间也与众不同。4月，迈耶又取道海路返回京津地区；获得日本和沙俄的外交许可后，他组织了充满挑战性的满洲里[①]考察活动，此次考察的第一个目的地是牛庄（今辽宁营口），在此之前没有西方植物猎人到达过这里，由于日本和沙俄对中国东北地区展开激烈的争夺，采集行程充满了变数。迈耶在旅顺港等候发放行程许可期间，前往牛庄以北100英里（161千米）的附近地区和大连进行采集活动，不久，他就为美国农业部邮寄了大量

---

① 满洲里：这里指东北地区。

的旱地稻和豆类作物样本，其中包括出油率高的几个大豆作物样本（*Glycine max*, formerly *G. hispida*）。

迈耶在奉天（今辽宁沈阳）考察期间曾遭遇一场沙尘暴，在眼睛和喉咙十分疼痛的情况下，仍然进行考察工作，不仅拜访了驻地的传教士，而且深入了解当地的作物种植情况；他在辽阳千山地区采集到很多有价值的植物和作物样本，例如：松树、橡树、椴树、榆树、皂荚树、梓树、杨树、柳树、核桃树、梨树、杏树等。6月的大部分时间，迈耶仍在辽阳进行采集活动；7月，他在安东地区①考察，从辽宁丹东雇用一个小舢板，跨越鸭绿江进入朝鲜半岛，对这一地区的作物资源进行详细考察；随后他前往海参崴（今俄罗斯符拉迪沃斯托克）继续进行采集活动。11月，迈耶从哈巴罗夫斯克到达中国边境城市海林（今属黑龙江省牡丹江市），前往宁古塔寻找高品质的耐寒白梨树。在西方的圣诞节前，迈耶乘坐火车离开哈尔滨到达长春，在爱尔兰长老会传教士戈登（F. J. Gordon）的家中度过一个美好的圣诞节之夜。

1907年元旦刚过，迈耶动身前往吉林市，他听说那里有一种能在寒冷气候条件下生长的桃树，如果能采集到此类果树样本，可以丰富美国抗霜冻的桃树种类，经过艰苦的搜索，他终于在一座寺庙中采集到这种果树样本。迈耶在北纬44°的吉林地区获得了丰富的考察成果，采集到粟、大豆、小麦、旱地稻等大批作物样本，这一纬度与美国达科他州的纬度非常相似，新作物品种为美国达科他州种植业带来了希望。1月，迈耶回到奉天，他接到美国农业部部长电报，令他即刻动身前往上海与欧内斯特·威尔逊会面，协商有关采集活动的合作事宜；他在出发前为美国农业部邮寄了20个包裹的谷类与豆类作物样本，随后取道辽阳、牛庄、北京到达上海。4月初，迈耶返回北京，开始筹备"五台山之行"植物考察活动，这次活动是为哈佛大学阿诺德树木园采集植物标本。11日，迈耶率领向导和翻译，乘坐火车、马车、骡子等交通工具，开始向五台山进发；20日，他们在恶劣的暴风雪中抵达目的地，但荒凉的山区与原来的设想相距甚远，事实证明"五台山之行"是令人失望的一次计划，但

---

① 安东：清代划归奉天将军管辖，原中国东北地区一个省，中华人民共和国成立后撤并。

那次活动是受命于美国农业部和欧内斯特·威尔逊的要求，迈耶等人无功而返。5月，迈耶取道太原返回北京。这期间迈耶多次接到美国农业部的电报催促，要求他在中国采集一批新竹子品种；6月，迈耶前往上海、浙江等地采集竹子样本；7月，他在浙江为美国农业部邮寄了32磅野生桃核（*Prunus davidiana*），这种桃树抗旱性强，中国农民用来嫁接核类果树，迈耶认为在美国西南部干旱地区完全可以种植这种桃树。7月末，迈耶从上海返回青岛，在崂山采集到稀有的矮高粱（*Sorghum bicolor*, formerly *S. vulgare*）品种样本，在青州（今山东青州市，原益都县）采集到甜枣、蟠桃、李杏（李子与杏的杂交品种）等果树插条。8月，迈耶到达山东济南，采集到一批西瓜种子，山东的西瓜品种丰富，有白、黄、粉、红等颜色瓜肉，其中黄色瓜肉尽管颜色不诱人，但口感非常甜。在山东肥城，迈耶幸运地采集到一种碧桃（*Prunus persica*）即肥城桃，这种桃子以超甜、多汁、易于运输、果实大而著称，白色果肉、黄色果皮的桃子在肥城已有数百年种植历史，其他地区没有发现类似品种，迈耶希望这种桃树能够在美国大规模种植，并计划在冬季把桃树接穗邮寄给美国农业部。随后，迈耶取道济宁、曲阜到达泰安，他在本地采集到一种大白菜（*Brassica pekinensis*）样本，单颗重量达到40磅，这种白菜适宜种植在重肥和灌溉充足的田地中。

9月，迈耶到达博山（今山东淄博）寻找有价值的葡萄品种，沿途采集到一种山楂树（*Crataegus pinnatifida*）插条，这种山楂果实可用来制作美味的果冻和果酱；他在博山采集到乳白色的甜葡萄、桑树、稀有的黄果实山楂树、山茱萸等作物；在前往济南途中还采集到梨子、脆枣和优质桃子样本。9月末，迈耶渡过黄河到达乐陵，在那里采集到著名的无核枣，这种大枣十分珍贵，当时的清政府买下所有果实用于宫廷享用；时任 SPI 主任戴维·费尔柴尔德坚定地认为：这种适应性强的枣树完全有可能在美国西南地区成为一种重要作物，这种果树产量非常大，尤其在西南地区的帝王谷，温度可以达到120℉（39℃），十分有利于该作物生长。

10月初，迈耶到达天津，沿途始终关注可用于在碱性土壤中用作嫁接砧木的野生桃树和野生梨树（*Pyrus ussuriensis*），以便为美国干旱地区引种有价值的嫁接砧木。11月初,他为美国农业部邮寄了19个种类的作物样本,为加州奇科植物引进园邮寄了4个大箱子,其中包括可以在犹他州和加州种植的水稻、在山区种植的荞麦和燕麦、用于嫁接砧木的野生桃树以及1个稀有的矮高粱品种。11月中旬,迈耶在大雪纷飞中从北京启程前往承德[①],沿途采集到一批松树、橡树、椴树、榆树、野生梨树、海棠树、枫树、杨树等插条样本;1个月后,迈耶再次为美国农业部邮寄了45个包裹,为奇科植物引进园邮寄了28个包裹,其中包括多种梨树、板栗树、无籽柿子树插条和多种耐寒观赏灌木树种;此外,这次考察活动还采集到一批大豆作物,品种数量超过日本、美国现有的总和,迈耶认为美国必须储备数量可观的豆类作物种质资源,以备长期种植和育种研究使用,这是因为中国的农村没有什么种子商店,每户农民都要自己贮藏作物种子,这使得作物种质资源难以长期保持纯正的品系。

1908年1月,迈耶在北京北部、西部山区进行考察,采集到柿子树、杏树、黄李子树、球状柳树、稀有小叶毛白杨树等树种插条样本;1月底,他返回北京时,携带了30多捆果树插条和接穗样本,其中有珍稀的马栗树。2月,中国春节结束后,迈耶带着翻译和向导再次前往五台山地区,这次他们采集到云杉树、松树(包括一种从未记录过的落叶松树)、柳树、百合、玫瑰、大黄、裸燕麦以及裸大麦;此外,还采集到谷物、枣树、山楂树、榆树、杜鹃花、黄玫瑰等。迈耶返回北京后,在丰台(今北京城区)采集到一个矮种柠檬树($Citrus \times Meyeri$)样本,中国人一般把这个品种作为室内装饰性花卉,既可以盆栽欣赏,也可以大规模商业化种植。

迈耶在首次采集活动结束前,专程前往浙江杭州、塘栖等地开展新一轮考察活动,这次考察的收获非常大,采集清单中包括77个种类的观赏植物和作物品种,样本中包括:5棵观赏性柠檬树、10棵白色果实枇杷树、4棵矮李子树、4棵矮柑橘树;芦笋、三叶草、燕麦、大麻、棉花等经济价值较高的作物种子;18种大豆作物种子、18株百合、1株杜鹃、4株天目琼花、2株绣线菊

---

① 中华民国建立之前隶属热河都统署。

等珍稀花草灌木。1908年6月，迈耶乘船抵达美国旧金山，结束了首次在华采集活动。

### （二）迈耶首次在华采集活动的代表性成果

1905—1908年，迈耶在华采集到代表性作物品种23个，样本数量56个，具体情况如下（表2-1）[①]。

表2-1　1905—1908年迈耶采集中国作物统计表

| 时间 | 采集地点 | 作物品种 | 样本数量 | 采集编号（S. P. I. No.） |
| --- | --- | --- | --- | --- |
| 1907 | 北京 | 茄子 | 1 | 22023 |
| 1907 | 山西 | 苜蓿 | 1 | 24596 |
| 1908 | 不详 | 苜蓿 | 1 | 23931 |
| 1908 | 不详 | 薏苡 | 1 | 23962 |
| 1908 | 不详 | 粟 | 4 | 24110-113 |
| 1908 | 不详 | 豇豆 | 1 | 23959 |
| 1908 | 不详 | 扁豆 | 4 | 23953-956 |
| 1908 | 不详 | 菜豆 | 2 | 23957-958 |
| 1908 | 不详 | 南瓜 | 1 | 23933 |
| 1908 | 不详 | 西葫芦 | 11 | 23934；23937-939；23946-952 |
| 1908 | 不详 | 黄瓜 | 1 | 23936 |
| 1908 | 不详 | 川椒 | 1 | 23975 |
| 1908 | 不详 | 茄子 | 1 | 23976 |
| 1908 | 不详 | 苋菜 | 5 | 23984-988 |
| 1908 | 不详 | 莴苣 | 1 | 23973 |
| 1908 | 不详 | 芹菜 | 1 | 23970 |
| 1908 | 不详 | 芫荽 | 1 | 23972 |
| 1908 | 不详 | 菜心 | 2 | 23963-964 |
| 1908 | 不详 | 芜菁 | 1 | 23966 |
| 1908 | 不详 | 根用甜菜 | 1 | 23974 |

---

①　迈耶在华采集到的作物样本要超过本文统计数量，文中引用数据来源于美国农业部《新作物引进公告》（1908—1924），更多作物品种由于研究史料有限，无法具体查证，暂未列入本统计表。

(续表)

| 时间 | 采集地点 | 作物品种 | 样本数量 | 采集编号（S. P. I. No.） |
|---|---|---|---|---|
| 1908 | 不详 | 白萝卜 | 3 | 23967-969 |
| 1908 | 不详 | 胡萝卜 | 1 | 23971 |
| 1908 | 不详 | 蜀葵 | 8 | 24009-016 |
| 1908 | 不详 | 芥菜 | 1 | 23965 |
| 1908 | 不详 | 柠檬 | 1 | 23028 |

资料来源：U.S.D.A, *Bulletin of Foreign Plant Introductions*, *New Plant Immigrants*, No. 1-8.

1907—1915年，美国农业部从中国采集到的茄果类作物都是由迈耶完成的，茄子样本（S. P. I. No. 22023）来自中国北京[1]，在加州奇科植物引进园种植繁育，这种蔬菜经常被中国人当作观赏性盆栽，果实大小与鸡蛋相似，成熟初期是白色的，后期则变成金黄色的；茄子样本（S. P. I. No. 23976）的观赏性也高于食用性[2]。

1907年4月，迈耶在山西采集到1个锯齿苜蓿样本[3]，该品种可在干燥贫瘠的土壤中大量种植。苜蓿在中国俗称"三叶草"，属多年生开花植物，原产于伊朗，汉代传入中国，是中国重要的家畜饲料，美国农业部一直高度重视饲料作物的引种，想方设法从世界各地引进苜蓿作物品种。

1908年10月，迈耶回国后首次前往美国农业部汇报工作，他随身携带了多种蔬菜、粮食、饲料作物样本，包括：1个锯齿苜蓿样本[4]，属于黄花芒刺苜蓿；1个薏苡样本；4个粟样本；1个长豇豆样本；4个扁豆样本；2个菜豆

---

[1] U.S.D.A, *Bulletin of Foreign Plant Introductions*, *New Plant Immigrants*, No. 8. p. 2. Dec. 8 to 28, 1908.

[2] U.S.D.A, *Bulletin of Foreign Plant Introductions*, *New Plant Immigrants*, No. 7. p. 4. Nov. 24 to Dec. 7, 1908.

[3] U.S.D.A, *Bulletin of Foreign Plant Introductions*, *New Plant Immigrants*, No. 10. p. 3. Jan. 14 to 29, 1909.

[4] U.S.D.A, *Bulletin of Foreign Plant Introductions*, *New Plant Immigrants*, No. 7. p. 4. Nov. 24 to Dec. 7, 1908.

样本①，S. P. I. No. 23957 属于红花菜豆，S. P. I. No. 23958 属于花园菜豆；1个南瓜样本；11个葫芦样本，S. P. I. No. 23934 属于观赏性葫芦，S. P. I. Nos. 23937-938 属于食用葫芦，S. P. I. No. 23939 是稀有的葫芦品种，S. P. I. No. 23946-952 被称作"西葫芦"，作为一种蔬菜食用；1个黄瓜样本②；1个川椒样本③；5个苋菜样本；1个莴苣样本④，这种莴苣是不形成根的品种，肉质茎可以像芦笋一样炖食；1个芫荽样本，一种非常有名的香草，可以用来增加汤的鲜味；1个芹菜样本⑤，外形十分粗壮，一般用于腌制食品中；2个菜心样本；1个芜菁样本，属于长的白色春季品种；1个甜菜样本；3个白萝卜样本；1个胡萝卜样本；8个蜀葵样本，这几个样本要比美国品种更具耐寒性和抗病性；1个芥菜样本，一种绿叶早熟蔬菜；1个柠檬样本，据说这种水果主产于印度和马来西亚⑥，果实多汁、果肉酸，具有极好的食疗功效。

美国农业部《新作物引进公告》第205期刊出1张照片（图2-1），1921年10月5日，彼得·比塞特（Peter Bisset）拍摄于美国佛罗里达州布鲁克斯维尔作物引进园⑦，照片中是一棵来自中国的耐寒矮种柠檬树（S. P. I. No. 23028），相关记载信息：这棵柠檬树是1908年植物猎人弗兰克·迈耶从中国采集引种的，被认为适合美国人的家庭花园种植，是一种有前途的柠檬树；在美国不同地区的种植试验表明：这一品种不仅具有培养价值，而且比现有的商业柠檬品种更

---

① U.S.D.A, *Bulletin of Foreign Plant Introductions*, *New Plant Immigrants*, No. 7. p. 4. Nov. 24 to Dec. 7, 1908.

② U.S.D.A, *Bulletin of Foreign Plant Introductions*, *New Plant Immigrants*, No. 7. p. 3. Nov. 24 to Dec. 7, 1908.

③ U.S.D.A, *Bulletin of Foreign Plant Introductions*, *New Plant Immigrants*, No. 7. p. 3. Nov. 24 to Dec. 7, 1908.

④ U.S.D.A, *Bulletin of Foreign Plant Introductions*, *New Plant Immigrants*, No. 7. p. 3. Nov. 24 to Dec. 7, 1908.

⑤ U.S.D.A, *Bulletin of Foreign Plant Introductions*, *New Plant Immigrants*, No. 7. p. 2-3. Nov. 24 to Dec. 7, 1908.

⑥ 根据1959年5月1日《人民日报》记载，在海南岛五指山原始森林中发现野生柠檬，因此专家推断中国也可能是原产地之一。

⑦ U.S.D.A, *Bulletin of Foreign Plant Introductions*, *New Plant Immigrants*, No. 205. p. 1887. May, 1923.

耐寒，果实品质也更好，很可能推广到商业柠檬种植区域。

图 2-1　美国佛罗里达州种植的中国矮种柠檬树

资料来源：U. S. D. A, *Bulletin of Foreign Plant Introductions*, *New Plant Immigrants*, No. 205. PI. 330.

## 二、迈耶第二次在华考察路线和代表性成果

### （一）1910—1911 年在华作物采集活动路线

迈耶完成首次中国之行后，进行了为期 14 个月的休整，同时在美国各州进行实地调研，了解各地植物园、育种站的实际需求。1909 年 8 月，迈耶开始了第二次海外采集活动，他首先考察了英格兰、比利时、法国、德国、高加索地区、俄属土耳其斯坦等欧洲国家。1910 年 10 月，迈耶取道吉尔吉斯斯坦奥什到达中国新疆喀什。他在新疆的首次野外考察是陪同英国领事乔治·麦卡特尼（George Macartney）前往莎车，沿途采集到沙枣树（*Elaeagnus angustifolia*）插条，并在莎车发现了很多优质的油桃和普通桃子。随后，迈耶取道皮山县向于阗进发；11 月末，他在于阗采集到 2 个小麦（*Triticum aestivum*）样本，至今这些小麦样本仍保存在美国马里兰州贝茨维尔国家作物种质基因库中；迈耶带领翻译、向导和车夫向哈纳卡（今属塔吉克斯坦）进发，在那里采集到一批果树和观赏植物插条；经过短暂休整后，他们开始向叶

城进发,当时正值隆冬季节,迈耶等人在路上遭遇到不少困难,其中最主要是食物短缺,但沿途采集成果颇丰,收集了多个小麦、大麦品种,果树和观赏植物插条样本。12月,他们返回莎车,又向英吉沙县进发,并采集到葡萄树、桃树和杏树的插条;完成既定任务后取道乌帕尔,于1911年元旦返回到喀什,这次系列采集活动的成果共计整理出117包样本,其中包括插条、接穗和芽木,果树作物有桃子、油桃、李、杏、石榴等。

1911年2月,迈耶途经巴楚、阿克苏向固尔扎(维语音,今伊宁市)行进,他穿越沙漠向北进入天山地区,沿途采集到2种小麦(*Triticum aestivum* and *T. turgidum*),这些麦作基因至今保存在美国马里兰州贝茨维尔农业研究中心。在海拔8 000英尺(1英尺约合0.305米,全书同)的山区,迈耶从当地牧民手中购买到一种比较特殊的黑色裸大麦(即青稞),这也是当地唯一的粮食作物。他们经过连续多日艰苦跋涉,翻越天山,渡过特克斯河,顺利到达固尔扎;在那里,迈耶通过驻圣彼得堡美国领事为美国农业部邮寄了52包植物根茎和插条样本,其中包括白杨树、柳树、山楂树、苜蓿、攀援天门冬、红醋栗、耐寒苹果树以及野生杏树,等等。3月,迈耶开始向塔城进发,沿途翻越了多座9 000英尺雪山;路上克服了很多意想不到的困难,其中最严重的事件是雇用的吉尔吉斯向导中途悄悄溜走,他的考察队只能依靠地图和指南针走完剩余路程。

5月初,迈耶顺利抵达目的地,沿途采集了数量众多的果树插条或新鲜果实,包括耐寒的野生苹果树、野生杏树以及半干旱地区生长的灌木樱桃,但没有找到任何谷类作物。他们在塔城休整2周后,启程前往阿尔泰山区,在斋桑(今属哈萨克斯坦)详细考察了本地作物品种。6月,迈耶一行渡过额尔齐斯河,途经Markakol湖(今哈萨克斯坦境内重要的湖泊之一)向蒙古国进发,先后在巴尔瑙尔、新西伯利亚、鄂木斯克[①]等地开展考察;7月至次年4月,又前往托木斯克、塞米巴拉金斯克[②]、荷兰、英国等地进行采集活动。1912年

---

① 巴尔瑙尔、新西伯利亚、鄂木斯克今属俄罗斯。
② 托木斯克、塞米巴拉金斯克均为苏联城市。

4月,迈耶返回美国纽约。

## (二)迈耶第二次在华采集活动的代表性成果

迈耶第二次在华采集活动的主要区域是中国新疆,采集到代表性作物品种23个,样本数量130个,具体情况如下(表2-2)。

表2-2 1910—1911年迈耶采集新疆作物统计表

| 时间 | 采集地点 | 作物品种 | 样本数量 | 采集编号(S. P. I. No.) |
|---|---|---|---|---|
| 1910 | 喀什 | 白菜 | 2 | 29269-270 |
| 1910 | 喀什 | 豇豆 | 1 | 29267 |
| 1911 | 新疆 | 苜蓿 | 3 | 31303-305 |
| 1911 | 新疆 | 苜蓿 | 5 | 31811-815 |
| 1911 | 新疆 | 亚麻 | 2 | 31817-818 |
| 1911 | 新疆 | 香瓜 | 5 | 31298-302 |
| 1911 | 新疆 | 芝麻菜 | 2 | 31819-820 |
| 1911 | 新疆 | 芦笋 | 1 | 30953 |
| 1911 | 新疆 | 芦笋 | 2 | 31296-297 |
| 1911 | 新疆 | 枣 | 1 | 30940 |
| 1910—1911 | 新疆 | 梨 | 6 | 30308;30329;30351-352;30360-361 |
| 1911 | 喀什 | 柑橘 | 1 | 30059 |
| 1911 | 和田 | 黑桑 | 1 | 30330 |
| 1911 | 新疆 | 石榴 | 1 | 30354 |
| 1911 | 新疆 | 醋栗 | 3 | 30943-945 |
| 1911 | 新疆 | 葡萄 | 7 | 30042-048 |
| 1911 | 新疆 | 毛樱桃 | 5 | 30316-318;30362-363 |
| 1911 | 新疆 | 杏 | 17 | 30314;30310-313;30321;30323;30342-348;30355;30952;31281 |
| 1911 | 新疆 | 桃 | 16 | 30319;30324;30333;30337-340;30357-358;30325;30332;30334-336;30341;30359 |
| 1911 | 和田 | 核桃 | 1 | 30331 |

(续表)

| 时间 | 采集地点 | 作物品种 | 样本数量 | 采集编号（S. P. I. No.） |
| --- | --- | --- | --- | --- |
| 1911 | 新疆 | 李 | 6 | 30316；30320；30322；30349-350；30356 |
| 1911 | 新疆 | 苹果 | 13 | 30309；30326-328；30353；30946-951；31279-280 |
| 1911 | 新疆 | 大麦 | 6 | 31792-796；31868 |
| 1911 | 新疆 | 小麦 | 12 | 31780-791 |
| 1911 | 新疆 | 旱稻 | 11 | 31823-832；32040 |

资料来源：U. S. D. A，*Bulletin of Foreign Plant Introductions*，*New Plant Immigrants*，No. 26-71.

1910年，迈耶在喀什采集到2个冬白菜样本①，新疆白菜能耐受碱性较高的土壤；1个长豇豆样本②，外形呈长条状豆类作物，被当地人作为绿色蔬菜食用，或者晒干保存到冬季食用，这种作物既能耐受高碱性土壤，又能作为花园蔬菜种植在干热地区地下水灌溉的碱性土壤中。

1911年，迈耶在喀什格尔、哈纳卡、和田等地采集到8个苜蓿作物样本③，其中几个品种非常耐寒，大部分品种不需要常规灌溉，甚至有些品种在结霜前仍可以继续生长，这种作物的嫩枝被人们像菠菜一样食用；黄花苜蓿（S. P. I. No. 31303-304）来自伊犁峡谷地区，当地人认为野生黄花苜蓿的品质要优于种植苜蓿品种；阔荚苜蓿（S. P. I. No. 31305）来自天山"Kurre"④附近，这种野生苜蓿呈直立状生长，黄色的长花，扁平的短豆荚，在海拔6 000~7 000英尺多泥黏土山坡上找到的，作物耐受冬季严寒和夏季干燥，马、牛、羊等家畜均非常喜食，这对于普通苜蓿冬季无法生存的美国北部地区

---

① U. S. D. A，*Bulletin of Foreign Plant Introductions*，*New Plant Immigrants*，No. 54. p. 1. Dec. 16 to 31，1910.
② U. S. D. A，*Bulletin of Foreign Plant Introductions*，*New Plant Immigrants*，No. 54. p. 5. Dec. 16 to 31，1910.
③ U. S. D. A，*Bulletin of Foreign Plant Introductions*，*New Plant Immigrants*，No. 68. p. 483. Oct. 1 to 31，1911.
④ 维语音译，今新疆伊犁地区霍城县惠远。

具有极高的引种价值。2个亚麻作物种子样本①,这些种子是作为油料作物采集的,而不是为了生产作物纤维,亚麻籽油可用于厨房烹调,新鲜亚麻籽油美味可口。在巴楚、喀什格尔,迈耶采集到5个香瓜样本②,其中3个品种属于冬季瓜、2个品种属于夏季瓜,新疆夏季时间长,气候干热,土壤松散沙质并含有大量的盐碱,非常适合瓜类作物生长,这些瓜类作物已在美国种植环境相似的地区进行种植试验。2个芝麻菜(也称芸芥)样本③,这2个样本来自不同的绿洲,菜油既能用于烹调,又能用于照明,美国农业部试验站正在进行育种繁殖,以便在西部山区大规模种植。在天山特克斯峡谷,他们采集到1个野生芦笋样本④,作物生长在海拔4 300英尺(1 310米),有攀爬习性,可以生长到8~15英尺,在小檗属植物丛中很容易找到,嫩芽可作为春季蔬菜食用,也可作为美国北方地区的观赏作物、遮阳作物、小型活装饰物、门廊攀缘植物等;2个芦笋果实⑤,一种有攀缘习性,另外一种略有缠绕特性,生长在砂质盐碱土壤中,在培育杂交宿根作物抵抗力方面有较高价值。迈耶一行在天山"Yamatu"⑥采集到一种野生沙枣树插条样本⑦,作物生长在海拔2 500英尺,树皮美丽光亮、呈巧克力棕色,生长在特克斯河岸边的沙荒地中,果树一般隐藏在较高的灌木丛或小树林里,该品种适合种植在美国气温凉爽地区的公园或花园中,具有极高的观赏价值。

---

① U. S. D. A, *Bulletin of Foreign Plant Introductions*, *New Plant Immigrants*, No. 68. p. 482. Oct. 1 to 31, 1911.

② U. S. D. A, *Bulletin of Foreign Plant Introductions*, *New Plant Immigrants*, No. 64. p. 447. June 16 to 30, 1911.

③ U. S. D. A, *Bulletin of Foreign Plant Introductions*, *New Plant Immigrants*, No. 68. p. 481. Oct. 1 to 31, 1911.

④ U. S. D. A, *Bulletin of Foreign Plant Introductions*, *New Plant Immigrants*, No. 62. p. 432. May 1 to 15, 1911.

⑤ U. S. D. A, *Bulletin of Foreign Plant Introductions*, *New Plant Immigrants*, No. 64. p. 446. June 16 to 30, 1911.

⑥ 维语音译,指新疆伊犁昭苏地区雅玛图(近代地理名称)。

⑦ U. S. D. A, *Bulletin of Foreign Plant Introductions*, *New Plant Immigrants*, No. 62. p. 433. May 1 to 15, 1911.

1910—1911年,迈耶在新疆各地采集到6种梨树插条样本①,这几种梨子都非常容易保存和运输,有些品种可以耐受极端温度,有些品种可以做地下灌溉种植试验。

美国农业部《新作物引进公告》第179期刊出1张照片(图2-2),是彼得·比塞特(Peter Bisset)于1919年9月23日在加利福尼亚州奇科植物引进试验站拍摄的,图中梨树(S. P. I. No. 30352)是1910年12月迈耶从中国新疆"Karawag"②引种的,新疆的梨子大多果实多汁、口感清爽,果树生长旺盛,这棵树迄今为止没有任何枯萎病迹象,种植试验也表明这种果树非常高产,尽管甜度上有些欠缺,但丰富的果汁使其值得在商业项目中大规模种植。

**图2-2 美国加州种植的新疆梨树果实**

资料来源:U.S.D.A, *Bulletin of Foreign Plant Introductions, New Plant Immigrants*, No.179.PI.272.

---

① U. S. D. A, *Bulletin of Foreign Plant Introductions*, *New Plant Immigrants*, No. 60. p. 417. Mar. 16 to 31, 1911.

② 维语音译,指新疆伊犁地区卡拉巴格(近代地理名称)。

1911年，迈耶在喀什采集到1个柑橘树插条样本①，这种柑橘在新疆被称作"Beeha"（维语音译），果实个头非常大，有叶脉和浓密的软茸毛，属于高产果树品种；当地人将果实和糖一起炖煮制成蜜饯，或把果实和大米一起煮食，制成当地人喜爱的主食；这种果树耐受盐碱干旱，可以种植在美国沙漠地区的家庭果园中。在和田采集到1个桑树接穗样本②，这是一种被称作"Sha-toot"（维语音译）的桑树品种，8月初至9月末，墨紫色的大浆果开始成熟，每颗果实都需要手工采摘下来，非常容易采摘，果实品尝起来有清新的淡淡酸味，嫁接的果树通常在距离地面1米以上进行，该品种可在美国沙漠地区地下灌溉的庭院种植。在"Karawag"③采集到1种石榴树插条样本④，被称作"Atchiek"（维语音译）的石榴品种，果实非常大，类似小孩头部大小，果皮呈亮红色，口感微酸，属观赏性水果，摆放在水果店橱窗中展示效果极好，也非常容易保存运输。

在天山"Idin-Kul"（今伊犁地区阿依登格尔）采集到3个野生醋栗树插条样本⑤，S. P. I. No. 30943是在海拔8 200英尺岩石坡云杉树下找到的，对杂交育种试验有较高价值；S. P. I. No. 30944来自一棵6~10英尺高的醋栗树，嫩枝有刺覆盖，可作为公园观赏性耐寒灌木树种；S. P. I. No. 30945来自天山大峡谷，生长在海拔3 700英尺，是一种相当稀有的野生醋栗，是在矮树丛树荫中找到的，嫩枝多刺，可作为观赏性灌木树种。7个葡萄藤样本⑥，这些葡萄树一般利用乔木制作的输水管道进行地下灌溉，冬季葡萄藤被埋在深土中，以

---

① U. S. D. A, *Bulletin of Foreign Plant Introductions*, *New Plant Immigrants*, No. 59. p. 405. Mar. 1 to 15, 1911.

② U. S. D. A, *Bulletin of Foreign Plant Introductions*, *New Plant Immigrants*, No. 60. p. 415. Mar. 16 to 31, 1911.

③ 维语音译，指新疆伊犁地区卡拉巴格（近代地理名称）。

④ U. S. D. A, *Bulletin of Foreign Plant Introductions*, *New Plant Immigrants*, No. 60. p. 417. Mar. 16 to 31, 1911.

⑤ U. S. D. A, *Bulletin of Foreign Plant Introductions*, *New Plant Immigrants*, No. 62. p. 436. May 1 to 15, 1911.

⑥ U. S. D. A, *Bulletin of Foreign Plant Introductions*, *New Plant Immigrants*, No. 59. p. 408. Mar. 1 to 15, 1911.

免温度波动过大被冻伤。5个毛樱桃树插条样本①，这些樱桃品种属于很小的丛生果，果实成熟早，个头类似豌豆，果树耐受干旱盐碱，有较高的育种实验价值；这类果树通过分株繁殖，华北地区农民通常利用山桃树嫁接发芽，使果树生长更快、更耐旱，比自身根移植效果好很多。

17个杏树插条和接穗样本，S.P.I.No.30314在和田采集到的，人们一般把它称作"巴旦木"，果实小，果壳坚硬，果树耐受干旱盐碱，不需要任何额外照顾②，几乎不被温度波动所伤害，甜核果实；S.P.I.No.30312比其他同类品种更耐受寒冷和盐碱；S.P.I.No.30355来自新疆"Khanaka"③，8月末果实开始成熟，生长在海拔6 000英尺高度，这个海拔的山区气温通常较低，其他果树的果实基本无法成熟，因此该品种被用于进行重点试验，以便推荐到美国西部地区大量种植，也用于美国李子树的杂交育种实验，培育耐寒的新系列花园种植果树；S.P.I.No.30952来自天山"Kitchik Djighilan"④附近地区的一棵野生杏树⑤，生长在海拔4 100英尺，是在天山北侧山坡的野生苹果树林中发现的，时值3月中旬，杏树深植在2英尺（0.6米）的坚硬冻雪中，可以用它为美国北部地区培育晚开花耐寒杏树品种；S.P.I.No.31281来自天山的一个小村庄⑥，果树生长在海拔3 700英尺，这种野生杏树在天山北部地区到处能看到。

16个桃树插条样本，这些都是非常好的桃树品种⑦，S.P.I.No.30357-358

---

① U.S.D.A, *Bulletin of Foreign Plant Introductions*, *New Plant Immigrants*, No. 60. p. 417. Mar. 16 to 31, 1911.

② U.S.D.A, *Bulletin of Foreign Plant Introductions*, *New Plant Immigrants*, No. 60. p. 416. Mar. 16 to 31, 1911.

③ 维语音译，指新疆伊犁地区哈尼卡（近代地理名称）。

④ 维语音译，指新疆伊犁地区大沙刺（近代地理名称）。

⑤ U.S.D.A, *Bulletin of Foreign Plant Introductions*, *New Plant Immigrants*, No. 62. p. 436. May 1 to 15, 1911.

⑥ U.S.D.A, *Bulletin of Foreign Plant Introductions*, *New Plant Immigrants*, No. 64. p. 451. June 16 to 30, 1911.

⑦ U.S.D.A, *Bulletin of Foreign Plant Introductions*, *New Plant Immigrants*, No. 60. p. 411. Mar. 16 to 31, 1911.

来自新疆喀什，英国领事麦卡特尼特别推荐的品种；S. P. I. No. 30333 易于运输，但保存时间较短，10 月果实基本成熟；S. P. I. No. 30340 可以保存几个月时间；S. P. I. No. 30325、30332 属油桃品种，生长在海拔 5 000 英尺，果实个头大，成熟时间晚，易于保存和运输；S. P. I. No. 30359 由英国领事麦卡特尼提供，据说完全成熟后可以保存数周时间。在和田采集到 1 个核桃树接穗样本①，当地人将其称作"Yang-ak"（维语音译），果实个头大，果壳软硬适中，生长在海拔 4 000~7 000 英尺山区，果树耐受极度干旱与盐碱，但经受不住极端温度变化；迈耶建议将其种植在美国南落基山脉地区，可以在那里建设多个高效益核桃树果园。

6 个李子树插条样本②，这种果树对干旱和盐碱环境适应性强，特别是 S. P. I. No. 30356 被称为"Alutcha"（维语音译）的品种，果实个头中等，成熟早、果皮金黄色、黏核、口感非常独特，一般 7 月下旬可采摘食用，果实能贮藏几个月时间，是制作蜜饯和果酱的最佳食材之一，该品种对美国农业部来说是非常稀有的新品种，是在驻喀什英国领事馆的花园中采集到的。13 个苹果树插条样本③，新疆苹果的贮藏品格极好，果树耐受一定的干旱和盐碱；S. P. I. No. 30946 来自库尔干④，生长在海拔 7 700 英尺，黑红色的嫩枝条显示着果树拥有极强的耐旱、耐寒能力（图 2-3），该品种适合美国最寒冷地区种植，也可以用作矮化砧木；S. P. I. No. 30947 来自 "Kitchik jighilan"⑤，生长在海拔 4 100 英尺，果实个头小、圆形、果皮呈红色，口感微酸，长果柄，花萼宿存，迈耶找到这颗果树时，它矗立在 2 英尺厚的冻雪中，样本对于夏季短暂干热的半干旱地区有育种价值；S. P. I. No. 30950 来自阿克苏，被称作"Kabak

---

① U. S. D. A, *Bulletin of Foreign Plant Introductions*, *New Plant Immigrants*, No. 60. p. 413. Mar. 16 to 31, 1911.

② U. S. D. A, *Bulletin of Foreign Plant Introductions*, *New Plant Immigrants*, No. 60. p. 416. Mar. 16 to 31, 1911.

③ U. S. D. A, *Bulletin of Foreign Plant Introductions*, *New Plant Immigrants*, No. 62. pp. 434-435. May 1 to 15, 1911.

④ U. S. D. A, *Bulletin of Foreign Plant Introductions*, *New Plant Immigrants*, No. 62. p. 434. May 1 to 15, 1911.

⑤ 维语音译，指新疆伊犁地区济尔哈朗（近代地理名称）。

**图 2-3 中国新疆天山地区生长的野生苹果树**

资料来源：U.S.D.A, *Bulletin of Foreign Plant Introductions*, *New Plant Immigrants*, No. 66. p. 467.

alma"（维语音译），果实个头大、椭圆形、白色果肉、夏季成熟，果树枝条下垂、有蔓延特性，隔年大量产果，可在夏季干热、冬季中度寒冷的美国地区进行种植试验；S.P.I. No. 30951 来自阿克苏，被称作"Kizlik alma"（维语音译），果肉口感好，外形呈椭圆状，个头中等大小，一侧红色、另外一侧绿白色，11 月果实完全成熟，贮藏性好。

迈耶在采集活动工作日记中，对那些没有存活的野生苹果树插条描述①："海拔 3 700 英尺山谷中，河流经过的区域有大片野生苹果树，它们以各种可能的方式生长，大的、小的、酸的、甜的、硬的、软的，口感变化丰富。本地人秋季会采摘最好的苹果，将其切成片晒干后，保存到冬季食用；夏末秋初，熊和野猪等野生动物也下山分享野生苹果。野生苹果树要比种植苹果树生长慢，但在耐寒性方面可以弥补生长期不足，育种专家利用这棵树的种质培育更耐寒的品种，这些果树品种极有可能是在潮湿温和环境中生长的西欧苹果树发展而来。"此外，迈耶还记载："这些野生苹果树的树皮不是很好，有时候会

---

① U.S.D.A, *Bulletin of Foreign Plant Introductions*, *New Plant Immigrants*, No. 62. p. 438. May 1 to 15, 1911.

自行脱落，但耐寒、耐旱性看起来相当卓越①。"

1911年，迈耶在新疆各地采集到6个大麦样本②，其中包括冬麦、夏麦、皮麦、裸麦等不同品种，这些麦类作物耐受极度的干旱和盐碱；12个小麦样本，当地的麦作一般采用地下灌溉方式，种植在碱性较强的土壤中。在阿克苏等地③采集到11个旱稻作物样本④，其中大部分品种是早熟稻，据说还有1个特殊品种，播种10周后即可成熟，这些稻作均对碱性土壤有极强的耐受性。

## 三、迈耶第三次在华考察路线和代表性成果

### （一）1913—1915年在华作物采集活动路线

1912年11月，迈耶从美国出发，开始了自己的第三次海外采集之行。他首先前往英国拜访威廉·珀德姆（William Purdom），为甘肃之行搜集必要的信息；随后，他到圣彼得堡、车里雅宾斯克、克什特姆、新西伯利亚等城市考察，为美国农业部作物种质交换项目做必要的推进工作。

1913年2月，迈耶乘坐火车从赤塔（今俄罗斯东南部城市）到达哈尔滨，专程去拜访V. F. Ladigine先生为甘肃之行做准备，他曾与陆军上校科斯洛夫（Koslov）在甘肃考察过动植物资源，迈耶从他那里获得大量的有用信息。3月，迈耶前往奉天（今辽宁沈阳市）参观农业试验站，拜访日本博物学家，因为此人正在撰写关于南满植物区系专著。这次迈耶进入北京的感受与以前大不相同，清王朝被推翻后紫禁城不再是普通民众的禁地，他有幸成为被允许进入该区域的特殊人物之一，受到北京社会各界人士的高度重视；各种官员纷纷前来拜访，甚至新成立的中华民国政府高薪聘请迈耶担任农林高级顾问，但被

---

① U. S. D. A, *Bulletin of Foreign Plant Introductions*, *New Plant Immigrants*, No. 66. p. 467. Aug. 1 to 31, 1911.

② U. S. D. A, *Bulletin of Foreign Plant Introductions*, *New Plant Immigrants*, No. 68. p. 482. Oct. 1 to 31, 1911.

③ U. S. D. A, *Bulletin of Foreign Plant Introductions*, *New Plant Immigrants*, No. 68. p. 483. Oct. 1 to 31, 1911.

④ U. S. D. A, *Bulletin of Foreign Plant Introductions*, *New Plant Immigrants*, No. 69. p. 491. Nov. 1 to 15, 1911.

他婉言谢绝。迈耶在京雇用了新翻译和工作助手后，前往山东进行了一次考察活动，此次外出的目的主要是检验新雇员的工作能力。山东之行收获颇丰，迈耶给美国农业部加州奇科植物引进园罗伯特·米格鲁（Robert L. Beagles）邮寄了3包无核枣样本，给多赛特（Dorsett）邮寄了珍稀的黄瓜种子、10多种瓜类种子、1个白茄子，给萨金特（Sargent）邮寄了一批野生核桃（*Juglans cathayensis*）和大核桃（*Juglans regia*）坚果。1913年春季，美国农业部主要领导改选，新任领导对采集工作高度重视，授权相关部门增加1.4万美元经费用于采集工作，这些好消息极大鼓舞了SPI全体人员的工作信心。

1913年3月，美国开始暴发大范围栗树枯萎病，农业部森林病理学办公室将希望寄托在海外植物猎人身上；6月，迈耶受命在北京的北部山区寻找栗疫病真菌抗体，经过4周的艰苦努力，终于成功采集到目标样本，在关键时刻挽救了美国的栗树产业。6月底，迈耶给美国农业部邮寄了一批作物样本，其中包括：冬大麦、高粱、大豆等；给奇科植物引进园邮寄数千个核桃和42 000多个毛樱桃核（*Prunus tomentosa*），这些种质样本主要用于北达科他州的种植试验。12月，在经过充足准备和漫长等待后，迈耶带着助手、翻译、向导等启程前往甘肃，途经河南铁门（今洛阳新安县）、陕西华山等地。

1914年1月，迈耶一行到达西安，但随行翻译在登山过程中意外受伤，这使得整个工作计划被迫调整，并取消了前往甘肃的预定计划。在西安停留期间，迈耶采集到柿子树、杏树、枣树等果树插条，购买了柿子醋、柿子白兰地酒、柿子饼、柿子酱等食品；在西安的南部山区考察时，他意外发现当地板栗树（*Castanea mollissima*）几乎未被真菌感染过，接穗样本看上去对栗树枯萎病有很强抵抗力。2月，迈耶启程返回北京，途经山西蒲州（今山西永济市）时采集到中国最好的柿子树（*Diospyros kaki*）样本，这个品种的柿子是清代皇室最喜爱食用的。在蒲州西北部，迈耶找到数百年来在中国一直闻名的高品质大枣（*Zizyphus jujuba*），果实个头有鸡蛋大小，这种枣子正是他始终要寻找的。迈耶从河南府（今河南洛阳市）乘坐火车前往开封，然后雇用运货马车到达济宁州（今山东济宁市），在那里给美国农业部邮寄出一批大枣和柿子样本；在济南又邮寄了12包作物样本，包括：梨树、苹果树、山楂树以及各种枣树插条。迈耶有意采集一些带有蓓蕾的肥城桃树插条（*Prunus persica*），但这个想法实施起来有较大的困难，当地农民都意识到"肥城桃"是全国最好的桃子品种，每棵桃树的价格都非常高，远远超出他可以承受的心理价位；但他雇佣的翻译具有丰富的社会经验，通过"老练手段"① 很快就获得 8 棵肥城桃树，迈耶认为将 8 棵桃树一起运回美国具有较大风险性，于是决定先将 1 棵桃树和 26 个接穗样本邮寄回美国，然后将剩余桃树邮寄到加州奇科植物引进园。3 月末，迈耶到达天津后，整理打包已采集的作物样本，其中一个大的木箱子装有 6 棵嫁接的肥城桃树、10 株带有蓓蕾的柑橘树、6 株带有蓓蕾的大果实山楂树、5 株芍药（*Paeonia lactiflora*）、12 株牡丹（*Paeonia suffruticosa*），所有打包工作完成后，迈耶将其带回北京邮寄。4—5 月，迈耶在北京周边地区进行考察活动，并给美国农业部邮寄了多批次的果树、蔬菜、粮食作物样本。

1914 年 6 月，迈耶经过充分准备再次前往甘肃，一行人先乘坐火车到达彰德（今河南安阳市）；7 月初，他们徒步旅行 2 周后，穿越河南进入山西境内，在潞安府（今山西长治市）短暂休整后向平阳（今临汾西南）进发；月底，迈耶等人顺利抵达目的地。8 月初，迈耶再次前往西安，由于地图不够详细和语言交流障碍，路上耽搁了多日才抵达目的地；他们沿途采集到一种桃子，迈耶称其为"真正的野生桃"（*Prunus davidiana var. potaninii*），在西安给美国农业部邮寄了 700 颗该品种的桃核。在从西安前往宝鸡的路上，他们克服了很多意想不到的困难，如土匪抢劫、旅店奇缺、道路崎岖、气候多变等，万幸的是他们最终顺利抵达目的地。迈耶一行离开宝鸡渡过渭河后首次见到湿地姜，他们还在附近山区采集到野生桃树、李子树、杏树、海棠树、葡萄树、核桃树以及栗子树插条样本。

9 月，迈耶等人顺利进入甘肃境内，这使他非常兴奋，毕竟期待已久的事情即将变成现实，很少有外国人进入这个区域，更不用说进行采集活动。他们

---

① 迈耶雇用的翻译花费 40 美元租用一块土地的使用权，地面上栽有 8 棵肥城桃树，他们租到土地后立刻将桃树挖走，实际上对当地农民采用了欺骗手段。

向甘肃西南行进,在徽县、成县做了短暂休整,烘烤标本,雇用剩余路程的骡子和车夫。10月,迈耶途经阶州(今甘肃陇南市)、四库(今甘肃舟曲县)时,与英国业余植物学家雷金纳德·法雷尔(Reginald Farrer)和植物猎人威廉·珀德姆(William Purdom)偶遇,大家都非常兴奋,相互交流了采集活动信息。此时,迈耶雇用的翻译和力工害怕土匪抢劫,拒绝陪同他们继续前行,突然变化的情况给采集活动带来非常严重的影响。10月末,迈耶带领助手、向导和骡夫向南部行进,在四库以南采集到野生桃(*Prunus davidiana* var. *potaninii*)和矮扁桃(*Prunus tangutica*)样本,在藏民居住区采集到野生李子和普通桃子。随后,他们返回四库,沿着四库河向西行进,沿途采集到桃树、梨树、杏树、李子树、樱桃树、海棠树以及榛子树(*Corylus tibetica*)等果树插条和接穗样本。11月,迈耶从甘肃南部山区前往兰州,但由于路上缺少翻译和向导的帮助,行程充满了挑战性,此时他已别无选择,甘肃之行是此次来华的主要计划;途经岷州(今属甘肃定西市)、洮州(今甘肃临潭县)、临洮时,发现沿途路边的山坡上有大量的矮扁桃树,他们采集了大量的样本;12月,迈耶一行到达兰州,并在那里给美国农业部邮寄了31包作物样本。

1915年1月,迈耶又邮寄回国15捆果树插条样本,成功地创造了邮寄活体植物最远距离的新纪录,即从中国甘肃邮寄到美国华盛顿。此时他由于找不到合适的翻译,无法继续前往四川进行考察活动,被迫返回北京;返程时他取道西安、平凉和长武县,翻越华山,途经潼关,在连续多日的沙尘暴中进入河南境内。2月,迈耶一行乘坐火车途经渑池、洛阳、郑州,顺利到达北京,结束了筹划已久的甘肃之行。他们返回北京后,立即整理打包所有的作物样本,给美国农业部邮寄了34个包裹,其中包括:桃核、柿树种子、枣、栗子;垂榆、李子树(*Prunus triloba*)、荚莲、丁香花、蔷薇花、百合花;裸大麦、裸燕麦、蚕豆、大豆以及耐寒的苜蓿种子等样本。

1915年5月,迈耶前往南京、上海、杭州开展考察。他和助手在南京考察了紫金山再造林项目,与金陵大学约瑟夫·裴义理(Joseph Bailie)讨论了再造林计划和作物种子交换事宜,并在美国领事馆发表演讲。在上海,迈耶陪同美国柑橘作物专家施温高(W. T. Swingle)共同考察了荔枝、杧果、金柑杷、李子、桃、杏等果树作物；他还给美国农业部邮寄了一批荔枝树种子，为50位美国商人宣讲了自己的采集活动经历，并会见了报纸和杂志期刊主编。在浙江杭州，强阵雨和闷热高温考验着迈耶的耐心，但不虚此行的是他采集到自己从未见过的山核桃，这使得他兴奋异常，立刻委托两位本地传教士调查这种果树的原产地。此外，在浙江迈耶还发现了白皮柿子树，由于这项新发现，迈耶决定调整原工作计划，专程前往余杭（今浙江杭州市临平镇）采集山核桃树；在彰化，他找到了大片的山核桃树林，果树生长在海拔800~1 200英尺，坚硬的树干可用来制作工具手柄，坚果油用于制作炸糕，哈佛大学阿诺德树木园主任萨金特对中国的山核桃树给予了高度评价；此外，迈耶还采集到半野生银杏树样本。8月，他返回上海，随即前往日本横滨；10月，迈耶乘船抵达美国普吉特海湾，结束了第三次在华作物采集活动。

## （二）迈耶第三次在华采集活动的代表性成果

迈耶第三次在华采集活动的主要区域是中国北方和西部省份，甘肃之行是此次来华的核心计划，共计采集到代表性作物37个，作物样本数量228个，具体情况如下（表2-3）。

表2-3　1913—1915年迈耶采集中国作物统计表

| 时间 | 采集地点 | 作物品种 | 样本数量 | 采集编号（S. P. I. No.） |
| --- | --- | --- | --- | --- |
| 1913 | 山东乐陵 | 黄瓜 | 2 | 35643-644 |
| 1913 | 山东乐陵 | 香瓜 | 15 | 35643-657 |
| 1913 | 山东乐陵 | 白茄子 | 1 | 35635 |
| 1913 | 直隶张家口 | 红辣椒 | 4 | 36774-777 |
| 1913 | 直隶张家口 | 甘蓝 | 1 | 36770 |
| 1913 | 北京 | 绿萝卜 | 1 | 36115 |
| 1913 | 北京 | 白菜 | 1 | 36113 |
| 1913 | 直隶、北京 | 桃 | 2 | 36664-665 |
| 1913 | 北京、天津 | 樱桃 | 2 | 35640；36086 |
| 1913 | 北京、山东、直隶 | 核桃 | 6 | 35610-613；36662-663 |
| 1913 | 直隶 | 板栗 | 2 | 35891；36666 |

(续表)

| 时间 | 采集地点 | 作物品种 | 样本数量 | 采集编号（S. P. I. No.） |
| --- | --- | --- | --- | --- |
| 1913 | 满洲里、直隶 | 榛子 | 3 | 35288；36726-727 |
| 1913 | 山东、天津、北京 | 枣 | 15 | 35253-257；35260；35601-609 |
| 1913 | 北京 | 君迁子 | 1 | 36808 |
| 1913 | 山东济南府 | 烟草 | 1 | 35642 |
| 1913 | 直隶桃花 | 苜蓿 | 1 | 36784 |
| 1913 | 济南府、天津 | 大豆 | 7 | 35622-628 |
| 1914 | 山东肥城 | 红辣椒 | 1 | 38788 |
| 1914 | 山东 | 白菜 | 2 | 38782-783 |
| 1914 | 陕西西安府 | 胡萝卜 | 1 | 38786 |
| 1914 | 陕西西安府 | 香葱 | 1 | 38787 |
| 1914 | 山东肥城 | 姜 | 1 | 38180 |
| 1914 | 甘肃 | 柑橘 | 1 | 39897 |
| 1914 | 河南、陕西、山西 | 枣 | 20 | 37475-476；37484；37489；37659；37668；38243-247；38249-253；38258-261 |
| 1914 | 陕西西安府 | 板栗 | 2 | 37547-548 |
| 1914 | 陕西、甘肃 | 海棠 | 2 | 38231；39923 |
| 1914 | 河南、山西、陕西、甘肃 | 柿子 | 56 | 37465-473；37525-540；37543；37648-658；37661-667；37669-670；37672-678；39912-913；40024 |
| 1914 | 北京、甘肃 | 樱桃 | 4 | 38856；39902；39911；39918 |
| 1914 | 陕西、河南山东 | 梨 | 15 | 38240-242；38262-271；38277-278 |
| 1914 | 山东泰安 | 山楂 | 3 | 38176；38283-284 |
| 1914 | 山西、河南 | 李 | 3 | 39436-438 |
| 1914 | 河南、直隶、山西 | 杏 | 4 | 37474；39429-430；39439 |
| 1914 | 山东曹州府 | 石榴 | 1 | 38185 |
| 1914 | 甘肃 | 扁桃 | 1 | 39898 |
| 1914 | 陕西西安府 | 大豆 | 13 | 38450-462 |
| 1914 | 河南 | 甘蔗 | 2 | 38257；38332 |
| 1914 | 山西、陕西 | 高粱 | 3 | 39440-442 |
| 1915 | 陕西阳平 | 茄子 | 1 | 40759 |

(续表)

| 时间 | 采集地点 | 作物品种 | 样本数量 | 采集编号（S. P. I. No.） |
| --- | --- | --- | --- | --- |
| 1915 | 山西白乡村 | 茄子 | 1 | 40760 |
| 1915 | 北京 | 扁豆 | 1 | 40903 |
| 1915 | 甘肃 | 君迁子 | 1 | 40024 |
| 1915 | 甘肃、陕西 | 栗子 | 3 | 40035-036；40508 |
| 1915 | 甘肃 | 杏 | 2 | 40012-013 |
| 1915 | 陕西 | 海棠 | 1 | 40729 |
| 1915 | 陕西、甘肃 | 野生桃 | 5 | 40001-005 |
| 1915 | 甘肃 | 梨 | 6 | 40019；40724-728 |
| 1915 | 浙江杭州 | 杨梅 | 1 | 41256 |
| 1915 | 陕西、河南 | 枣 | 3 | 40506；40877-878 |
| 1915 | 陕西宝鸡 | 裸燕麦 | 1 | 40650 |
| 1915 | 甘肃金城 | 裸大麦 | 1 | 40652 |

资料来源：U. S. D. A, *Bulletin of Foreign Plant Introductions*, *New Plant Immigrants*, No. 82-116.

1913 年，迈耶在山东乐陵采集到 2 个黄瓜样本①，据说这两个品种非常稀有，可以生长到 2.5 英尺，沿着高粱秆架子的方向生长，以免果实接触到地面，该品种在半干旱地区生长得更好些。15 个香瓜种子样本②，这种瓜喜好弱碱性砂质土壤，瓜农每年的收成都很好；当地人种植一定数量的香瓜是为了获取种子，他们一般把最初挑选的 2 个香瓜作为种子培养；中国瓜农也认识到仅仅种植普通香瓜品种，果实质量会越来越差，种植土壤或种植位置的变化也会影响果实质量，优质香瓜种子种植到相隔不远的土壤中，就可能生长出质量较差的瓜，成熟瓜果在颜色、大小、形状、口感等方面都有差异。1 个白色的圆形茄子样本③，S. P. I. No. 35635 在当地也属于稀有品种，被称作"白茄子"。

---

① U. S. D. A, *Bulletin of Foreign Plant Introductions*, *New Plant Immigrants*, No. 87. p. 673. July, 1913.

② U. S. D. A, *Bulletin of Foreign Plant Introductions*, *New Plant Immigrants*, No. 87. p. 672. July, 1913. 香瓜与黄瓜采集编号重复，有可能是刊物排版有误。

③ U. S. D. A, *Bulletin of Foreign Plant Introductions*, *New Plant Immigrants*, No. 87. p. 674. July, 1913.

在张家口采集到 4 个红辣椒样本①，其中 1 个品种被证实在半干旱地区碱性土壤中具有较高栽培价值。1 个甘蓝样本②，其果实非常大，新鲜时称重可达 16 磅（1 磅约合 453.6 克，全书同），这个品种在张家口地区生长得特别好，个别果实超过 25 磅（22.6 斤）。

在北京采集到 1 个绿萝卜样本③，这种萝卜在冬季食用特别健胃，被人们视为最佳冬季蔬菜，体力劳动者将其看作无价之宝。1 个大白菜样本④（图 2-4），口感甘甜，品质极高，与其他大白菜品种相比更容易消化，烹饪后没有令人不悦的气味，既可以煮炖，又可以生拌或腌制食用。2 个桃核样本⑤，S. P. I. No. 36664 是从 1 500 磅野生桃核中筛选出来的，这些桃核样本来自直隶（今河北省）的不同地区（图 2-5），外型差别很大，人们根据个头大小将它们分成不同等级，个头大的作为生长旺盛的核果类嫁接砧木培养，例如：桃、杏、李子等果树，个头小的作为生长缓慢的核果类嫁接砧木培养，例如：灌木樱桃、沙樱桃、矮李子、扁桃等果树，这些种子样本已经在美国农业部植物病理实验室进行种植试验，以检验是否具有抗病性；S. P. I. No. 36665 来自北京一家客栈的庭院，这棵野生桃树长势非常旺盛，属于杂交品种，树干距离地面 5 英尺高，树围 5 英尺 6 英寸，当地人将其称作"毛桃树"。

在北京、天津采集到 2 个樱桃树种子样本⑥，S. P. I. No. 35640 来自北京 1

---

① U. S. D. A, *Bulletin of Foreign Plant Introductions*, *New Plant Immigrants*, No. 92. p. 720. Dec., 1913.
② U. S. D. A, *Bulletin of Foreign Plant Introductions*, *New Plant Immigrants*, No. 92. p. 719. Dec., 1913.
③ U. S. D. A, *Bulletin of Foreign Plant Introductions*, *New Plant Immigrants*, No. 89. p. 694. Sept., 1913.
④ U. S. D. A, *Bulletin of Foreign Plant Introductions*, *New Plant Immigrants*, No. 89. p. 691. Sept., 1913.
⑤ U. S. D. A, *Bulletin of Foreign Plant Introductions*, *New Plant Immigrants*, No. 91. p. 710. Nov., 1913.
⑥ U. S. D. A, *Bulletin of Foreign Plant Introductions*, *New Plant Immigrants*, No. 87. p. 674. July, 1913.

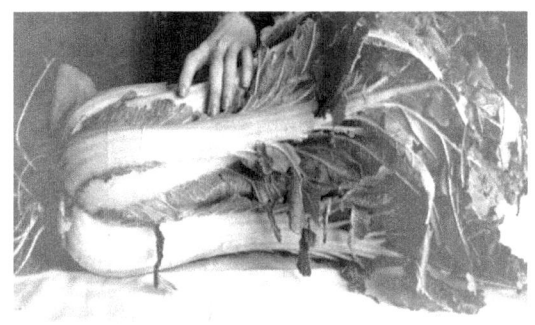

**图 2-4 中国北京种植出产的大白菜**

资料来源：U. S. D. A，*Bulletin of Foreign Plant Introductions*，*New Plant Immigrants*，No. 29. p. 8.

**图 2-5 中国直隶（今河北省）采集到的野生桃核**

资料来源：U. S. D. A，*Bulletin of Foreign Plant Introductions*，*New Plant Immigrants*，No. 91. p. 717.

棵野生樱桃树，属于稀有小果实早熟甜樱桃品种，5月果实就可以上市销售；S. P. I. No. 36086是从天津采集的42 000多个毛樱桃种子中挑选出来的[1]，比较适合种植在美国半干旱地区的家庭花园中，农民一般在野生桃树或山桃树上嫁接果树，该品种在嫁接砧木上生长旺盛，比在自身根上更耐受干旱和不利条

---

[1] U. S. D. A，*Bulletin of Foreign Plant Introductions*，*New Plant Immigrants*，No. 89. p. 694. Sept.，1913.

件。在北京、山东采集到 4 个核桃果实样本①，3 个样本来自北京西北部山区，1 个样本来自济南府；在直隶和北京西山地区采集到 2 个核桃果实样本②，其中 1 个品种来自高海拔地区，受到了大山的庇护，中国的核桃树品种非常适合在美国落基山脉的山谷地区种植。

在直隶三屯营（今河北迁西县西部）、唐山采集到 2 个高品质板栗果实样本③，这些种子样本来自华北地区最好的栗子产区；栗树本身没有任何木料利用价值，因为这种树分叉低、散开生长，长得不高，超过 40 英尺的树都比较罕见，直隶栗树对真菌病的抵抗性要比美国品种强很多，可用于作物育种实验。栗树喜好排水良好的花岗岩风化土壤，在丘陵或山脚下防护较好的山谷地带生长最旺盛，原产地仅剩余少量果树，农民更愿意沿着山脚或坡地种植其他果树，靠近岩石或大石头附近的栗树似乎比田地中的更茂盛；从树种和生态环境角度来说，美国落基山脉丘陵地带更适合种植栗子树。在秋冬季，中国人炒栗子时使用一个敞口大平底锅，锅中放入沙子和粗砂糖混合物，这种方法炒制出来的栗子外表光滑，令人胃口大开。迈耶在三屯营采集到一种抵抗栗疫病的重要样本，美国植物病理学家正在研究这种植物疾病，一些作物专家建议使用美国具有部分抗病性的栗树与中国具有全部抗病性的栗树进行杂交，以繁殖培育抵抗力更强的栗树新品种，而这些具有全部抗病性的栗树或许就生长在中国的某个区域。

迈耶在满洲里、直隶采集到 3 个榛子果实样本，S. P. I. No. 35288 是来自哈尔滨的一棵野生榛子树④，果壳又厚又硬，果仁很小，当地人一般采用火烤或腌制方法食用其果肉，加工过的果仁味道极好，该品种可在美国西北部的平

---

① U. S. D. A, *Bulletin of Foreign Plant Introductions*, *New Plant Immigrants*, No. 87. p. 673. July, 1913.

② U. S. D. A, *Bulletin of Foreign Plant Introductions*, *New Plant Immigrants*, No. 91. p. 712. Nov., 1913.

③ U. S. D. A, *Bulletin of Foreign Plant Introductions*, *New Plant Immigrants*, No. 88. p. 682. Aug., 1913.

④ U. S. D. A, *Bulletin of Foreign Plant Introductions*, *New Plant Immigrants*, No. 86. p. 663. May 1 to June 1, 1913.

原地区进行试验种植；S. P. I. No. 36726-727 来自"小五台山"（今河北省张家口市）①，其中 1 个品种质量极好。在山东、天津、北京采集到 15 个大枣果实样本，S. P. I. No. 35253-257、35260 来自乐陵②，有些枣子几乎完全无核，可以蒸熟晾干保存到冬季食用，有些枣子的个头像鸡蛋，有些枣子口感甘甜；S. P. I. No. 35601-609 来自济南府、天津、北京等地③，这几种大枣都是迈耶为培育优质枣树而精心采集的，无论口感还是形状都非常好。

美国农业部《新作物引进公告》第 87 期刊载 1 张照片（图 2-6），1913 年 3 月 31 日，迈耶拍摄于山东乐陵，图片内容是枣树果园。迈耶附加了相关描述："本地农民说如果全部枣树按环形方式排列，就可以结出更多果实。大枣是中国人日常食用水果之一，已有数千年种植历史，在中国有数百个品种，形状、大小、品质差异性很大，有些枣树可以结出无核果实，有些枣子大小像鸡蛋，有些枣子可以新鲜食用，糖煮后晒成枣干或制成蜜饯，也可以将无核大枣和大米一起蒸煮食用。美国德州、加州种植的枣树都是 SPI 从中国采集引种的，这批枣树已结出品质非常好的果实，中国旱地枣树完全适应美国各州不同的环境，作为美国果树新品种，这些作物一定能够证明其重要的经济价值。"

在北京采集到 1 批君迁子样本④，大约有 200 颗，这种果树比较适合美国的干旱地区。在济南府采集到 1 个烟草样本⑤，属于高品质宽叶烟草品种，这个品种耐受干燥气候、盐碱成分较高的土壤和灌溉用水。在直隶桃花镇（今河北蔚县）采集到 1 个野生花苜蓿样本⑥，迈耶附加描述："这种作物呈半上

---

① U. S. D. A, *Bulletin of Foreign Plant Introductions*, *New Plant Immigrants*, No. 92. p. 721. Dec., 1913.

② U. S. D. A, *Bulletin of Foreign Plant Introductions*, *New Plant Immigrants*, No. 86. p. 667. May 1 to June 1, 1913.

③ U. S. D. A, *Bulletin of Foreign Plant Introductions*, *New Plant Immigrants*, No. 87. p. 675. July, 1913.

④ U. S. D. A, *Bulletin of Foreign Plant Introductions*, *New Plant Immigrants*, No. 92. p. 721. Dec., 1913.

⑤ U. S. D. A, *Bulletin of Foreign Plant Introductions*, *New Plant Immigrants*, No. 87. p. 674. July, 1913.

⑥ U. S. D. A, *Bulletin of Foreign Plant Introductions*, *New Plant Immigrants*, No. 92. pp. 723-724. Dec., 1913.

**图 2-6 中国山东乐陵的枣树果园**

资料来源：U.S.D.A, *Bulletin of Foreign Plant Introductions*, *New Plant Immigrants*, No. 87. p. 679.

升式蔓延生长，在开阔的地带很容易找到它们，黑黄色花朵，短平的豆荚，小簇果实成熟后遍地散射种子；在干旱的暴露地区这种作物长得很小，在潮湿地区或草丛中作物能够长成大片牧草，大多数家畜都喜欢啃食；在海拔 2 000 ~ 8 000 英尺山区也发现它们的身影，而且在山区作物生长更旺盛，饲料价值更显著。"在济南府和天津采集到 7 个大豆样本①，这些豆子可用于生产豆芽、制作豆腐和酱油，也可以盐焗后食用。

1914 年，迈耶在山东肥城采集到 1 个红辣椒样本②，S. P. I. No. 38788 外型细长，3 月种植，6 月即可结出果实，8 月末完全成熟，果实表皮呈鲜红色、十分光滑，果实数量非常多，口感比较辛辣；当地人经常将辣椒晒干保存到冬季食用，作为汤、面条的调味品，也可以将辣椒碾碎后与芝麻油混合，并掺入一些盐，这种配制可以给人们带来好胃口。在山东采集到 2 个白菜样本③，其

---

① U.S.D.A, *Bulletin of Foreign Plant Introductions*, *New Plant Immigrants*, No. 87. p. 673. July, 1913.

② U.S.D.A, *Bulletin of Foreign Plant Introductions*, *New Plant Immigrants*, No. 99. p. 786. July, 1914.

③ U.S.D.A, *Bulletin of Foreign Plant Introductions*, *New Plant Immigrants*, No. 99. p. 786. July, 1914.

中1种品质很好，白色的菜叶，口感柔和甘甜，单颗称重可以达到10磅以上；另外1种呈圆锥形，白绿色叶子，炖煮后菜叶柔软、非常有滋味。在西安府采集到1个血红色胡萝卜样本①，由于颜色诱人具有特殊的腌制价值，作物在储水性好、营养丰富的沙壤中生长更加旺盛，被当地人称作"红条萝卜"。1个香葱种子样本②，这种葱的品质极高，作为冬季蔬菜一般与烤肉搭配食用，还可以放入汤中增加鲜味，被认为十分有益身体健康，这种作物很可能成为美国消费者喜爱的蔬菜，主要用来供应美国东部城市的希伯来人和中国人，人们将其称作"葱菜"。

1914年，迈耶在山东肥城采集到1个生姜样本③（图2-7），作物种植在沙壤中，作为调味品放入汤或荤菜中十分有益身体健康，中国古代圣人孔子曾经建议自己的学生，将这种作物的根茎作为每日必食开胃小菜；在作物主产区，只要土壤变得温暖一些，当地农民就开始种植，第1次轻霜后即开始收获，储藏在比较荫凉的地窖中，用稍微潮湿的沙土进行覆盖，中国人之所以将其称作"生姜"，意思是"新鲜的姜"。

美国农业部第177期《新作物引进公告》中描述④："中国的生姜在美国马里兰州洛克维尔市亚罗作物引种试验站生长得非常好，各种迹象充分表明作物已经在这里成功种植；1919年5月31日，作物的姜根被移种到开阔的冲击土形成的田地中，10月底就可以进行采收食用了。"

迈耶在甘肃连家坝（一个小村庄）采集到1个柑橘树插条样本⑤，这种果树很容易长成一棵大树，果实呈圆形、松皮、扁平（图2-8），表面呈淡黄

---

① U.S.D.A, *Bulletin of Foreign Plant Introductions*, *New Plant Immigrants*, No. 99. p. 787. July, 1914.

② U.S.D.A, *Bulletin of Foreign Plant Introductions*, *New Plant Immigrants*, No. 99. p. 786. July, 1914.

③ U.S.D.A, *Bulletin of Foreign Plant Introductions*, *New Plant Immigrants*, No. 97. p. 774. May, 1914.

④ U.S.D.A, *Bulletin of Foreign Plant Introductions*, *New Plant Immigrants*, No. 177. p. 1628. Jan., 1921.

⑤ U.S.D.A, *Bulletin of Foreign Plant Introductions*, *New Plant Immigrants*, No. 106. p. 855. Jan., 1915.

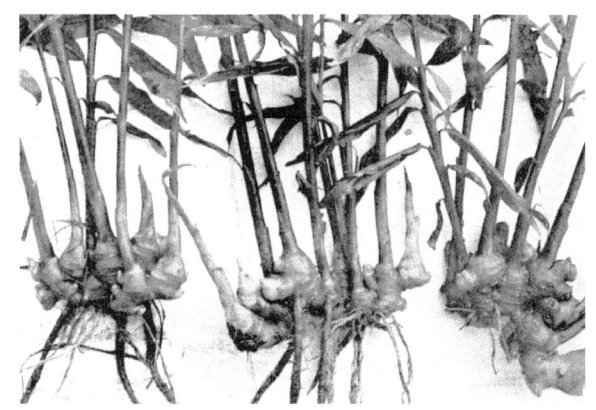

图 2-7 中国山东肥城种植的生姜

资料来源：U.S.D.A, *Bulletin of Foreign Plant Introductions*, *New Plant Immigrants*, No. 177. PI. 278.

色、充满油腺，气味与优质柠檬极其相似；果肉和果皮很容易分开，果肉多汁，有令人酸爽愉悦的口感，果肉中含有大颗粒种子；切开果实表皮，将其浸泡在一大杯水中，再加入一些白砂糖，就能制成令人喜欢的"柠檬水"；将果实切成薄片，放入热茶中味道也很好，在汤或炖菜中放入几块果皮会产生新奇的、令人愉悦的口感；果树枝叶茂盛，大量的深绿色叶子凸显出高产特性，幼枝上有大型针刺，果树必须从种子开始种植培育，无法进行嫁接。在海拔 2 000~4 000 英尺的果树林周围，迈耶还找到了大量的柿子树、无花果树、石榴树、核桃树、梨树、桑树以及枳壳、女贞、棕榈等植物，这种树种完全可以种植在美国柑橘种植带北部地区的家庭花园中。

在河南、陕西、山西采集到 20 个枣树插条或果实样本，其中 1 种枣子的个头像鸡蛋，枣肉可用于制作烘焙面包，枣树一般生长在大树林中，河南灵宝枣树的种植面积可能有几百英亩①，有些枣子适合新鲜食用或晒干食用，有些枣树可作为观赏性树种。

美国农业部《新作物引进公告》第 86 期刊载了迈耶通信节选（1913 年 4

---

① 1 英亩等于 6.07 亩或者约合 4 046.85 平方米。

**图 2-8　中国甘肃的柑橘果实**

资料来源：U.S.D.A, *Bulletin of Foreign Plant Introductions*, *New Plant Immigrants*, No. 106. p. 857.

月5日，中国济南府），"我希望刚刚邮寄走的作物样本能够平安抵达美国加州奇科植物引进园，那里的嫁接砧木还不错，这批样本中有一种令人关注的无核枣，枣子的个头像小鸡蛋；还有一批蔬菜品种和瓜类作物样本，其中有一个很大的红白色茄子，该品种非常罕见；济南府气温出乎意料地温暖，杨树和柳树已经长出很大的叶子，丁香、山楂树、杏树、李子树正盛开着迷人的花朵，我比较担心那些果树接穗能不能挺过长途旅行而安全到达美国；下一个冬季到来之前，我还有很多采集工作要完成，每天带着翻译和助手搜寻从未听说过的作物品种；或许我还要在中国住上两年，随着时间推移我肯定能走遍中国的大多数省份，一周后我会返回北京，完成财务账目和工作报告后，我将开始一次更远的旅行，前往河南、山西、陕西、甘肃等地进行采集活动，这或许要持续到1914年1月，完成计划中的采集任务后，我一定再回到富庶的山东。"

美国农业部《新作物引进公告》第97期刊载1张照片，是迈耶于1914年2月14日在中国山西拍摄的（图2-9）①，照片内容是山西干枣，枣子的个头

---

① U.S.D.A, *Bulletin of Foreign Plant Introductions*, *New Plant Immigrants*, No. 97. p. 770. May, 1914.

完全可以与鸡蛋相比。作物育种试验已证明中国枣树在美国华盛顿州具备了很好的耐寒性,在得克萨斯州和加利福尼亚州都结出很好的果实,迈耶采集的枣树插条（S. P. I. No. 38243）促进了中国枣文化在美国更好地传播。

**图 2-9　中国山西的干枣（与鸡蛋对比）**

资料来源：U. S. D. A, *Bulletin of Foreign Plant Introductions*, *New Plant Immigrants*, No. 97. p. 771.

美国农业部《新作物引进公告》第 101 期刊载 1 张照片（图 2-10），1913 年 12 月 21 日,迈耶拍摄于河南灵宝[①],照片内容是大规模"红枣"树林。在河南省广袤的黄土地上,枣树生长非常茂盛,这种果树完全可以种植在美国同类性质土壤中,例如：艾奥瓦州、内布拉斯加州、密苏里州以及中西部各州。

在西安府南部山区采集到 2 个板栗树插条样本[②],其中 1 种果实很大,果树生长比较缓慢;另外 1 种也是大果实,通过高接繁殖,对栗树真菌病有较强抗性,因此,迈耶建议美国农业部对这一品种进行植物病理实验。在西安府采集到 1 个海棠树接穗样本[③],附加描述："这是一种开花的海棠树,低分枝扩

---

① U. S. D. A, *Bulletin of Foreign Plant Introductions*, *New Plant Immigrants*, No. 101. p. 832. Sept., 1914.

② U. S. D. A, *Bulletin of Foreign Plant Introductions*, *New Plant Immigrants*, No. 95. p. 748. Mar., 1914.

③ U. S. D. A, *Bulletin of Foreign Plant Introductions*, *New Plant Immigrants*, No. 97. p. 771. May, 1914.

图 2-10 中国河南灵宝的"红枣"树林

资料来源：U. S. D. A, *Bulletin of Foreign Plant Introductions*, *New Plant Immigrants*, No. 101. p. 832.

展延伸生长，结出大量的玫瑰红色重瓣小花，在西安府英国浸信会医院的花园中采集到的。"

在甘肃莲花山也采集到 1 个海棠树插条样本[①]，属于观赏性海棠品种，小果实类似豌豆大小，果皮呈亮红色，有令人愉悦的酸味，用其制作蜜饯口感极好，果树比较矮小，但看起来相当耐寒，可以作为嫁接砧木，或者培育成美国北方各州的观赏树种，果树生长在海拔 9 000 英尺，从育种角度来说具有较高利用价值。在河南、陕西、山西、甘肃采集到 56 个柿子树插条或果实样本[②]，有些品种可以晒干后冬季食用，有些无核柿子有点像"大磨盘"，有些不能晒干食用的果实在整个冬季都保持新鲜度，个别柿子品种的唯一用处就是用来蒸馏白兰地（酿酒），其中包括迈耶所描述的原产于亚洲北部的野生柿子树，几乎所有的亚洲柿子树都是由该品种繁育而来，果实小、呈圆形、黄绿色果皮、口感酸涩、果肉中饱含种子，柿树一般生长在有倾斜度的山腰或比较宽的沟壑边缘，果树耐受严重干旱，中等高度，低分枝，树皮光滑、鳞状、呈灰色，可

---

① U. S. D. A, *Bulletin of Foreign Plant Introductions*, *New Plant Immigrants*, No. 106. p. 858. Jan., 1915.

② U. S. D. A, *Bulletin of Foreign Plant Introductions*, *New Plant Immigrants*, No. 95. pp. 749 - 751. Mar., 1914.

以作为种植果树的嫁接砧木。

迈耶在工作报告中详细描述了这种果树:"为了获得高品质干柿子(图2-11),中国人采用如下方法进行加工:10月初,接近成熟的柿子果实被采摘下来,此时果实仍有些硬,采摘时果柄要留一些小细枝,使用特制小刀子削皮,每天每个工人平均削皮2 000个柿子,水平高的工人甚至能够达到3 000个;削过皮的柿子通过果柄拴在一起,人们用结实的细绳把它们成双结对地挂在与房梁水平的位置,本地农民的房子中有1道大梁就是专门为加工干柿子而添加的,每根绳上系有200~300个柿子,捆绑时先在绳子底部系上几个果实,这样可以拉紧绳子,然后从上往下开始系果实;悬挂20天左右,取下来放在温暖或有阳光的地方晾晒,如果能让风吹到最好,但果肉表面灰尘会比较多,每隔4~5天就要手工挤压或者拿捏柿子,使它们均匀干燥,避免某些点变硬;干燥3周时间后,柿子全部从绳子上摘下来,选择一个比较荫凉的位置成堆地放在一起,用席子覆盖起来,开始蒸发水分10天,在这个过程中柿子果肉表面会自然形成白色的干糖粉,然后把它们再次悬挂起来,使其在风中干透。与此同时,削下来的柿子皮也在阳光下被晒干,贮藏在一个通风的篮子中,干透的果实装入篮子或坛子中,在干柿子中间和表面撒上多层干果皮,然后就可以卖给喜食者了。

**图2-11 中国陕西富平出产的柿饼**

资料来源:U.S.D.A, *Bulletin of Foreign Plant Introductions*, *New Plant Immigrants*, No. 95. p. 750.

果实个头较小的柿子经常采用的方法:用旋转或者水平方式削去柿子皮,放在粗席子上阳光暴晒,几周后将果实堆起来,用席子或麻袋布覆盖其表面,使水分不断蒸发,这个过程完成后就可以上市销售,这种方法用来加工品质较差的柿子品种,加工出来的干柿子价格便宜,贫困的人也享用得起。中国干柿子是美味的健康食品,与干无花果相比,人们更喜欢食用干柿子,因为它不是特别甜,也没有令人讨厌的籽。美国很多区域可以种植柿子树,特别是在西南部地区建立干柿子产业基地。"

美国农业部《新作物引进公告》第101期刊载1张照片(图2-12),1913年12月23日,迈耶在河南灵宝拍摄的①,照片内容是一棵嫁接柿子树。这种柿子树一般种植在比较特殊的垂直土堤边缘或沟壑旁边的黄土壤中,此类种植方法在河南比较常见,而且豆柿树基本都种植在果园边缘地带,在其上面可以嫁接亚洲所有的柿树品种,这种柿子树完全可以在美国的黄土壤地区试验种植。

**图2-12 中国河南灵宝沟壑边的豆柿树**

资料来源:U.S.D.A,*Bulletin of Foreign Plant Introductions*, *New Plant Immigrants*, No. 101. p. 834.

美国农业部《新作物引进公告》第104期刊载2张照片②,第一张照片是1913年12月23日,迈耶在河南灵宝拍摄的,内容是果园中的一棵豆柿树

---

① U.S.D.A, *Bulletin of Foreign Plant Introductions*, *New Plant Immigrants*, No. 101. p. 834. Sept., 1914.

② U.S.D.A, *Bulletin of Foreign Plant Introductions*, *New Plant Immigrants*, No. 104. p. 836. Dec., 1914.

(图2-13)。在美国南部各州种植的日本柿子树或亚洲柿子树一般比较小,那里也有一些中国柿子树品种,美国人长期使用君迁子(Disospyros lotus)作为柿子树嫁接砧木,但效果已经被美国园艺工人所质疑,这张照片说明在中国有比较适合柿子树嫁接的砧木品种,这个特殊的柿树样本引种编号为 S. P. I. No. 37469。

**图 2-13 中国河南灵宝的豆柿树**

资料来源:U.S.D.A, *Bulletin of Foreign Plant Introductions*, *New Plant Immigrants*, No. 104. p. 836.

第二张照片是迈耶于1914年1月30日在西安府拍摄的,照片内容是一些小果实干柿子(图2-14)。这种干柿子一般用绳系着卖,中国人称之为"柿饼",是陕西一种重要的食品,加工好的干柿子口感与干无花果相似,味道不是很甜。

柿树果实(S. P. I. Nos. 39912-913)来自甘肃漳具(图2-15)①,前者又大又漂亮,果皮有很多不规则皱纹,果实呈扁平状、明亮的深橙色、无籽、少汁,贮藏性极好,直接食用或晒干食用均可,是当地的稀有品种,被人们称作"馍馍柿子";后者是方形柿子,靠近果柄的点会产生压缩,经常产生垂直纹路,果实呈浅橙色、无籽、少汁,贮藏性好,生食时口感发涩,人们一般采用

---

① U.S.D.A, *Bulletin of Foreign Plant Introductions*, *New Plant Immigrants*, No. 106. p. 857. Jan., 1915.

**图 2-14 中国西安府的小果实干柿子**

资料来源：U.S.D.A, *Bulletin of Foreign Plant Introductions*, *New Plant Immigrants*, No. 104. p. 837.

烤、蒸的方式加工食用，烹制过程中大部分皱纹会消失，也可以晒干食用，当地人将其称作"方柿子"。

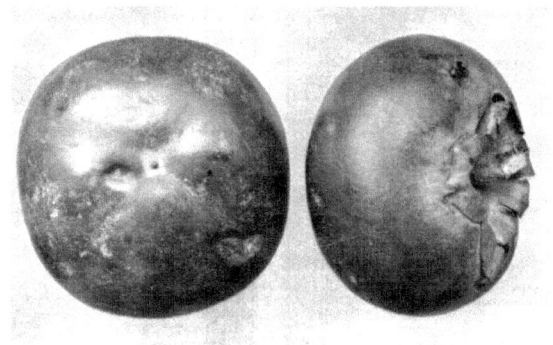

**图 2-15 中国甘肃漳县的"馍馍柿子"**

资料来源：U.S.D.A, *Bulletin of Foreign Plant Introductions*, *New Plant Immigrants*, No. 113. p. 926.

美国农业部《新作物引进公告》第 113 期刊载 1 张照片，1914 年 10 月 20

日，迈耶在甘肃拍摄的①，照片内容是一枝豆柿果实（图2-16）。这种豆柿果实的体型比普通柿子更大些，果皮呈淡黄色，使人们不禁联想起在遥远的过去中国柿树品种是否都来源于它。

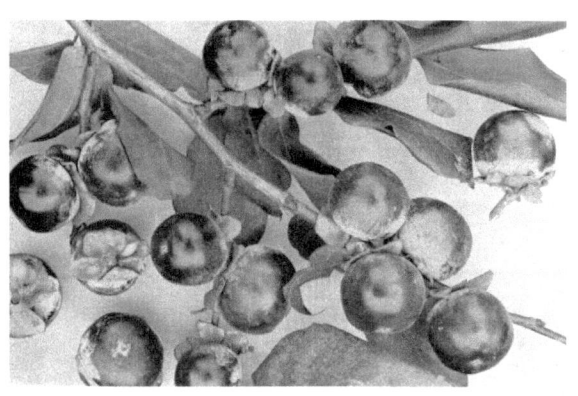

**图2-16 中国甘肃的豆柿果实**

资料来源：U. S. D. A, *Bulletin of Foreign Plant Introductions*, *New Plant Immigrants*, No. 113. p. 924.

在北京、甘肃采集到4个樱桃树样本，S. P. I. No. 38856是来自北京的毛樱桃种子②，适合种植在美国比较寒冷的半干旱地区，是很有发展潜力的灌木果树，被称作"酸樱桃"；S. P. I. No. 39902、39911、39918来自甘肃的山樱桃树插条样本③，野生樱桃树叶在秋天非常漂亮，这些樱桃树作为嫁接砧木有较高利用价值。在陕西、河南、山东等地采集到15个梨树插条样本④，有些品种贮藏性好，有些品种个头大，均具有育种栽培价值。

---

① U. S. D. A, *Bulletin of Foreign Plant Introductions*, *New Plant Immigrants*, No. 113. p. 923. Sept., 1915.

② U. S. D. A, *Bulletin of Foreign Plant Introductions*, *New Plant Immigrants*, No. 99. p. 790. July, 1914.

③ U. S. D. A, *Bulletin of Foreign Plant Introductions*, *New Plant Immigrants*, No. 106. p. 858. Jan., 1915.

④ U. S. D. A, *Bulletin of Foreign Plant Introductions*, *New Plant Immigrants*, No. 97. p. 773. May, 1914.

美国农业部《新作物引进公告》第178期刊载2张照片①,第179期刊载1张照片②,都是1919年9月24日,戴维·费尔柴尔德(David Fairchild)在加利福尼亚州奇科植物引种试验站拍摄的。照片中的梨树品种是1914年2月迈耶在河南五里铺村③采集引种的,其中S. P. I. No. 38268被中国人称作"青皮甜梨"(图2-17),8月果实成熟,但迈耶从未采集到新鲜的果实,因为这种梨子不容易保存,照片中的梨子是这种果树首次在美国结出果实,口感清爽,果肉多汁,这些性状使其值得进行种植试验。

**图 2-17 美国加州种植的河南青皮甜梨果实**

资料来源: U. S. D. A, *Bulletin of Foreign Plant Introductions*, *New Plant Immigrants*, No. 178. PI. 279.

S. P. I. No. 38271属于甜瓜梨品种(图2-18),迈耶从未见到过成熟果实,主要原因是这种梨子不容易保存,梨树在育种试验站生长旺盛,首次结出的果实比启发梨更甜、更香,关于梨树对枯萎病的抗性尚未进行测试,但从梨树的品质来说,值得在欧洲梨树品种生长不理想的美国各州进行种植试验。

---

① U. S. D. A, *Bulletin of Foreign Plant Introductions*, *New Plant Immigrants*, No. 178. p. 1637. Feb., 1921.

② U. S. D. A, *Bulletin of Foreign Plant Introductions*, *New Plant Immigrants*, No. 179. p. 1645. Mar., 1921.

③ 今河南省洛阳市新安县铁门镇。

**图 2-18 美国加州种植的河南甜瓜梨果实**

资料来源：U.S.D.A, *Bulletin of Foreign Plant Introductions*, *New Plant Immigrants*, No. 178. PI. 280.

S.P.I. No. 38263 属于针梨品种（图 2-19），1914 年 2 月，迈耶关注到这种梨子，因为不容易保存，他从未见过新鲜果实，但他听说这种梨的个头较大；梨树首次在试验站结出的果实，口感很好，甜而多汁，入口即化，果树对枯萎病的抵抗性尚未确定，但目前为止还没有发现枯萎病迹象，可以在亚洲梨树种植区进行大规模栽培试验。

1914 年，迈耶在泰安府的大青口村采集到 3 个山楂树插条样本①，这些山楂树在排水良好的半砂石地区生长旺盛，果树一般种植在山间梯田中，山楂有可能成为美

**图 2-19 美国加州种植的河南针梨果实**

资料来源：U.S.D.A, *Bulletin of Foreign Plant Introductions*, *New Plant Immigrants*, No.179.p.271.

---

① U.S.D.A, *Bulletin of Foreign Plant Introductions*, *New Plant Immigrants*, No. 97. p. 770. May, 1914.

国重要的水果品种，中国农民一般在野生嫁接砧木上嫁接这种果树，迈耶建议美国农业部进行种植实验，观察是否还有其他山楂树品种适合用作嫁接砧木，其中1个品种有非常开胃的酸味（图2-20，1914年3月20日，迈耶拍摄于中国泰安府），这种山楂果实可以贮藏1年左右时间，是果胶、蜜饯、蛋糕馅料等食品的上等食材。

**图 2-20　中国泰安府的山楂果实**

资料来源：U.S.D.A, *Bulletin of Foreign Plant Introductions*, *New Plant Immigrants*, No. 97. p. 772.

美国农业部《新作物引进公告》第53期刊载1张照片①（图2-21），1907年9月14日，迈耶在泰安府拍摄，照片内容是一个大规模的山楂树果园。泰安府附近的大多数果园都种植山楂树，每年有大批的山楂果实及其加工产品从这里运往全国各地；这些山楂树由野生山楂树嫁接而来，完全无刺，果树生长缓慢，能够耐受重度干旱和极端气候；山楂树作为引人注目的观赏作物，黑绿色光滑的大叶片，在秋季树叶可以坚持很长时间不掉落，最后叶片变成华丽的红色和黄色，树干一般长成圆形，很少有超过30英尺高的，有些山楂树的枝条接近地面；果树在秋季结满了亮红色果实，品质高的山楂果实口感微酸，个头像野生苹果；中国人用山楂果肉制成果酱、果胶、糖果，或者把果

---

① U.S.D.A, *Bulletin of Foreign Plant Introductions*, *New Plant Immigrants*, No. 53. p. 9. Dec. 1 to 15, 1910.

实切片晒干保存到冬季食用;山楂的食用和药用价值使其值得在美国各州进行种植试验,果树将在成功种植的区域内显示出巨大的潜在价值。

**图 2-21 中国泰安府的山楂树果园**

资料来源:U. S. D. A, *Bulletin of Foreign Plant Introductions*, *New Plant Immigrants*, No. 53. p. 9.

在山西、河南采集到 3 个李子树果实样本①,S. P. I. No. 39436 属于野生矮种李子,来自运城,果实的个头像大樱桃,口感酸,据说运城附近的山坡上到处都有,当地人将其称作"酸李";S. P. I. No. 39437-438 来自山西和河南,属于绿色的李子品种,前者果实有小核,后者果肉稍硬一些,两种果实都比较容易贮藏和运输。在河南、直隶、山西采集到 4 个杏树插条或种子样本②,S. P. I. No. 37474 来自河南灵宝,这种杏树可以结出很大果实,向着太阳的一侧是红色的,另外一侧是白色的,果树长得很高;S. P. I. No. 39429-430 来自直隶保定府的 2 棵杏树③,前者是淡黄色大杏,芒果形状,是一种与众不同的

---

① U. S. D. A, *Bulletin of Foreign Plant Introductions*, *New Plant Immigrants*, No. 101. p. 830. Sept., 1914.
② U. S. D. A, *Bulletin of Foreign Plant Introductions*, *New Plant Immigrants*, No. 95. p. 751. Mar., 1914.
③ U. S. D. A, *Bulletin of Foreign Plant Introductions*, *New Plant Immigrants*, No. 101. p. 829. Sept., 1914.

杏树品种，后者果实个头类似小苹果，一侧是白黄色，另一侧是红色，口感鲜美甘甜；S. P. I. No. 39439 来自山西，是野生杏树种子，果树生长在海拔 3 000~5 000 英尺，大量的野生杏树茂盛地密集生长，果树高度中等，果实小而酸，果皮颜色非常漂亮，当地人采集果实主要是为了获取杏仁，把果肉去掉后用盐水腌制杏仁，加工过的杏仁可以作为零食，或在饭前食用，或添加在高级糖果和糕点中，中国人把这种杏树称为"山杏"，采集引种后可以种植在美国的北部地区，例如：科罗拉多州、犹他州、怀俄明州等地。

在曹州府（今山东菏泽市）采集到 1 个石榴树插条样本①，果树生长出亮红色的重瓣大花朵，还没有结出果实，中国人将其称作"双石榴花"，意思是"双层开花的石榴"，在当地天主教堂的花园中采集到的。在甘肃兰台 1 个小村庄外河岸边的悬崖上采集到 1 个矮小的西康扁桃树插条样本②（图 2-22），果树生长在海拔 4 200 英尺，矮树丛高度 4~10 英尺，遮阳面积达到 20~25 平方英尺，枝条浓密、呈"之"字形、末端有刺，叶子小、呈蓝绿色，果实的个头和形状变化较大，果皮薄、有绒毛，果核个头从樱桃核大小到杏核大小、呈圆形、十分光滑，还有部分果核是尖状或心形，桃核表面有沟槽，果壳比较厚，果仁又小又苦；树林中的松鼠很喜欢食用它们，当地人榨取果仁中的清油用于烹调，果实也可以煮熟后少量食用，水煮方式可以去除部分苦味；这种扁桃树在甘肃多地都有种植，生长在海拔 4 000~10 000 英尺山区，果树可以耐受严峻的生存环境，可以用作杂交育种试验；果树从底部发出大量嫩枝，从木材角度来说没有任何商业价值，但可以作为美国干旱地区树篱植物，或者半干旱地区观赏性春季开花树种，中国人将其称为"野小杏"。

---

① U. S. D. A, *Bulletin of Foreign Plant Introductions*, *New Plant Immigrants*, No. 97. p. 773. May, 1914.

② U. S. D. A, *Bulletin of Foreign Plant Introductions*, *New Plant Immigrants*, No. 106. p. 854. Jan., 1915.

**图 2-22　甘肃兰台悬崖上的野生扁桃树**

资料来源：U.S.D.A, *Bulletin of Foreign Plant Introductions*, *New Plant Immigrants*, No. 106. p. 855.

在西安府采集到 13 个大豆样本①。在河南采集到 2 个甘蔗样本②，其中 1 种是耐寒低糖品种，另外 1 种是杂交高糖品种，可以作为蜜糖作物提取蔗糖，或者作为奶牛的饲料作物。在山西、陕西采集到 3 个高粱样本③，其中 1 种 (S.P.I. No. 39440) 来自山西黄河岸边的泥滩，这种滩地每年都被水淹没几周时间，因此作物长得非常高，15 英尺高的样本很普遍。

1915 年，迈耶在陕西阳平和山西白乡村（1 个小村庄）各采集到 1 个茄子样本④，前者是略带紫色的白色大果实，在集市上很好卖，一般种植在渭河

---

① U.S.D.A, *Bulletin of Foreign Plant Introductions*, *New Plant Immigrants*, No. 98. p. 783. June, 1914.

② U.S.D.A, *Bulletin of Foreign Plant Introductions*, *New Plant Immigrants*, No. 97. p. 774. May, 1914.

③ U.S.D.A, *Bulletin of Foreign Plant Introductions*, *New Plant Immigrants*, No. 101. p. 828. Sept., 1914.

④ U.S.D.A, *Bulletin of Foreign Plant Introductions*, *New Plant Immigrants*, No. 109. p. 888. May, 1915.

边肥沃的平原上；后者是中等大小纯白色果实。在北京采集到 1 个扁豆样本①，棕色外皮，豆子在绿色时采摘食用最佳，略煮一下即可，作物沿着高粱秆制成的篱笆生长，或者种植在玉米地中，具有很好的绿色装饰效果，被称作"青扁豆"。在甘肃采集到 1 个君迁子样本②，果实比普通品种大些，外形呈扁平球状，果皮呈黄色、完全成熟后略带黑色，口感很像柿子，适合种植在冬季温和的半干旱地区。在甘肃、陕西采集到 3 个栗树插条样本③，S. P. I. No. 40035-036 来自甘肃徽县、成县，树干细长，树皮光滑，叶子、毛刺和坚果都很小，果树中等高度，喜好成荫环境和潮湿土壤；S. P. I. No. 40508 则来自西安府南部地区④，属于大果实栗树品种，当地人将其称作"魁栗子"，意思是"超级大的栗子"，通过嫁接方式繁殖，比普通栗树更有抗病性。

在甘肃采集到 2 个野生杏样本⑤，果树生长在海拔 5 000~9 000 英尺，当地人把果仁煮熟后食用，口感微苦，该品种引进后美国杏树种植区域可以继续向北扩展，果树可以作为美国半干旱地区核果类果树的嫁接砧木，或者气候凉爽地区耐寒的春季开花公园树种。在西安府集市上购买到 1 个海棠果实样本⑥，这种果实的个头差别很大。在陕西、甘肃采集到 5 个野生桃果核样本⑦，这种野生桃果实比普通野生桃果实更大一些（图 2-23），据说来自西安府南部，有些桃核是从野生种子人工种植的桃树上采摘剥取的，野生桃树具有伸展特性，种植在花园中的野生桃树可以生长到 12~20 英尺高，红棕色的光滑树

---

① U. S. D. A, *Bulletin of Foreign Plant Introductions*, *New Plant Immigrants*, No. 111-112. p. 907. July-Aug., 1915.

② U. S. D. A, *Bulletin of Foreign Plant Introductions*, *New Plant Immigrants*, No. 107. p. 863. Mar., 1915.

③ U. S. D. A, *Bulletin of Foreign Plant Introductions*, *New Plant Immigrants*, No. 107. pp. 862-863. Mar., 1915.

④ U. S. D. A, *Bulletin of Foreign Plant Introductions*, *New Plant Immigrants*, No. 108. p. 870. Apr., 1915.

⑤ U. S. D. A, *Bulletin of Foreign Plant Introductions*, *New Plant Immigrants*, No. 107. p. 865. Mar., 1915.

⑥ U. S. D. A, *Bulletin of Foreign Plant Introductions*, *New Plant Immigrants*, No. 109. p. 885. May, 1915.

⑦ U. S. D. A, *Bulletin of Foreign Plant Introductions*, *New Plant Immigrants*, No. 107. p. 862. Mar., 1915.

干，叶子比种植桃树更小、更细长、颜色更深，果树很少遭受疾病侵袭，十分高产，但果实非常小，缺乏口感，没有任何采集价值，在西安府附近的花园中野生桃树一般用作嫁接砧木的改良品种或观赏树种，春季时会结出大量的粉红色花朵；S. P. I. No. 40002 生长在海拔 2 000~5 000 英尺的黄土崖边缘或岩石坡上，叶子大小、形状、密度、习性与其他桃树品种差别很大；S. P. I. No. 40003 生长在海拔 4 000 英尺，这种矮小的桃树已经大丰收，地面上覆盖了几英寸①淡黄色的多绒毛果实，当地人认为这些野生桃果实没有任何利用价值，任由成熟的果实掉落在地上腐烂干涸；S. P. I. No. 40005 生长在野外的山坡上，桃树种子排除了人类或四足动物带去的可能性，极可能是鸟类啄过去的。

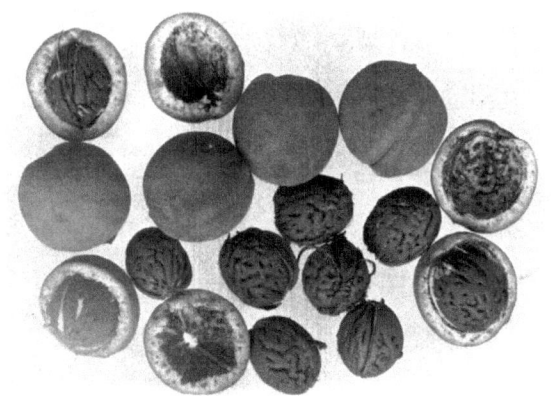

**图 2-23 中国陕西、甘肃等地的野生桃子**

资料来源：U. S. D. A, *Bulletin of Foreign Plant Introductions*, *New Plant Immigrants*, No. 115. p. 940.

在甘肃采集到 6 个野生梨和种植梨种子样本，S. P. I. No. 40019 野生梨种子②迈耶附加描述："这些种子来自一棵野生的大梨树，延伸生长的浓密分枝，黑色的树皮和树干，沟痕很深，嫩枝多尖刺，尤其是在根出条上；叶子小，叶柄要比北京梨更短些，果实呈球状、扁平，花萼宿存，果实大小变化很大，大

---

① 1 英寸等于 2.54 厘米。
② U. S. D. A, *Bulletin of Foreign Plant Introductions*, *New Plant Immigrants*, No. 107. p. 865. Mar., 1915.

多数果实比较小，果肉又苦又硬，个头较大的梨子可以速冻后食用；这种梨树在温暖的山谷中找不到，一般生长在海拔8 000英尺以上，与其一起生长的还有一些耐寒树种和灌木，诸如云杉、山杨、山荆子、沙棘、暴马丁香、珍珠梅等；现在已经开始人工种植这个品种，但结出的果实又小又酸、果肉多汁，但没有品质差梨子那么硬和粗糙，可以作为寒冷地区的梨树嫁接砧木，或者作为美国北部地区梨树育种亲本。"

S. P. I. No. 40724-728中部分品种是野生的①，有些品种小规模种植，果实大小和颜色变化较大，有育种实验价值。在杭州采集到1个杨梅果实样本②，属于大果实品种，个头有海棠大小，果皮呈深紫色、颜色非常诱人。杨梅的食用方法很多，包括糖煮、做馅、榨汁、酿酒等；每棵杨梅树在习性、产果率等方面都存在较大差异，果实的颜色、大小、口感也不同，一般采用插枝法繁殖，果树在排水良好的岩石坡地生长旺盛，非常适合美国墨西哥湾南部沿岸各州和加利福尼亚州等气候温和地区种植。

美国农业部《新作物引进公告》第165期刊载1张照片（图2-24），1918年11月20日，戴维·柴尔费尔德（David Fairchild）拍摄于佛罗里达州布鲁克斯试验场，照片内容是一棵中国杨梅树③。他附加描述："这棵杨梅树是迈耶从中国采集引种的，该品种常绿果树一般种植在排水良好的岩石阶地上，属于大果实的杨梅品种，个头像海棠果实，果皮呈深紫色、颜色非常诱人，采摘后即可食用，有不同的食用方法，口感清新香甜，这种果树已被列入半耐寒作物清单，尽管生长缓慢，但可以安全度过20°F（6.6℃）低温。"

在陕西、河南采集到3个枣树插条和果实样本，S. P. I. No. 40506来自陕西邠州（今陕西彬县）④，属于地方品种，果实大、分量重、形状细长，仅次于最好的枣子，果皮呈红褐色，果肉结实，口感香甜，个头类似小鸡蛋，繁茂

---

① U. S. D. A, *Bulletin of Foreign Plant Introductions*, *New Plant Immigrants*, No. 109. pp. 886-887. May, 1915.
② U. S. D. A, *Bulletin of Foreign Plant Introductions*, *New Plant Immigrants*, No. 113. p. 924. Sept., 1915.
③ U. S. D. A, *Bulletin of Foreign Plant Introductions*, *New Plant Immigrants*, No. 165. p. 1523. Jan., 1920.
④ U. S. D. A, *Bulletin of Foreign Plant Introductions*, *New Plant Immigrants*, No. 108. p. 876. Apr., 1915.

**图 2-24 美国佛罗里达州种植的中国杨梅树**

资料来源：U.S.D.A, *Bulletin of Foreign Plant Introductions*, *New Plant Immigrants*, No. 165. PI. 254.

的枣树上可以结出大量的果实，树围 1.5 英尺，果树年老时几乎无刺，根出条很少，尽管果树与感染植物疾病的野生灌木距离很近，但未被任何疾病侵袭，被人们称作"金枣"或"肥枣"；S.P.I. No. 40877-878 分别来自邠州和灵宝①，其中 S.P.I. No. 40878 的果实个头中等、圆平状，果皮呈棕红色，果肉甜而松软，人们在制作面食时会加入一些枣肉，或者与小米一起煮食，中国人将其称作"大红枣"。

美国农业部《新作物引进公告》第 116 期刊载 2 张照片，1914 年 8 月 30 日，迈耶拍摄于中国西安府②，第一张照片内容是一种品相极好的大枣果实（图 2-25）。果皮呈轻微红褐色，当地人将其称作"脆枣"，这种枣子只能新鲜时食用，不适合晒干或糖煮，口感不是很甜；第二张照片内容是两种极品大枣（图 2-26），左边细长的黄棕色枣子被当地人称作"鸡心枣"，右边圆形、

---

① U.S.D.A, *Bulletin of Foreign Plant Introductions*, *New Plant Immigrants*, No. 110. pp. 899-900. June, 1915.

② U.S.D.A, *Bulletin of Foreign Plant Introductions*, *New Plant Immigrants*, No. 116. p. 948. Dec., 1915.

扁平状、红棕色枣子则被称作"甜枣"。

**图 2-25 中国西安府的脆枣果实**

资料来源：U.S.D.A, *Bulletin of Foreign Plant Introductions*, *New Plant Immigrants*, No. 116. p. 949.

**图 2-26 中国西安府的鸡心枣（左）和甜枣（右）**

资料来源：U.S.D.A, *Bulletin of Foreign Plant Introductions*, *New Plant Immigrants*, No. 116. p. 949.

在陕西宝鸡①采集到 1 个裸燕麦样本，这种麦作比裸大麦更耐受干热，但

---

① 迈耶在工作报告中写的是甘肃宝鸡，可能是缺少中国地理知识或者地图不准确造成的，类似错误在其他引进公告中也出现过。

没有裸大麦产量高。在甘肃金城（今甘肃兰州市）采集到 1 个裸大麦样本①，这种作物种植在海拔 11 000 英尺以上的山间梯田中，两种麦子的口感都比较粗糙，但比较适合美国西部高海拔山区种植。

### 四、迈耶第四次在华考察路线和代表性成果

#### （一）1916—1918 年在华作物采集活动路线

1916 年 9 月，迈耶搭乘"因幡号"海轮从美国前往日本横滨，这次亚洲之行是在身体状态极度不佳状态下进行的，他长期忍受消化不良、发热和失眠等疾病困扰。10 月，迈耶取道日本神户到达天津和北京，随即开始了作物采集工作，并为美国农业部邮寄了 6 个大箱子和 12 个包裹，其中包括：白皮松种子，垂榆树、核桃树、栗子树等树木插条，蜜枣果实，成团的野生稻作和种植土壤样本。11 月，迈耶带领向导和翻译在马兰峪（今河北遵化市）采集到一种野生梨树（*Pyrus ussuiensis*）种子；在北京东北部地区采集到一种野生核桃（*Juglans mandshurica*）种子，这种桃树属于有栽培价值的遮阳树，可以作为寒冷地区核桃树的嫁接砧木。12 月，迈耶返回北京后给美国农业部邮寄了 20 万个桃核（*Prunus davidiana*）、几百磅干枣、75 磅圆柏浆果以及适合落基山脉种植的中国核桃树，并通过外交邮袋发送了一批新鲜梨子和野生梨树种子。

1917 年 1 月，迈耶给美国各州的研究机构邮寄了 6 个大箱子，其中包括：俄勒冈赖默尔（F. C. Reimer）教授急需的秋子梨、种植梨和野生梨的种子，伊丽莎白·布里顿（Elizabeth Britton）的地衣样本，默里尔（W. A. Murrill）需要的真菌样本，萨金特（Sargent）教授需要的橡子树果实，皮佩（C. V. Piper）开展饲料作物研究需要的草种，霍华德（L. O. Howard）先生请求提供的昆虫标本。此外，还有大量的胶卷底片、中国农业报刊以及大白菜种子。

2 月，迈耶在泰安、肥城、济南等地采集到一批肥城桃接穗，他非常想把

---

① U. S. D. A, *Bulletin of Foreign Plant Introductions*, *New Plant Immigrants*, No. 109. p. 885. May, 1915.

这种桃树引种到美国，随后取道河南开封、郑州抵达汉口，沿长江乘船逆流而上；迈耶在沿途发现了很多自己不熟悉的作物品种，但不能登岸考察，这使他心情极度郁闷。3月，迈耶在宜昌登陆，在当地的野外考察过程中，发现这里的野生梨树并不是成片生长，仅在荆门附近发现一处野生梨树林；因此，迈耶立即向当地的水果商预订了几千磅成熟的野生梨子，双方约定9月在荆门提货。

5月，迈耶乘船离开宜昌前往长沙，拜访美国领事、参观大豆加工厂、访问长沙作物实验站、在长沙的雅礼协会举办演讲①，他忙得不亦乐乎。5月下旬，迈耶在汉口采集到几千磅梨子，这些果树种质对美国梨树产业发展起到重要的促进作用，中国梨树对火疫病具有完全免疫力。由于闷热、潮湿、蚊虫叮咬等艰苦条件，迈耶雇用的翻译放弃合作自行返回北京，这使他陷入极为被动的状态。5月末至8月初，在没有翻译陪同的情况下，迈耶继续坚持工作。7月末，他给美国农业部邮寄了1个重达260磅的板条箱，里面装有胡桃、银杏、柑橘等果实以及早熟稻种、晚熟大豆种子和白糖烤黄豆、豆腐干等食品。

8月，迈耶前往湖北的北部山区开展考察活动。在与河南交界的英山地区，他连续进行了10天的采集活动，在随州、大洪山、汉江等地采集到野生桃、李子、杏、葡萄、樱桃等果实，在钟祥（今属湖北荆门市）短暂休整后前往荆门；迈耶仔细观察了本地种植梨树，发现自己沿途已采集的梨子并未成熟，为了获得25磅种子，他又购买了几百磅种植梨果实，但仍不太确信这些种子是否对火疫病有免疫力，他决定在荆门慢慢等待野生梨子成熟。停留的这段时间，迈耶雇用当地农民采集了大量的野生草籽，后来这些草种成为海湾沿岸各州最好的品种之一。截至10月，迈耶已给美国农业部邮寄了40磅梨树种子，他有信心积累到100磅的总量；赖默尔（F. C. Reimer）教授预估这些种子能够为美国带来数十万美元的产值，事实也证明迈耶采集到的中国豆梨树（*Pyrus calleryana*）是美国抵抗梨树火疫病最好的作物种质。

11月，迈耶和赖默尔教授离开荆门到达宜昌，首先邮寄了额外采集到的

---

① 雅礼协会：1901年，由美国耶鲁大学的学生组建，致力于在教育方面与中国合作。

25磅梨树种子,随后他们在西北部山区采集到麻安梨(*Pyrus serotina*)、豆梨(*P. calleryana*)、杜梨(*P. betulaefolia*)等梨树种子,在兴山县采集到野生银杏树果实(*Ginkgo biloba*);并在兴山给美国农业部邮寄了一个木盒子,里面装有12个宜昌柠檬(*Citrus ichangensis*),这是美国作物育种专家施温高急需的耐寒柑橘类果实;此外,还有一些羊桃(*Actinidia chinensis*)即中华猕猴桃,果实口感极好,迈耶认为它应该种植在枇杷生长茂盛的区域。12月,迈耶又前往巴东、宜昌等地。此时中国的政治局势极度混乱,但迈耶仍想在华工作一段时间,他前往长阳地区采集柑橘树接穗,详细研究当地的竹林品种。

1917年12月至1918年1月,湖北各地军阀之间的混战接连不断,但迈耶每天坚持工作。1月初,他通过上海总领事邮寄了18包作物样本,但迫于中国战争的不确定性,迈耶无法再进行采集活动了。5月,迈耶前往荆门取回寄存在那里的包裹和前期采集到的作物样本,乘船途径沙市抵达汉口,这段时间他的身体状况非常糟糕,休整多日后稍有好转;31日,他搭乘日本"奉阳丸"号江轮前往上海。

1918年6月1日,迈耶在安徽芜湖荻港江段意外跌落长江溺水身亡,其真实死因至今仍然是一个谜,这位传奇植物猎人的在华采集工作就此戛然而止。

### (二)迈耶第四次在华采集活动的代表性成果

迈耶第四次在华采集活动,也是他最后一次海外考察,这期间正值中国各派军阀混战,作物采集活动受到了极大影响。1916—1918年,他采集到代表性作物26个,样本数量69个,具体情况如下(表2-4)。

表2-4  1916—1918年迈耶采集中国作物统计表

| 时间 | 采集地点 | 作物品种 | 样本数量 | 采集编号(S.P.I.No.) |
| --- | --- | --- | --- | --- |
| 1916 | 直隶马兰峪 | 豌豆 | 1 | 44231 |
| 1916 | 北京 | 海棠 | 2 | 44281;44283 |
| 1916 | 直隶、北京 | 核桃 | 3 | 44199-200;44233 |
| 1916 | 直隶马兰峪 | 玉米 | 1 | 44204 |

(续表)

| 时间 | 采集地点 | 作物品种 | 样本数量 | 采集编号（S. P. I. No.） |
|---|---|---|---|---|
| 1917 | 直隶 | 大葱 | 1 | 44294 |
| 1917 | 直隶 | 大蒜 | 1 | 44248 |
| 1917 | 湖北武昌 | 空心菜 | 1 | 45184 |
| 1917 | 北京 | 苋菜 | 1 | 44566 |
| 1917 | 湖北汉口 | 苋菜 | 1 | 45182 |
| 1917 | 北京 | 芥菜 | 1 | 44316 |
| 1917 | 直隶安肃 | 白菜 | 1 | 44291 |
| 1917 | 山东泰安府 | 白菜 | 1 | 45185 |
| 1917 | 湖北汉口 | 白菜 | 4 | 45186-189 |
| 1917 | 湖北荆门 | 白菜 | 2 | 45529-530 |
| 1917 | 直隶安肃 | 红萝卜 | 1 | 44293 |
| 1917 | 不详 | 豇豆 | 1 | 44218 |
| 1917 | 湖北汉口 | 豇豆 | 1 | 45301 |
| 1917 | 湖北宜昌 | 豌豆 | 1 | 45303 |
| 1917 | 湖北宜昌 | 蚕豆 | 1 | 45305 |
| 1917 | 直隶马兰峪 | 青豆 | 1 | 44212 |
| 1917 | 直隶马兰峪 | 梨 | 24 | 44151-174 |
| 1917 | 湖北 | 梨 | 2 | 45592；45687 |
| 1917 | 北京 | 木瓜 | 1 | 44249 |
| 1917 | 湖北宜昌 | 李 | 1 | 45944 |
| 1917 | 湖北 | 猕猴桃 | 1 | 45946 |
| 1917 | 直隶、湖北 | 板栗 | 3 | 44197-198；45949 |
| 1917 | 湖北长阳 | 柑橘 | 1 | 45932 |
| 1917 | 湖北 | 甜橙 | 3 | 45534；45931；45937 |
| 1917 | 直隶马兰峪 | 赤豆 | 1 | 44232 |
| 1917 | 湖北汉口 | 赤豆 | 1 | 45298 |
| 1917 | 湖北宜昌 | 绿豆 | 1 | 45318 |
| 1917 | 湖南长沙 | 大豆 | 1 | 45289 |

(续表)

| 时间 | 采集地点 | 作物品种 | 样本数量 | 采集编号（S. P. I. No.） |
|------|----------|----------|----------|--------------------------|
| 1917 | 湖北汉口 | 糯稻 | 1 | 45316 |
| 1918 | 湖北宜昌 | 麦李 | 1 | 46003 |

资料来源：U. S. D. A, *Bulletin of Foreign Plant Introductions*, *New Plant Immigrants*, No. 117-150.

1916年，迈耶在直隶马兰峪采集到1个豌豆样本①，白色的小豌豆，种植在花园中，冬季人们把这种豌豆放在潮热的条件下发出豆芽，用水白灼后即可食用。在北京采集到2个海棠样本②，S. P. I. No. 44281一种开花的海棠果树，迈耶认为这种果树很可能是通过海路输入中国华北地区，但也有可能来自华中地区，果树对干旱和盐碱具有抵抗力，花萼宿存，青白色小果实，没有任何引种价值；S. P. I. No. 44283是果实个头中等的海棠品种，果皮呈亮红色，果肉有令人愉悦的酸味，落叶花萼，中长花梗，可以用来制成蜜饯食用，果树看起来耐受严重的干旱和盐碱，在美国上密西西比河峡谷地区有栽培价值。在直隶、北京采集到3个核桃果实样本，S. P. I. No. 44199-200来自北京西部山区，果实个头较大，适合种植在暖夏和冬季干冷的半干旱地区；S. P. I. No. 44233是来自直隶的山核桃果实③，"山核桃"的意思是山里生长的或野生的核桃，这种核桃一般产自满洲里或华北地区，果树能够长成参天大树，果实比较小，仅有一点点果肉，但人们仍十分愿意食用，幼树对霜冻非常敏感，一般要在晚霜较少出现的地区才能种植成功，作为耐寒的遮阳树有一定的育种价值，也可以作为寒冷地区的嫁接砧木。在直隶马兰峪采集到1个玉米样本④，这种玉米有较大的黄色硬颗粒，种植在比较肥沃的山区低洼地带。

---

① U. S. D. A, *Bulletin of Foreign Plant Introductions*, *New Plant Immigrants*, No. 130. p. 1125. Feb., 1917.
② U. S. D. A, *Bulletin of Foreign Plant Introductions*, *New Plant Immigrants*, No. 131. p. 1136. Mar., 1917.
③ U. S. D. A, *Bulletin of Foreign Plant Introductions*, *New Plant Immigrants*, No. 130. p. 1124. Feb., 1917.
④ U. S. D. A, *Bulletin of Foreign Plant Introductions*, *New Plant Immigrants*, No. 130. p. 1127. Feb., 1917.

1917年，迈耶在直隶安肃县（今河北保定市徐水区）采集到1个大葱和1挂大蒜①样本，这种葱生长期短，属于大头冬葱品种，与细长洋葱形状类似，口感好，容易保存和运输，在肥沃的轻湿土壤中生长最好；大蒜的品质属于上乘，中国人一般把它作为改善健康的食材，生食、煮食或腌制都可以，通过富含的超强抗菌油脂来防止食物中毒。在武昌采集到1个蕹菜样本②，一年生草本作物，在炎热的条件下种植，食用方法与菠菜相似；春夏两季可以不间断成排播种，在湿重的土壤中生长最好，作物可以在水中浸泡多日不被伤害；作物叶子与甘薯的相似，根部肉质不多，人们不定期采摘嫩枝食用；白色、浅玫色花朵7—8月开放，短时间内大量结籽，中国人将其称作"空心菜"。在北京采集到1个苋菜样本③，红色的叶子，嫩的时候口感类似菠菜，在潮湿、温暖条件下播种，嫩苗作为高档蔬菜供应贵宾宴会，但其种子作为粮食在华北地区从未被食用，作物被人们称为"红苋菜"。在汉口也采集到1个苋菜样本④，绿色的叶子，在华中地区农民的菜园中大量种植，作物耐受潮热，夏季可以不定期播种；当籽苗大面积患枯萎病时，农民一般把地畦抬高，用细筛过的烟灰、骨灰和石灰混合物覆盖地表，起到杀菌追肥作用，这种蔬菜被人们称作"绿苋菜"，有可能成为美国南部地区最受欢迎的季节性蔬菜。

　　1917年，迈耶在北京采集到1个芥菜种子样本⑤，当地人把芥菜籽加工成芥末粉食用，作物种植在北京西北部地区，那里的气候条件与美国山间地区相似，美国农业部正在对这个品种进行种植试验，以便大量种植和加工芥末粉、芥末油。在直隶、山东、湖北采集到8个白菜样本，其中S. P. I. No. 44291

---

① U. S. D. A，*Bulletin of Foreign Plant Introductions*，*New Plant Immigrants*，No. 131. p. 1133. Mar.，1917.
② U. S. D. A，*Bulletin of Foreign Plant Introductions*，*New Plant Immigrants*，No. 137. p. 1228. Sept.，1917.
③ U. S. D. A，*Bulletin of Foreign Plant Introductions*，*New Plant Immigrants*，No. 132. p. 1145. Apr.，1917.
④ U. S. D. A，*Bulletin of Foreign Plant Introductions*，*New Plant Immigrants*，No. 137. p. 1225. Sept.，1917.
⑤ U. S. D. A，*Bulletin of Foreign Plant Introductions*，*New Plant Immigrants*，No. 131. p. 1133. Mar.，1917.

来自直隶安肃县①，当地以盛产白菜闻名，作物品质上乘，曾作为御用贡品长期供应北京皇宫，口感微甜，多汁却不像其他白菜水分那样大，煮熟后可以连续加热3天而不失好味道，种植过程要移植3次，快速生长期需要肥沃透气的土壤和大量水分，丰产期采集到的单个样本可以达到40磅；S. P. I. No. 45185来自泰安府②，属于单颗分量重、品质极高的冬白菜品种，根部细长结实，8月初播种后要移植到肥沃土壤中，采摘后一般贮藏在荫凉的地窖中，可以保存整个冬季，当地人将它们挂在房间椽子上，或放在通风的盒子中；S. P. I. No. 45186-189来自湖北汉口，S. P. I. No. 45186是开放性生长的春秋白菜品种，可以像甘蓝、芥菜一样食用，被称作"叶好白菜"，意思是"新鲜叶子的白菜"；S. P. I. No. 45187是深绿色的白菜品种，一般在9月播种，温度适宜条件下能保存整个冬季，当地人将其称作"黑白菜"，意思是"黑色的白菜"；S. P. I. No. 45188是8月播种秋冬食用的白菜品种，当地人称作"香龛白菜"，这是由于蔬菜的外形与香龛非常相似。

根据美国农业部《新作物引进公告》记载，路易斯安那州斯塔克兄弟苗圃公司的凯尔（J. B. Keil）报告说："这种白菜在苗圃中长得很高③，白色的长叶茎，深绿色叶片，蔬菜外表与唐莴苣相似，但没有抽穗迹象，菜茎脆而多汁，有轻微的辛辣萝卜味道，可以像芹菜一样生吃。"

一种根部密实的冬白菜品种（S. P. I. No. 45189，图2-27），深绿色的水泡状叶子，透明的白色中脉，又长又宽的菜茎与芹菜习性相似④，这种外表漂亮的绿叶蔬菜在秋季播种，人们将其称作"南京白菜"，迈耶附加描述说："部分白菜品种可以作为南大西洋和墨西哥湾沿岸各州的冬季绿叶蔬菜种植"；

---

① U. S. D. A, *Bulletin of Foreign Plant Introductions*, *New Plant Immigrants*, No. 131. p. 1133. Mar., 1917.

② U. S. D. A, *Bulletin of Foreign Plant Introductions*, *New Plant Immigrants*, No. 137. p. 1225. Sept., 1917.

③ U. S. D. A, *Bulletin of Foreign Plant Introductions*, *New Plant Immigrants*, No. 213. p. 1947. Jan., 1924.

④ U. S. D. A, *Bulletin of Foreign Plant Introductions*, *New Plant Immigrants*, No. 158. p. 1447. June, 1919.

S. P. I. No. 45529-530 来自湖北荆门①，前者是秋季种植品种，能够长出很大的坚实根部，在肥沃潮湿的土壤中生长，需要充足的生长空间，春秋季密集地播种在田埂上，不需要移植，待成熟后连根拔出，烹饪时用刀切开，食用方法与菠菜相同；后者是深绿色的水泡状叶子品种，根部不闭合，秋季播种，移植间距 0.5 英尺或者更多一些，在潮湿的腐殖土中生长旺盛，温和气候条件下整个冬季都能生长，被人们称作"黑白菜"，上述 2 个品种适合美国南部地区种植。

**图 2-27 中国湖北汉口种植的"南京白菜"**

资料来源：U.S.D.A, *Bulletin of Foreign Plant Introductions*, *New Plant Immigrants*, No. 158. p. 1447.

在直隶安肃县采集到 1 个红萝卜样本②，当地人称作"红灯笼萝卜"，因其根部与中国传统的红灯笼极度相似，这种大而扁平的红色冬萝卜能长到 7 磅重，在排水良好的肥沃土壤中旺盛生长，一般夏季开始播种。1 个豇豆样本③，具体采集地点记载不详，当地人将其称为"鹧鸪蛋香豆"，意思是"鹧鸪蛋口感的豇豆"，豆子有白色尖顶，表面有斑点，当地人把它与大米一起煮食，或

---

① U.S.D.A, *Bulletin of Foreign Plant Introductions*, *New Plant Immigrants*, No. 141. p. 1265. Jan., 1918.
② U.S.D.A, *Bulletin of Foreign Plant Introductions*, *New Plant Immigrants*, No. 131. p. 1137. Mar., 1917.
③ U.S.D.A, *Bulletin of Foreign Plant Introductions*, *New Plant Immigrants*, No. 130. p. 1127. Feb., 1917.

放入肉菜、汤中，中国人非常喜爱食用，他们认为豆子能够促进体内新陈代谢，加速物质排出。在汉口采集到1个白豇豆样本，黑色尖顶、白色外表，与前面一种豆子食用方法相同，嫩豆荚稍微水煮一下即可，也可以晒干保存到冬季食用，或用盐水腌制后食用。

在宜昌采集到1个豌豆样本①，中等大小，浅黄色豆子，冬季种植在长江流域抽干水的稻田中，一般在10月播种，4月收获；果实完全成熟前非常柔软，豆子与豆荚可以一起食用，当豆子完全成熟后就必须剥掉豆荚食用；豆子晒干后可以炖煮食用，也可以放入汤中，豆子烘焙后还可以用来制作蛋糕，在冬季发豆芽白灼食用，在夏季制成新鲜果冻食用，墨西哥湾沿岸各州和加利福尼亚州南部地区已经将这个品种作为冬季蔬菜进行种植实验。1个蚕豆样本②，中等大小，冬季种植在抽干水的稻田中，当地人食用新鲜豆子，就像烹制绿豌豆一样，将豆子放入水中浸泡一晚后晾干，用油煎熟后，撒上一些盐，就像盐拌花生一样，这道菜被视为大众佳肴；中国人之所以将作物称作"蚕豆"，主要是因为丝毛覆盖豆荚内外，类似蚕茧的缘故；在大西洋和海湾沿岸各州、太平洋沿岸南部地区作为冬季蔬菜种植，在山间地区和太平洋沿岸北部地区作为夏季蔬菜种植。在直隶马兰峪采集到1个青豆样本③，这是一种绿色大豆，当地人把它烹制成正餐的开胃菜，轻微发芽的豆子用盐拌或油煎后盐拌食用。

在直隶马兰峪采集到24个梨子样本④，S. P. I. No. 44151-163 属于酸梨品种，果实中等大小、球状、绿色，花萼宿存，花梗长度变化较大，果肉口感酸、有些砂质，果实一般不能生吃，传教士用果肉制成酸沙司，替代苹果沙司；S. P. I. No. 44164-174 是砂梨种子和插条样本，有些品种是华北地区最好

---

① U. S. D. A, *Bulletin of Foreign Plant Introductions*, *New Plant Immigrants*, No. 138. p. 1242. Oct., 1917.

② U. S. D. A, *Bulletin of Foreign Plant Introductions*, *New Plant Immigrants*, No. 138. p. 1244. Oct., 1917.

③ U. S. D. A, *Bulletin of Foreign Plant Introductions*, *New Plant Immigrants*, No. 130. p. 1127. Feb., 1917.

④ U. S. D. A, *Bulletin of Foreign Plant Introductions*, *New Plant Immigrants*, No. 130. p. 1126. Feb., 1917.

的种植梨,这些梨子果实都比较容易贮藏,有较高育种实验价值。

美国农业部《新作物引进公告》第131期刊载1张照片(图2-28),1916年12月3日,迈耶在直隶拍摄的,照片内容是大面积野生梨树被砍伐场景①。他附加描述:"没有任何内容能够比这张图片更有说服力,我们必须在中国尽快开展采集活动,俄勒冈实验站赖默尔(F. C. Reimer)教授的种植试验已证明:这些梨树品种对枯萎病、火疫病具有高度抗性;迈耶已被美国农业部授权大量采集这些梨树种子,中国人正在灭绝性砍伐具有无限价值的野生梨树,为了进一步研究这些梨树,获取更多的种子,赖默尔教授已经启程前往中国与迈耶会面。"

**图 2-28 中国直隶野生梨树林被大量砍伐的场景**

资料来源:U. S. D. A, *Bulletin of Foreign Plant Introductions*, *New Plant Immigrants*, No. 131. PI. 213.

在荆门采集到1个野生梨树种子样本②,属于小果实野生品种,育种试验证明它具有很强的免疫力,但对火疫病并非完全免疫;这种梨树生长在池塘边、浓密的灌木丛、岩石山坡以及岩石裂缝中,中国人用它改进嫁接砧木的品质,在无人干预的情况下,梨树可以生长成很高的树,树龄也很长;荆门附近地区有很多这种梨树,果实与杜梨非常相似,人们在大量采摘果实的时候,不

---

① U. S. D. A, *Bulletin of Foreign Plant Introductions*, *New Plant Immigrants*, No. 131. p. 1136. Mar., 1917.

② U. S. D. A, *Bulletin of Foreign Plant Introductions*, *New Plant Immigrants*, No. 142. p. 1279. Feb., 1918.

可能完全将它们分辨出来，一部分杜梨种子混杂其中，而杜梨极易感染枯萎病，因此，果农在种床上选株、育苗时要小心操作；为了确保梨树的纯种程度，试验站开辟果园时应该选择春季极少发生霜冻的区域，使其远离其他梨树品种，最小化杂交育种；这种梨子成熟时果实变软、呈棕色，而杜梨成熟时也会变软，但呈黑色，如果两种未成熟的果实混杂在一起，人们基本无法分辨，除非叶子与果实连在一起，中国人将这种梨称为"野棠梨"。在湖北采集到1个豆梨样本①，迈耶附加描述："这种梨树给美国防治枯萎病带来巨大的希望（图2-29），完全抵御枯萎病的梨树种质尚未被发现，而这种梨树显示出非同寻常的适应性，美国农民已经对它产生浓厚的兴趣。"

**图 2-29　中国湖北生长中的豆梨树**

资料来源：U. S. D. A, *Bulletin of Foreign Plant Introductions*, *New Plant Immigrants*, No. 160. PI. 243.

在北京采集到1个木瓜样本②，属于灌木或小乔木，既可观赏又可食用，果实富含维生素，被中国人称作"木瓜"，意思是"木质的葫芦"，它的外形

---

① U. S. D. A, *Bulletin of Foreign Plant Introductions*, *New Plant Immigrants*, No. 160. p. 1466. Aug., 1919.

② U. S. D. A, *Bulletin of Foreign Plant Introductions*, *New Plant Immigrants*, No. 131. p. 1134. Mar., 1917.

类似一个葫芦,在中国有一定社会地位的人把它作为室内香水使用,据说这棵木瓜树来自安徽,从种子开始种植培育的,迈耶建议进行果树育种试验,将其培育成梨树、枇杷树的嫁接砧木。在宜昌采集到 1 个开花的灌木李子树样本[1],树茎修剪后形成一大片分枝浓密的矮树丛,5 月结出大量的双瓣玫瑰色花朵,可以作为边界或大门入口处的小灌木丛,是在海关货场的花园中采集到的。在湖北采集到 1 个猕猴桃样本[2],湖北是猕猴桃的原产地之一,属于野生藤本作物,具有很高的营养价值和药用价值。1899 年,英国植物猎人欧内斯特·威尔逊(E. H. Wilson)把猕猴桃引种到英美等国,后来经过新西兰几代繁育后推广到世界各国。果树结出大小不同的柔滑果实,尽管果皮看着使人不太舒服,但果肉的口感极好,就像食用凤梨、野生蓝莓那样,具有较高引种价值,可以在美国暖冬地区作为乔木藤本作物种植;在湖北、四川的原产地,人们发现东北方向矮树或岩石上树藤结出的果实最重,在果树周围有椰棕树、枇杷树、竹林、茶树、桐油树等树种生长;正确保鲜的猕猴桃可以存放较长时间,轻微霜冻后的果实贮藏效果更好;猕猴桃可以即食,或剥皮、切片后撒上白糖食用,或将果肉制成果酱,但过度素食者和讨厌酸水果的中国人并不喜欢食用,果实被大量浪费,高加索人(白种人)大多喜欢食用这种浆果,因为它综合了醋栗、草莓、番石榴和大黄的口感;迈耶建议在美国的新兴工业城市或南方各州种植这种果树,以供应美国北方城市,借此发展果树经济;迈耶进一步解释:"羊桃的意思是'雄性的桃子',不正确的命名方式就如同将菠萝命名为'凤梨'一样。"

在唐山采集到 2 个板栗果实样本[3],这种栗树对栗疫病具有较强抗性。在

---

[1] U. S. D. A, *Bulletin of Foreign Plant Introductions*, *New Plant Immigrants*, No. 144. p. 1309. Apr., 1918.

[2] U. S. D. A, *Bulletin of Foreign Plant Introductions*, *New Plant Immigrants*, No. 144. p. 1305. Apr., 1918.

[3] U. S. D. A, *Bulletin of Foreign Plant Introductions*, *New Plant Immigrants*, No. 130. p. 1122. Feb., 1917.

宜昌采集到 1 个灌木矮栗样本①，果树能够长到 25~40 英尺高，在华中地区有大量的种植果园，2 英尺的栗树就能结出果实；弗利特（W. Van Fleet）博士已经对这种栗树进行了多年的试验研究，它比板栗树更喜湿，在荒山坡上生长得更好，被人们称作"茅板栗"。在湖北长阳采集到 1 个柑橘果实样本②，果皮呈浅橙色、略带一些波纹，果肉中种子极少，口感甜而爽口，被中国人称作"春柑"或"萝卜柑"。在湖北各地采集到 3 个甜橙（宜昌橙）样本，S. P. I. No. 45534 来自荆门③，当地人将其称作"香橼"，意思是"芳香的圆形物"，这种果树比柑橘树、金橘树更耐受低温，但没有枸橘耐寒，果皮散发出令人愉悦的芳香，有社会地位的中国人将其作为室内香水，果肉中含有丰富的营养果汁，在中国的西方人用它制作"柠檬水"，如果不是为了获取大量的种子，这种水果完全可以替代普通柠檬，建议将其引种到美国柑橘带最北部地区，因为该区域的消费者一般使用新鲜水果自制饮料。

  S. P. I. No. 45931 来自湖北长阳④，迈耶附加描述："宜昌橙大多数运往山西各地，通过水路运输需要较长时间，批发价格每个果实可以卖到 1 美分，零售价格则根据果实大小和供应量卖到 2~3 美分；大多数中国人不喜欢食用酸水果，饮料中也从不使用这种橙子，只是把它们作为室内香水，或随身携带偶尔闻闻，果皮以一种速干的方式被制成蜜饯，其口感、外观与其他橙皮相似；10 月，果实逐渐成熟，但变质很快，不具备长期保存的品质，12 月中旬水果市场基本无货了；果树中等高度，外观与柚子树相像，果实个头不大，浅绿色叶子，浓密的枝条，主枝上有较大的树突荆，甚至在分枝上也有小树突荆，树叶已遭受毛虫侵袭，树干被钻孔虫侵袭，果实中偶尔也能找到蛆虫；在宜昌暂

---

  ① U. S. D. A, *Bulletin of Foreign Plant Introductions*, *New Plant Immigrants*, No. 144. p. 1306. Apr., 1918.

  ② U. S. D. A, *Bulletin of Foreign Plant Introductions*, *New Plant Immigrants*, No. 144. p. 1308. Apr., 1918.

  ③ U. S. D. A, *Bulletin of Foreign Plant Introductions*, *New Plant Immigrants*, No. 140. p. 1258. Dec., 1917.

  ④ U. S. D. A, *Bulletin of Foreign Plant Introductions*, *New Plant Immigrants*, No. 144. p. 1307. Apr., 1918.

居的西方人用这种橙制成口感不错的果汁,甚至比普通柑橘更爽口,也可以放入面点、调味酱或果酱中,这种宜昌橙很受美国人欢迎,特别是南大西洋沿岸和墨西哥湾附近各州";S. P. I. No. 45937 来自宜昌,品质极好,果肉多汁、有令人愉悦的芳香气味,果肉可以制成"柠檬汁",枝条下垂,叶子浓密,从驻宜昌英国领事的花园中采集到的。

在直隶马兰峪(今河北遵化市)采集到 1 个野生赤豆样本①,豆子表面呈现出大理石般的纹理色彩,略带一些黑色,一般用来生产高品质豆芽。在汉口采集到 1 个赤豆样本,一种红色的大赤豆②,可以与稻米一起煮食或放入汤中,也可以捣碎掺糖制成蛋糕馅料,或者用来生产高品质豆芽。在宜昌采集到 1 个绿豆样本,主要用来生产绿豆芽。在长沙采集到 1 个大豆样本,豆子表面呈暗棕色,成熟比较晚,当地人把它烤熟后食用,熟豆子上面撒一层盐,就像盐拌花生那样,非常开胃,中国人将其称作"茶花豆"。在汉口采集到 1 个糯稻样本③,迈耶附加描述:"这种糯米可以像饺子一样煮食,煮熟后淋上一些白糖口感更佳,或者与大枣一起煮饭,是制作布丁的上等稻米。"

1918 年,迈耶在湖北宜昌罗马天主教修道院花园中采集到 1 个麦李样本④,一种蔓延生长的灌木品种,果树有很多细枝,早春开出大量的白色小花朵,绛红色的小果实,有新鲜的酸味,西方传教士用它制成味道极好的果酱;宜昌夏季高温、潮湿,李子树生长繁茂,这种果树在南大西洋和墨西哥湾附近各州很可能种植成功;此外,通过筛选育种,适合家庭花园种植的大果实新李子品种也将很快培育出来。

---

① U. S. D. A, *Bulletin of Foreign Plant Introductions*, *New Plant Immigrants*, No. 130. p. 1125. Feb., 1917.

② U. S. D. A, *Bulletin of Foreign Plant Introductions*, *New Plant Immigrants*, No. 138. p. 1241. Oct., 1917.

③ U. S. D. A, *Bulletin of Foreign Plant Introductions*, *New Plant Immigrants*, No. 138. p. 1241. Oct., 1917.

④ U. S. D. A, *Bulletin of Foreign Plant Introductions*, *New Plant Immigrants*, No. 146. p. 1330. June, 1918.

## 第三节　迈耶及其在华作物采集活动评析

美国农业部对采集活动有一个工作重心转移过程：第一次世界大战之前，美国农业部采取直接种植海外作物的策略；20世纪20年代，采集活动工作重心转移到杂交育种和选择性培育，派遣到海外的植物猎人尽可能采集邮寄新作物品种，农业部各州的作物育种试验站从中筛选有价值的种质进行大规模种植试验。从现代农业科技发展水平来看，20世纪初，迈耶在亚洲采集引种作物种质资源的利用价值已经很小；但毋庸置疑，来自中国的很多作物品种在美国农业的跨越式发展过程中发挥了重要作用。

### 一、关于迈耶的历史评价

#### （一）美国传记作家的评价及其自我评价

美国作家伊莎贝尔·坎宁安（Isabel Shipley Cunningham）在所著传记《Frank N. Meyer：Plant Hunter in Asia》的开篇写道："迈耶在10年期间走遍了亚洲大陆，为美国人民寻找有用的植物和作物，努力践行自己的承诺；任何艰难险阻都没能阻挡他坚定的脚步，为了寻找粮食作物、果树和各种花草树木，迈耶行程数千英里，跨越无数的高山、峡谷，穿越人迹罕至的沙漠，遭遇过暴风雪、沙尘暴，走过莽莽的原始森林，他心目中只有一个目标：尽个人全部力量使美国人民的物质生活更加富足；广博的专业知识、敬业的职业操守和对新入籍国家（美国）的忠诚精神，促使他为美国农业部采集了数百船的鲜活作物插条和数千麻袋的作物种子；迈耶采集引种的2 500个作物品种，不仅改变了美国农业生产种质资源匮乏状态，而且改善了美国农业经济发展基础，美国人民现在食用的各种主粮、享受的花草灌木，其中很多品种是迈耶在亚洲采集引种的；从达科他州到得克萨斯州，他采集的中国榆树在没有树木的大草原上构建起重要的防风林；更重要的是，美国育种专家为了培育品质更好的粮食、果树、蔬菜和观赏植物，至今仍在使用迈耶采集的种质基因开展项目试验。"

1911年5月,迈耶在新疆塔城地区收到荷兰慈善家詹森(C. W. Janssen)的来信,他阅读完来信后,仔细思考了采集工作的价值,并在日记中评价自己的工作:"我们正在从事的事业非常伟大,费尔柴尔德先生在办公室协调指挥全面工作,我本人在野外开展植物和作物采集引种工作,育种专家在试验站进行育种繁殖,还有一些人在观察记录作物生长情况,我想所有这些分工都是很好的安排。采集活动的深远影响可能要远超过我们现在的预期,例如:采集引种硬质小麦的原始成本没有超过1万美元,但作物每年创造的产值超过3 000万美元,谁知道我们采集的作物中是否还有更大的奇迹?"[1]

### (二)关于迈耶个性品质的评析

#### 1. 具有极强的抗挫耐压能力

对采集工作保持激情。长期的野外考察活动十分艰辛,一般人难以坚持下来,但迈耶时刻以乐观态度面对,他在工作日记中写道:"我非常喜爱采集工作,现在拥有的健康身体还能够忍受工作中的一些艰苦,感谢上帝赐予我良好的记忆力,使我这个没有机会读书的人成为有教养的绅士,而且以积累的知识作为谋生手段,我认为自己就是为采集工作而生的[2]。"

冷静面对危险和孤独。迈耶的抗挫抗压能力是一般人难以比拟的,例如:1906年2月,迈耶在浙江杭州考察有一定风险,但他仍然不顾美国领事馆的严重警告,坚持每天外出进行采集活动。由于家庭环境影响,迈耶性格内向,不喜欢参加太多的社交活动,工作期间遭遇的恐怖社会氛围使得迈耶更加孤独。迈耶经常引用易卜生(Ibsen)[3]的名言来劝慰自己:"最强大的人是能够忍受孤独的人"。中国的义和团运动兴起后,针对传教士的暗杀活动每天都有发生,迈耶的神经每时每刻都处于高度紧张状态;但他极少向农业部的同行提到这些情况,在邮寄给家人或美国农业部的信件中最小化描述长途旅行的危险

---

① CUNNINGHAM I S. *Frank N. Meyer: Plant Hunter in Asia* [M]. Ames: The Iowa State University Press, 1984: 130.

② CUNNINGHAM I S. *Frank N. Meyer: Plant Hunter in Asia* [M]. Ames: The Iowa State University Press, 1984: 129.

③ 易卜生:挪威戏剧作家。

性，更多地强调鼓舞人心的消息；他每天以积极的心态面对日趋严峻的工作条件，争取高质量地完成预定采集任务。

拒绝任何经济利益诱惑。迈耶长期在华开展采集工作，其间不谋取任何个人经济利益，这与其他西方植物猎人完全不同。他始终坚信采集工作的重要性，认为自己是为整个人类的发展做贡献，并愿意长期忍受寂寞和清贫；为此，他多次拒绝了别人的高薪工作邀请，例如：一位中国富翁提供了薪资极高的园艺工作岗位，欧洲一家著名的苗圃公司提供了园艺主管的工作岗位，中华民国政府也曾提供了年薪 4 000 美元的园艺顾问工作岗位，但迈耶用实际行动多次体现了自己的忠诚。

忍受极度艰苦工作环境。在野外长期开展考察活动，使得迈耶很难有规律地休息和饮食，风餐露宿成为他的家常便饭；每到一个新区域，他就会受到当地人的围观，因为这些中国内陆地区从未有西方人到达过，这为迈耶的生活和工作带来不少烦恼。冬季在东北地区开展采集工作必须要忍受更多的痛苦，迈耶每天凌晨 4 点就要出发赶路，乘坐的马车没有任何减震装置，户外的低温使他不得不穿上 2 条裤子、1 件上衣、1 件羊皮大衣、羊皮袜子以及熊皮帽子、围巾、耳套等，寒冷的空气经常把他的胡须和围巾冻在一起，甚至要在火上烤一会儿才能将其分开。

妥善处理财务和语言问题。美国农业部账务报销制度极其严格，近代中国外币美元与法定货币的兑换比率变动频繁，新财务制度规定所有费用支出要在 20 天内记录在账目上，这对于身在异国并长期在野外考察的植物猎人来说难度极大，迈耶为此绞尽脑汁，他的账目处理非常到位。迈耶在华工作最大的障碍就是语言沟通问题，中国南北方数十个省的方言多达上百种，这些不利因素使他的日常沟通极为困难，在中国工作 30 多年的传教士有时也搞不懂几十里远的方言，这些残酷的事实彻底打消了迈耶进行流利汉语对话的心愿；但他还是尽自己最大的努力去学习满语，以便与清政府地方官员和中央政府大人物进行深入沟通。

## 2. 以专业精神对待工作细节

创新采集标本的包装运输方式。作物采集工作的关键环节是把采集样本完好地运送到目的地，迈耶针对不同的作物品种采用不同的包装方法，主要是使活体样本保持适当比例的含水量，水分过多或过少都可能使成活率降低；在邮寄作物样本时，他用轻微潮湿的泥炭藓包裹接穗，把种子放在木炭中或采用石蜡方法处理，把插条放在潮湿的泥炭土中，外面再用油纸或石蜡纸包裹，通过长期的实践摸索，迈耶总结出很多有价值的工作经验。1907年6月，迈耶在北京购买了300株竹子，并准备将这些竹子带到上海，与南方的竹子品种一起邮寄到美国；如何使北方竹子尽快适应南方湿热气候，避免移植时破坏植物的根部系统，他创造性采用装满土壤的大木盒子进行运输，可能这是解决海上长途运输的最佳方法。1911年，迈耶在新疆考察期间，为了保护和邮寄作物种子，他将1 200磅种子与木灰混合装在空煤油盒中，在每个盒子外面缝制一层毛毡，确保盒子密封完好，尽管长途运输中一些盒子被挤压或撞击变形，但里面的种子却完好无损，偏远地区采集到的小麦、裸大麦、稻谷、沙枣以及苜蓿等作物种子都以这种方式邮寄到美国。一般情况下，迈耶会亲自包装采集样本，每个样本都附有英汉两种标签，详细记录了采集地点、作物的中国名称、作物的具体性状等信息。

坚持全局意识和朴素作风。1907年，迈耶正在东北地区开展考察活动，美国农业部指令他立即中断工作，前往上海与英国植物猎人欧内斯特·威尔逊会面，因为美国农业部与哈佛大学阿诺德树木园达成一项合作协议，威尔逊将为美国农业部提供长江上游地区的经济作物样本，而迈耶则要为阿诺德树木园提供中国山西五台山地区的植物标本，尽管迈耶对这项额外的工作安排十分不满意，他自认为美国农业部低估了正在进行的作物采集工作，但仍然服从上级的安排，为五台山之行做了充分的准备工作。迈耶在华工作期间，把各种费用支出压缩到最小限度，首次中国之行每年的费用开销仅2 500美元，而且还包括1 000美元年薪在内；而同期在华工作的英国植物猎人威尔逊每年则要花费20 000美元，而且还要定期到英国皇家植物园、阿诺德树木园、香港植物园等单位开展考察或进修①，迈耶的朴素节俭精神在欧美植物猎人中是很少见的。

追求工作细节的精益求精。迈耶结束了首次中国采集活动后，即刻前往美国各州植物园、农学院、作物育种实验站进行参观访问，掌握不同地区对作物种质的特殊需求。他还到欧洲植物园深入了解亚洲植物的采集引种情况，在圣彼得堡植物园工作了很长一段时间，并希望学会俄语。1911年11月，中国的政治形势开始日趋复杂，迈耶无法从俄国直接返回中国开展工作，他有计划地前往圣彼得堡，在那里研究来自中国甘肃的大量作物标本，为计划中的"甘肃之行"进行充分准备；此外，他还前往英国专程拜访了奥古斯丁·韩尔礼（Augustine Henry），请教有关甘肃和四川两省的植物区系情况。1912年11月，他到英国伦敦拜访威廉·珀德姆（William Purdom），因为这位先生是唯一深入甘肃腹地的西方植物学家，但事与愿违，迈耶并没有受到热情接待，也没有获得更多有价值信息。1913年1月，迈耶到圣彼得堡植物园拜访陆军上校科斯洛夫（P. K. Koslov），这位上校曾经在甘肃开展过采集工作，他为了高质量完成"甘肃之行"的采集工作可谓煞费苦心。

### 3. 灵活处理工作中遇到的困难

合理利用外交渠道邮寄采集样本。迈耶首次在华工作期间，收到戴维·费尔柴尔德（David Fairchild）通知，让他在中国寻找麻类植物，以便种植在美国南加州废弃的稻田中，迈耶采集到江苏南京长江岸边的灯心草，并将这种植物的种植、收割、加工过程详细记载在附加说明书上；但邮寄样本时遇到一些麻烦，邮寄总重量超过规定标准，他立刻请求美国驻华总领事批准使用外交邮寄渠道，顺利地将这批植物样本邮寄到美国；迈耶在后续的采集活动中也多次利用这种邮寄渠道，使很多有重要价值的植物和作物样本顺利安全地运抵美国农业部，这种灵活的处理方式缩短了货物的海上运输时间，也极大地提高了采集样本的成活率。

创造性建立种质资源交换网络。1906年，迈耶在吉林长春度过一个愉快

---

① CUNNINGHAM I S. *Frank N. Meyer*：*Plant Hunter in Asia*［M］. Ames：The Iowa State University Press，1984：45.

的圣诞节，他与爱尔兰传教士戈登（F. J. Gordon）达成了相互交换作物种子的协议，以此为开端在亚洲多个区域构建起一个庞大的种质资源交换网络。SPI负责人戴维·费尔柴尔德对迈耶的这个创新性举措给予高度评价，并对遥远国度偏远地区传教士采集作物的重要价值给予高度认可。事实证明迈耶的创举具有重要的现实意义，例如：1914年11月，迈耶在甘肃洮州（今甘肃临潭县）开展考察时，与美国传教士斯奈德（C. F. Snyder）达成共识，斯奈德先生同意担任美国农业部通讯员，帮助迈耶采集甘肃地区的矮扁桃、青稞、宽豆、亚麻、春小麦等作物。利用这个交换网络，迈耶弥补了在俄国工作时的部分缺憾，他此前在俄国进行采集活动时，每次外出活动都遭到俄国官方刁难；为此，他不得不调整工作策略，与一些农业研究所和私人植物园开展作物种质交换合作项目，采取灵活变通的手段获取俄国丰富的植物资源。

4. 拥有宽广的胸怀和谦逊品质

20世纪初，美国植物检疫制度日趋完善，相关法律规定：凡是国外邮寄到美国的植物和作物样本首先要送到华盛顿进行检疫检验，然后才能转寄到美国各州，一旦样本中发现有害昆虫或致病细菌，所有样本将立即销毁，严格的检疫检验制度使迈耶的采集工作越来越困难，在这样的背景下，他仍然坚持工作。1917年10月，迈耶与北达科他州农业试验站赖默尔（F. C. Reimer）教授在湖北荆门共同考察，他将自己掌握的野生梨树信息毫无保留地告诉了赖默尔，后来才得知自己拍摄的照片和首先发现的作物将以别人的名义公布于众，他却这样说："放弃来之不易的所有信息确实有些痛苦，但开创性工作就像传教一样，你是布道者，其他人是聆听者，这样做都是为了一个共同的良好愿望，即恩赐所有的人。"① 这足以显示出迈耶宽广的胸怀。

迈耶在华从事采集活动期间是中国的政治大变动时代，很多西方植物猎人工作不长时间就离开中国，而他却经常往返于中国偏远地区。迈耶在中国采集到2 500多种作物样本，拍摄了1 740幅作物照片，美国农业部为了表彰他做

---

① CUNNINGHAM I S. *Frank N. Meyer*：*Plant Hunter in Asia*［M］. Ames：The Iowa State University Press，1984：234.

出的重要贡献,将其中一些植物以他的名字命名,但迈耶坚决反对这样做,并主张以植物起源或特性来命名,这足以体现了迈耶谦逊的品质。

迈耶在华工作期间目睹了大量的生态环境被破坏场景,他为此感到忧心忡忡。1907年11月,迈耶在承德看到大片森林被砍伐,开垦为农业耕地,便在个人工作日记中写到:"这片曾经肥沃的土地不久将变成蒙古沙漠的一部分。"显示出极强的环境保护意识。1908年8月,美国总统西奥多·罗斯福(Theodore Roosevelt)召见迈耶,请他详细介绍在华工作期间看到的中国生态环境遭破坏事件,他为总统先生提供了山西五台山地区生态环境被破坏的现场照片,罗斯福总统在国会演讲中使用了这些照片,并由此推动了美国的环保立法。之所以会产生这样明显的效果,主要是由于迈耶时刻把生态环境保护作为关注重点,这点在他的工作日记和工作报告中也体现出来。

## 二、迈耶采集的作物种质对美国农业的重要影响

### (一) 防治栗疫病真菌抗体

1913年3月,美国各州发生大面积栗疫病情,经济损失已经高达2 500万美元。农业部森林病理学办公室紧急求助SPI,请求协助采集海外抗病性强的果树样本。迈耶接到通知后,立即投入工作,在中国寻找栗疫病真菌抗体,他深知此项任务关系到美国栗树产业的长期发展。迈耶在直隶北部进行了为期4周的考察工作,搜索目标是对栗疫病具有抗性的真菌抗体样本。6月初,迈耶终于找到期望已久的抗真菌栗树皮样本,这批样本和栗树的果实被邮寄到美国农业部,由此创造了一个植物病理防治的奇迹,美国栗树疫情被及时有效控制住,彻底挽救了美国栗树产业。农业部森林病理学办公室海文·梅特卡尔(Haven Metcalf)博士对迈耶的引种工作给予高度评价,他称赞说:"这项采集工作是近10年美国植物病理学研究中最重要的工作成果之一。"

### (二) 中国野生桃树和肥城桃树

1914年11月,迈耶在甘肃开展采集活动,采集到晚开花矮扁桃树(*Prunus tangutica*)和野生桃树(*Prunus davidiana* var. *potaninii*, formerly *P. persica* var. *potaninii*);欧美植物学家特别关注核类果树的进化过程,美国作

物育种专家非常渴望获得中国耐寒抗旱果树样本，迈耶引种的作物对于美国育种专家而言意义非凡。达尔文在撰写《物种起源》一书时人们尚未发现野生桃树，因此，达尔文认为桃子和扁桃可能来自同一种嫁接砧木，而桃子是扁桃的诱发变异。直到 1885 年春季，俄罗斯植物猎人波塔宁（Potanin）在中国甘肃发现了矮扁桃树和野生桃树，致使达尔文的结论被人们所质疑；迈耶的采集成果再次证明了桃子和扁桃是从两种不同的嫁接砧木进化而来，两种果树都原产于中国的半干旱地区。

迈耶尽自己的最大努力将中国的矮扁桃树和野生桃树引种到西半球①，这是他对美国核类果树产业的重要贡献，这些果树已被证明是其他种植桃树优选的嫁接砧木，也适合嫁接李子和杏等果树。在美国北部各州的干燥寒冷碱性土壤中，这些桃树在严酷的自然条件中生存下来，而且对当时流行的根结线虫病具有一定的免疫力；20 世纪 50 年代，美国加州奇科植物引进园和夫勒斯诺、贝茨维尔等地的作物育种试验站一直在用这种果树进行种植实验，因为当时植物疾病是美国各州桃树砧木面临的主要问题。

迈耶在华工作期间，致力于将山东肥城桃（也称山东蜜桃）采集引种到美国，先后 3 次前往肥城进行采集活动；但事与愿违，迈耶的努力并没有带来相应的回报；20 世纪 70 年代，美国林业部接管了加州奇科植物引进园，推土机连根拔起所有的肥城桃树，这些桃树都是使用迈耶从中国采集引进的接穗培育种植的，直至 20 世纪 70 年代中后期，美国水果市场才逐渐对这种黏核桃产生需求。

### （三）推动美国梨树产业发展

1916 年 8 月，迈耶在第四次海外采集活动启程前，前往美国胡德河沿岸的梨树园考察火疫病（*Bacillus amylovarus*）疫情，他与南俄勒冈实验站赖默尔（F. C. Reimer）教授深入沟通了现实情况；赖默尔教授估计如果能引种到抗火疫病的嫁接砧木，至少可以创造数百万美元价值，他已经测试了全部可利用梨

---

① CUNNINGHAM I S. *Frank N. Meyer*: *Plant Hunter in Asia*［M］. Ames: The Iowa State University Press，1984：188.

树种质，只有迈耶从中国采集到的野生梨树（*Pyrus ussuriensis* and *Pyrus callery-ana*）具有抗病性，从某种意义上来说，迈耶采集到的中国野生梨树样本对美国梨树产业的植物病理防治发挥了关键作用。

美国果树专家将中国野生梨树种质广泛用于育种项目，利用这种嫁接砧木进行交叉实验，培育了"巴特利特"梨替代品种。南俄勒冈州实验站育种专家反复将火疫病微生物体接种到中国野生梨树和种植梨树上，以研究果树的生长习性、适应性和对枯萎病的抵抗力，类似实验项目进行了很多年。20世纪50年代末至60年代初，美国梨树产量急剧下降，迈耶在中国长江流域采集到的豆梨（*Pyrus calleryana*）种质不仅对枯萎病、根蚜虫病具有高度抵抗力，而且可以有效抑制果树产果率下降，至今美国各州梨树种植者仍在受益于这种梨树种质。1908年，英国植物猎人欧内斯特·威尔逊首先采集引种中国的豆梨树，但迈耶在1917年大量采集的梨树种质，才使得这种果树能够在美国各州广泛种植。

"布拉德福德"梨树被认为是美国最好的行道树之一，由中国野生豆梨树嫁接培育而来。1950年，美国马里兰州格伦代尔作物育种试验站的约翰·克里奇（John L. Creech）博士选择一种叶片密集的中国豆梨样本，将它的蓓蕾嫁接在豆梨幼苗上，然后在华盛顿郊区进行行道树种植试验，通过大量的种植试验，克里奇博士发现嫁接梨树对城市污染有很强的抵抗力，而且每个季节都会有漂亮的景致形成；数十年后，该地区30万株"布拉德福德"梨树成长起来，春夏季节大量的花朵和光滑的绿叶令人赏心悦目，秋冬季节紫红色叶子和大量的小果实令人陶醉，克里奇博士作为国际知名作物育种专家，他认为这种梨树在美国广泛种植就是对迈耶最好、最鲜活的纪念。

### （四）中国其他果树品种的推广种植

迈耶在中国采集的无籽柿子树和山楂树对戴维·费尔柴尔德（SPI负责人）很有吸引力，山楂树推广项目尽管失败了，但每年秋季在美国水果市场上中国柿子品种随处可见，费尔柴尔德认为这些圆形的大磨盘柿子树很有发展前景；美国农业部农业发展研究中心霍华德·布鲁斯克（Howard Brooks）博士说："这些柿子树从引进到育种都是迈耶在亚洲采集工作的开创性成果。"

此外，迈耶采集的野生柿子树（*Diospyros lotus*）作为嫁接砧木发挥了重要作用，美国农民用它替换了原有的柿子树嫁接砧木。迈耶采集的山楂树和矮扁桃树在培育观赏树种方面也有较高价值，浙江余杭采集的山核桃树（*Carya cathayensis*）和宜昌西部采集的野生银杏树都是欧美国家其他植物猎人所不知道的。

迈耶采集的中国矮种柠檬树（*Citrus×Meyeri*）在加州奇科、得州布朗斯维尔、佛州布鲁克斯等地进行了广泛种植，果树比其他柠檬树更耐寒，可以抵御22°F（-5.5℃）低温；作为庭院或盆栽观赏果树，它受到美国人的钟爱，但果树非常脆弱不容易运输，产果比较多，果实饱含汁液，个头比商业柠檬稍大些；这种柠檬树已经在美国佛罗里达州、得克萨斯州以及南非、新西兰等地大规模商业种植。1915年10月，迈耶参观了分别7年的加利福尼亚州奇科植物引进园，看到自己采集引种的各种作物苗壮生长，他十分高兴，矮种柠檬树结出大量的果实，嫁接枣树、新疆抗旱扁桃、中亚地区沙枣（*Olea europea*, formerly *O. ferruginea*）和成排的油桐籽苗，无论作物还是植物都异常繁茂，这些景象使得迈耶再次欣慰地确信，自己所从事的采集工作比其他任何事情都有意义。

但是，迈耶在中国采集引种的果树种质也有推广不成功的，例如：中国枣树在美国加利福尼亚州、得克萨斯州、俄克拉荷马州等地进行试验种植，但并没有变成SPI预期的那样成为有价值的经济果树。20世纪30年代，田纳西河流域管理局利用迈耶引进的中国枣树，在诺里斯大坝下游洪泛区重新造林，至今仍有很多枣树生长在那里。1952年，加州奇科植物引进园开始启动美国农业部的枣树栽培项目，在各地建了很多枣树园，但该项目在1959年被无限期搁置；中国枣树作为商业种植作物不算成功，但数以千计的果树在美国西南部地区作为庭院观赏树进行种植，这使得加州商业苗圃不能满足市场的枣树种苗需求量。佛罗里达州及其附近各州果农已经重新认识到枣树的价值，尤其是枣树可以耐受高温和干旱条件，不需要控制虫害和各种植物疾病；佛罗里达州立大学保罗·瑞尼（Paul M. Lyrene）曾多次强调："迈耶引种的中国枣树作为观赏树种具有特殊的价值，诱人的分枝与缠绕的嫩枝格调，就像迈耶所描述的

'多纹的之字形',很有诱惑力。"

在美国没有大规模种植起来的果树还有中国塘栖樱桃树（*Prunus pseudocerasus*），塘栖樱桃树采集引种后在加州奇科植物引进园进行育种繁殖，果树要比其他樱桃树早开花10天，尤其在培育早熟水果基因方面具有特殊的价值；但追踪这种果树对美国的育种贡献也是不现实的，美国农业部把作物种质发放给各州育种试验站后，育种专家进行了无数次杂交品种改良，所以他们推广新樱桃品种时，并不承认使用了中国的塘栖樱桃亲本。

### （五）丰富了美国的蔬菜作物种类

1906年7月，迈耶在中国安东进行考察时，采集到1个大叶菠菜（*Spinacia oleracea*）样本，这种蔬菜在冬季也可以生长。后来枯萎病威胁美国菠菜产业时，美国蔬菜育种专家诺顿（J. B. Norton）利用迈耶引种的菠菜样本进行抗病实验，取得了重要的进展，成功地挽救了美国菠菜产业。根据SPI主任费尔柴尔德描述："仅引种菠菜产生的经济价值，就完全超过了迈耶在华采集活动的全部费用。"

1916年8月，迈耶在达科他州北部曼丹试验场考察时看到，曾经的不毛之地已经种植了大量的白杨树、白蜡树、杨柳、榆树，以及番茄、茄子、玉米、豆角等蔬菜作物，4年前这片土地上没有蔬菜可以种植成活，现在的变化与迈耶在中国的采集引种活动密切相关。但迈耶在中国采集引种的蔬菜品种并没有引起美国人浓厚的兴趣，他预期大白菜、芹菜、冬萝卜等蔬菜会受到美国民众青睐，但美国人对这些中国蔬菜的接受速度似乎太慢，50多年后在美国蔬菜市场上才出现豆芽、苜蓿芽和豆腐等食材。

### （六）其他中国经济作物的重要影响

迈耶采集的大豆作物对美国农业经济产生深远影响。1903年以前，美国仅有8个大豆品种；1905—1908年，迈耶在华采集到42种大豆作物，以此为开端数以千计的大豆品种被源源不断地引种到美国；迈耶采集的第一批含油大豆品种已成为美国工业产品的重要原料，时至今日美国仍然是世界上最大的大豆产品出口国，这与迈耶在亚洲的作物采集活动有重要关系；他还仔细研究了中国人加工大豆的方法，特别是作为蛋白质替代品，即加工豆腐、豆干等食品，把这些具体加工方法和食品种类详细介绍到美国。

20世纪20—30年代，多位美国植物猎人先后前往中国开展采集活动，他们追随着迈耶开创的作物采集事业。1927—1930年，罗拉·贝蒂（Rolla K. Beattie）再次前往中国寻找抗枯萎病栗树样本。从1929年2月开始，多塞特（P. H. Dorsett）与莫尔斯（W. J. Morse）在中国进行了长达2年的作物采集活动，主要任务是寻找适合美国种植的大豆品种；他们携带的重要参考资料就是一份82页的详细目录清单，是在施温高的指导下迈克尔·哈格蒂（Michael J. Haggerty）翻译的有关中国大豆作物的文献；这种充分准备完全不像迈耶当年那样，即从偏远地区农民手中大量购买大豆种子，他们有针对性地采集指定的特殊大豆品种，当他们完成任务返回美国时，携带了近3 000种大豆作物和大量的其他作物样本。

美国柑橘作物专家施温高在迈耶遗留的旅行袋中找到1个草种样本，迈耶离世20多年后，这个草种已经在南卡罗来纳州、佛罗里达州以及海湾各州形成浓密细致的草场，尽管很少有人知道它的来历，但成千上万美国人正在享受迈耶从中国采集到的假俭草（*Eremochloa ophiuroides*）。迈耶在中国采集的各种作物已经很难再详细追踪，耐寒抗旱作物，例如：小麦、大麦、高粱、苜蓿、三叶草等，一般会送到作物育种专家麦克·卡尔顿（Mark Carleton）、哈利·德尔（Harry B. Derr）等人手中；但他采集的全部作物仅有一小部分进入农业部育种试验项目中，大多数作物样本至今仍然完整地保存在贝茨维尔农业研究中心或科罗拉多州克林斯堡国家种子存储实验室，这些近百年历史的作物种质随时可以根据项目需要用于种植试验。

# 第三章　欧内斯特·威尔逊在华作物采集活动

英国植物猎人威尔逊在青少年时期就对植物采集工作抱有浓厚的兴趣，成年后从事与植物有关的苗圃工作，并担任植物学教师。19世纪末期，他代表英国商业性苗圃公司来华从事植物采集工作，由于工作业绩非常出色，得到英美等国家植物学界认可。20世纪初期，美国哈佛大学阿诺德树木园聘请威尔逊担任驻华植物采集工作负责人，作为专职植物猎人，威尔逊一生的采集成果颇丰，尤其是在中国的采集工作使他在欧美植物学界拥有极高的学术地位。

## 第一节　威尔逊的生平背景

### 一、家庭出身和早期工作经历

1876年2月15日，欧内斯特·威尔逊（Ernest Henry Wilson，以下简称威尔逊）出生在英格兰格洛斯特郡奇平卡姆登，中学教育完成后，他在沃里克郡索利哈尔休伊特（Hewitt）先生的苗圃中工作。1892年，威尔逊进入伯明翰植物园工作，与此同时他还在伯明翰技术学校进修植物学专业，由于成绩优异荣获英国女王奖章。1897年，威尔逊到英国皇家植物园——邱园工作，同时兼任南肯辛顿皇家科技学院植物学教师。

19世纪末，东西方在政治、经济、文化等多层面发生交流碰撞，很多英国商业公司准备进入中国市场，英国詹姆斯·维彻（James Veitch）父子苗圃公司拟聘用适合长期在中国开展采集工作的植物猎人；在邱园主任西塞尔顿·戴尔（W. T. Thiselton-Dyer）先生的推荐下，年轻的威尔逊成为最佳人选，他在库姆树木园进行了为期6个月的植物学专业知识培训；从1899年开始，威尔逊代表维彻公司长期在中国开展植物采集活动。

## 二、从事植物猎人的传奇经历

1900—1901年，威尔逊在中国湖北进行植物考察活动。1903年1月，威尔逊再次代表英国维彻公司前往四川西部开展植物采集活动。1907年12月，威尔逊受美国哈佛大学阿诺德树木园主任查尔斯·萨金特（Charles. S. Sargent）教授委托，从美国波士顿启程前往中国开展植物采集活动。1910年，他代表阿诺德树木园再次来华进行采集工作；10月，威尔逊在四川山区考察期间，由于山体滑坡导致腿部意外受伤，不得不提前结束原定的采集计划；1911年3月，他辗转返回美国接受治疗，但还是落下了终身残疾。

1914年，威尔逊前往日本开展采集工作。1917年，他携带妻儿前往日本、朝鲜、中国台湾地区进行第六次海外植物采集工作。1919年3月，威尔逊返回美国波士顿后被任命为阿诺德树木园主任助理。1920年7月，威尔逊接受阿诺德树木园委托，前往澳大利亚、新西兰、印度、塔斯马尼亚和南非等国家的各大植物园进行考察，采集并交换了大量的植物和作物样本，与澳洲植物学家建立起长期合作关系。1927年3月，萨金特教授病逝，威尔逊被任命为阿诺德树木园实际管理者。但遗憾的是，1930年10月15日，他在马萨诸塞州伍斯特驾驶汽车时发生交通意外，跌落到40英尺高的河堤下面，他和妻子均不幸遇难。

## 第二节　威尔逊在华采集活动主要过程和代表性成果

威尔逊作为植物猎人一生中共进行了7次海外考察活动，前2次代表英国维彻（苗圃）公司，后5次代表美国哈佛大学阿诺德树木园，其中有4次考察目的地都是中国内陆地区①。

## 一、云南"珙桐树"之行

1899年12月，威尔逊前往中国，开始了首次在华采集活动，采集目标是中国云南的珙桐树；这种漂亮的观赏树木花苞片成对、类似鸽翅，最初是由法国传教士谭微道在川西地区采集到的，该树种有很高的观赏价值，也是中国特有的古老树种；法国植物学家在其植物学专著中配了一幅漂亮彩图，因其树叶呈花苞片形状，珙桐树也被称为"鸽子树"（dove tree）或"手帕树"，极可能是书中的描述以及漂亮的插图引起了英国商人的浓厚兴趣。这位年轻的植物猎人怀着极高的热情到达中国，但他很快就发现自己要面对无数的困难。除了沿海城市外，西方人在中国的任何区域都是极不安全的，雇佣到精明向导更是一件非常困难的事情；由于不熟悉汉语和在华通用的法语，他险些被当作间谍关押起来。

威尔逊经过艰苦的努力，终于组建起一只自己的考察队，他们克服重重困难到达云南思茅（今云南省普洱市），与正在那里工作的亨利博士会面，详细请教了珙桐树（*Davidia involucrata*）的具体地理位置②。威尔逊和向导到达指定地点后，失望地发现那棵珙桐树已经变成树桩；但他并没有放弃继续寻找，幸运之神再次眷顾了这位年轻的植物猎人，在其他地点威尔逊发现了很多的珙桐树，拍摄了大量的照片，深秋季节他采集到近15 000粒种子，这些种子完全能够满足英国维彻（苗圃）公司育种栽培需求；这些中国珙桐树和变种光叶珙桐种苗在英国以及其他西方国家成功栽培，有些珙桐树已经长成五六丈（1丈约合3.33米）甚至更高的参天大树，是世界著名的观赏树种之一③。1902年，威尔逊完成此项采集任务后，顺利返回英格兰，并随身携带了在华采集的2 600多份植物标本、305种植物种子、906种植物球茎，真可谓满载

---

① 第四章主要研究威尔逊在中国内地的4次植物采集活动，不包括他前往中国台湾的考察过程和采集成果。
② 威尔逊首次中国之行主要目的是采集中国珙桐树（也称鸽子树）样本。
③ 罗桂环.西方对"中国——园林之母"的认识[J].自然科学史研究，2000（1）：79.

而归。

## 二、中国"绿绒蒿"之行

1903年，英国维彻（苗圃）公司再次派遣威尔逊前往中国，此行目的是寻找一种植物即全缘叶绿绒蒿（*Meconopsis integrifolia*），这是一种多年生草本，有非常漂亮的硕大花朵，色彩鲜艳，具有很高的观赏价值和药用价值，主要生长在甘肃、青海、四川、云南等地的高山灌木丛或草甸中。此时，英国海外的植物采集活动不完全是纯粹的植物学研究，主要是为了满足英国贵族对园艺和观赏植物的需求，全缘叶绿绒蒿的标本传入英国后，英国园艺商人仿佛嗅到了发财机会，他们以低廉的成本聘请威尔逊这样的位于社会底层的植物猎人前往中国探险。威尔逊此次在华采集活动历时两年半，行程达到2 000英里；除了采集到英国商人所需要的全缘叶绿绒蒿、红花绿绒蒿外，还采集了510种植物种子和2 400多个标本[1]；在考察过程中威尔逊记载了大量的中国植物信息，拍摄了一大批植物照片；但令人遗憾的是，这些中国植物并未在欧美国家成功地繁育种植，也没有像珙桐树那样闻名世界。1905年3月，威尔逊顺利返回英格兰。

## 三、鄂西"白皮松"之行

哈佛大学阿诺德树木园主任萨金特教授大力主张扩大收藏规模，并认为英国植物猎人威尔逊是植物猎人的最佳人选，他决定高薪聘请威尔逊前往中国开展采集活动。1907年2月，威尔逊代表美国哈佛大学阿诺德树木园抵达中国，此次来华的主要目的是寻找有育种栽培价值的花园树种和灌木乔木，商业性采集引种居于次要地位。威尔逊第3次来华活动区域比较广泛，包括鄂西北、陕西南以及江西庐山等地，在考察过程中，他采集到岷江百合、荞麦叶大百合、野生白皮松等珍稀植物样本，这些作物和植物样本对于哈佛大学阿诺德树木园来说意义非凡，威尔逊此行的收获颇丰。1909年9月，威尔逊返回哈佛大学

---

[1] 金文驰. 威尔逊——一位博物学家的中国情缘（上）[J]. 生命世界, 2014（4）: 85.

阿诺德树木园。

## 四、鄂川"帝王百合"之行

1910年，威尔逊第4次来到中国，这次来华仍然代表美国哈佛大学阿诺德树木园，主要任务是补充采集上次未能成功保存的岷江百合和针叶树种子，目的地是中国西部山区，尤其是湖北、四川等地，威尔逊此行采集到了数量极为可观的植物样本，其中包括各种类型的百合花、湖北的地黄和木香花等植物。在川西地区考察过程中，这位年轻的植物猎人不幸遭受到了意外的打击，他被山体滑坡的落石击中右腿，伤势非常严重，面临截肢的危险；英国医生戴维森（William Henry Davidson）凭借精湛的医术为他实施了保肢手术；1911年，威尔逊辗转返回美国，经过数周的精心治疗才得以康复，但遗憾的是落下腿部终身残疾。尽管威尔逊身受重伤，仍然将数百个岷江百合（威尔逊将其命名为帝王百合）鳞茎带回美国，这种百合成为他海外采集成果中最受欢迎的植物品种，至今数以百万株岷江百合在欧美国家种植，威尔逊的名字将与这些植物永久载入植物学史册。

## 五、威尔逊在华采集活动的代表性成果

威尔逊在中国为英国维彻（苗圃）公司开展了2次植物采集活动，采集到2 000多种植物样本和种子，制作了5 000多个标本，其中一些植物标本被证明是最新的；他为美国哈佛大学阿诺德树木园开展了2次植物采集活动，采集到65 000个植物标本、1 593个植物种子、168种植物插条[1]。除此之外，威尔逊在日本采集邮寄了2 000个植物标本和600多幅照片，在朝鲜、中国台湾地区采集到30 000个标本，拍摄了700多幅植物照片。威尔逊在华的主要采集成果是观赏树种、草本植物和灌木品种，活动区域主要在华中地区和西部地区，其他区域并未涉及。在植物采集活动过程中，威尔逊也注意采集一些作

---

[1] FARRINGTON E I. *Ernest H. Wilson Plant Hunter* [M]. Boston: The Alpine Press, Inc., 1931: 81.

物样本,但数量并不是很多,采集时间也主要集中在 1908—1909 年。具体情况如下(表 3-1)。

表 3-1  1903—1910 年威尔逊采集中国作物统计表

| 时间 | 采集地点 | 作物品种 | 样本数量 | 采集编号(S. P. I. No.) |
| --- | --- | --- | --- | --- |
| 1903 | 四川 | 野生核桃 | 不详 | 不详 |
| 1908 | 湖北 | 豆梨 | 不详 | 不详 |
| 1908 | 四川 | 油菜 | 2 | 24162-163 |
| 1908 | 四川 | 大麦 | 2 | 24158;24161 |
| 1908 | 四川 | 小麦 | 4 | 24157;24159-160;24164 |
| 1909 | 四川 | 燕麦 | 2 | 24846-847 |
| 1909 | 四川 | 荞麦 | 1 | 24850 |
| 1909 | 四川 | 大麦 | 2 | 24848-849 |
| 1909 | 四川 | 小麦 | 1 | 24845 |
| 1909 | 四川 | 草莓 | 1 | 24165 |
| 1910 | 四川 | 光核桃 | 不详 | 不详 |

资料来源:U.S.D.A, *Bulletin of Foreign Plant Introductions*, *New Plant Immigrants*, No. 1-54.

1899 年,威尔逊将中华猕猴桃采集引种到英美等国家,经过新西兰种植繁育后推广到世界各地。这种作物又被称作羊桃,原产于中国湖北,属于野生藤本果树,果实具有极高的食用价值和药用价值。威尔逊在华工作期间,曾详细描述过猕猴桃:"猕猴桃的果实呈卵形或球状,1~2.5 英寸(1 英寸约合 2.54 厘米,全书同)长,1~1.25 英寸宽,果皮膜质、黄褐色、表面覆盖一层茸毛,果肉绿色、口感好,类似鹅莓、有一种非常独特的味道,果肉可以制成品质极佳的果酱和沙司。"在美国加州种植的大量猕猴桃被运送到华盛顿,供应给一些有社会地位的人享用。人们对于这种水果的普遍关注点是,能否在美国南部地区的家庭花园中种植。美国园艺学家所开展的工作还有待于观察,果树现在基本上属于野生水果种类,中国人对该作物的研究就像美国人对"番木瓜"(最大的野生水果)一样,也就是说研究不够深入,猕猴桃树不耐寒,春季的快速生长使其成为一种有价值的观赏果树①。1903年,威尔逊在四川采集到一种野生核桃树(Juglans cathayensis)样本,具体数量并没有详细记载,这种核桃树有典型的大叶子,树干末端结出黑色的果实,哈佛大学阿诺德树木园正在进行种植试验,从生长效果来看,果树并不是十分耐寒。

1908年,威尔逊在湖北采集到一种豆梨树(Pyrus calleryana)样本,这种梨树的果实很小,正在阿诺德树木园进行嫁接砧木种植试验,试验结果表明:果树对火疫病具有较强免疫力。在四川采集到2个油菜样本②,10月已邮寄到美国农业部。威尔逊受聘于哈佛大学阿诺德树木园后,在湖北宜昌采集到一批野生柿子树种子,他认为野生柿子树作为嫁接砧木比种植品种或半野生品种更有前途。根据已经采集到的中国柿子树样本显示:野生柿子树生长习性、叶子特征与种植柿子树非常相似,主要差别在于野生品种的果实更小,形状类似橡子,长度不超过1英寸。这些野生柿子树种子是由库珀(Cooper)神父转寄过来,是他在湖北山区一次短途旅行中采集到的。

1908年10—11月,威尔逊在四川采集到2个大麦样本和4个小麦样本③。1909年,在川西和川东南地区海拔6 500~11 000英尺山区采集到2个燕麦样本和1个荞麦样本④;在川西和川西北地区海拔11 000~13 000英尺山区采集到2个大麦样本,这些麦作相对于其他品种而言,能够在更高海拔地区种植;在海拔8 000~11 000英尺的川西地区采集到1个小麦样本,这些麦类作物样本邮寄到美国农业部后,由美国植物产业局粮食调查办公室分配给各州育种站,进行有针对性的育种栽培试验。同年,他在四川给美国农业部邮寄了1个

---

① 部分描述来源于"*Some Asiatic Actinidias*" by Fairchild, issued January 18, 1913, in Bureau of Plant Industry Circular No. 110.

② U. S. D. A, *Bulletin of Foreign Plant Introductions*, *New Plant Immigrants*, No. 6. p. 3. Nov. 10 to 23, 1908.

③ U. S. D. A, *Bulletin of Foreign Plant Introductions*, *New Plant Immigrants*, No. 6. p. 3. Nov. 10 to 23, 1908.

④ U. S. D. A, *Bulletin of Foreign Plant Introductions*, *New Plant Immigrants*, No. 13. p. 3. March 1 to 20, 1909.

野生草莓样本①，红色的果实，味道非常好，作物生长在海拔 8 000~14 000 英尺。

1910 年，威尔逊在四川采集到 1 个光核果实的桃树（*Prunus mira*）插条样本，果树长得很高，又长又尖的叶子，小果实，果皮多茸毛，果核小而光滑；附加描述写到："我认为这是考察活动中最重要的发现，新桃树正在进行育种栽培试验，它与碧桃（*Prunus persica*）品种进行交叉育种，完全有可能培育出全新的桃树改良品种。"

## 第三节　威尔逊及其在华采集活动评析

### 一、关于威尔逊的个性品质评析

#### （一）具有坚强的毅力，树立了采集工作典范

威尔逊在马萨诸塞园艺学会的演讲中，多次回忆自己在华工作期间遇到的艰难险阻，向人们说明了他是如何克服大量难以想象的困难；其中最令人们印象最深刻的是他率领植物考察队多次到达植物生长的极限高度，即海拔 16 500 英尺山区，在那里采集到报春花和总状绿绒蒿等植物样本，这个海拔高度的山区积雪终年不融化；在野外考察过程中，威尔逊随时面对各种危险和不确定因素，前 3 次在华采集活动一般是沿着长江岸边进行的，尽管已经雇用了技艺高超的船工，但随时有可能跌落长江中。威尔逊第 4 次来华采集时被迫选择了陆地线路，从鄂西北部进入四川，一路向西到达成都，此前从未有西方人走过这条线路；沿途绵延不断的山峦使旅途异常枯燥，但丰富的植物区系使威尔逊乐在其中、难以自拔，坚强的毅力和敬业精神促使威尔逊不知疲倦地一路西行，威尔逊所开创的采集事业和权威性科研成果成为西方植物猎人效仿的楷模。由于地质结构、气候条件等因素，中国的中部、西部地区植物区系丰富，被西方

---

① U. S. D. A, *Bulletin of Foreign Plant Introductions*, *New Plant Immigrants*, No. 6. p. 3. Nov. 10 to 23, 1908.

植物学家称作"植物天堂",正是出于这个原因,威尔逊在华采集工作时间长达 11 年,成为专业研究中国植物的西方植物学家,被世人称为"中国威尔逊"。

**(二)拥有超前的眼光,大量搜集专业性资料**

威尔逊拥有极强的学术敏感性,在华开展植物考察期间,经常随身携带大量的工作设备,照相机是他的最主要装备,他所携带的相机品牌是当时英国最好的;威尔逊无论走到哪里,遇到可能对欧美植物学研究有价值的植物品种,都要完整地拍摄下来,很多珍贵照片至今仍是世界上独一无二的,大多数照片现在仍保存于哈佛大学阿诺德树木园。从另外一个角度来说,威尔逊也是一位超级摄影师,他的摄影水平非常高,现存的大量照片具有园艺学和生物学价值;他在个人学术专著中附加了很多照片,极大提高了书籍的收藏价值,并在多年积累资料的基础上撰写完成《威尔逊植物志》(*Plantae Wilsonianae*),为西方植物学界和植物学爱好者提供一个了解中国植物资源的窗口。

**(三)淡泊功名与利禄,多项殊荣实至名归**

威尔逊艰辛的付出得到英美等国家植物学界的高度认可,为了表彰他在植物学领域所做出的突出贡献,他先后被授予多项荣誉奖章,其中包括:英国皇家园艺协会颁发的维多利亚奖章、维彻纪念奖章,美国马萨诸塞园艺协会颁发的乔治·罗伯特白奖章、百年纪念金奖章,美国纽约园艺协会奖章、乔弗里·西莱尔金奖章、杜鹃花协会奖杯等。威尔逊还被选为美国文理科学院成员,获美国哈佛大学授予的荣誉硕士学位、康涅狄格州哈特福德三一学院授予的科学博士学位,他对这些令人羡慕不已的殊荣保持低调的态度。威尔逊采集的全部植物样本中,超过 100 种植物被英国皇家园艺协会授予一级证书或荣誉奖章;英美植物学界为了表彰他的杰出贡献,用"Wilson"命名了一批海外采集到的植物新品种,其中 200 多种中国植物的英文命名中含有他的名字。

## 二、关于威尔逊的采集活动评析

**(一)为英美等国采集了大批的植物新品种**

威尔逊先后 4 次前往中国内陆地区开展植物采集活动,在其他植物猎人工作的基础上，他凭借自己独特的见解和锲而不舍的探索精神，成为打开"中国西部花园"第一人。威尔逊与早期来华的其他西方猎人不同，以英国福琼为代表的西方采集者主要是为了在中国采集引种栽培花卉，而威尔逊以采集中国的野生花卉、树种为主，采集数量更多、吸引力也更强。威尔逊前两次来华主要是接受英国商业花卉或种苗公司委托，采集特定的植物品种，这与后来为美国阿诺德树木园采集科研样本有很大的不同。

1902年，威尔逊从中国返回英国时，除了珙桐树种子外，还携带2 600多份植物标本、305种植物种子和906种植物球茎；植物采集清单中包括很多观赏性木本植物，诸如山玉兰、红果树、血皮槭、枇杷叶荚蒾、巴山冷杉、绣球藤、偏翅唐松草等；著名的观赏性杜鹃品种，包括喇叭杜鹃、粉红杜鹃等；中国天然名花——报春（云南人将其称作楼台花），包括带叶报春、鹅黄报春、缱叶报春等。威尔逊后两次来华是为阿诺德树木园采集木本植物和花卉，采集成果中包括川滇木兰、古老子遗树种连香树、药用树种杜仲、珂楠树、云杉、绿柄白鹃梅、紫花绣球、云南蕊帽忍冬、绣线菊、毛肋杜鹃、卵果蔷薇、刺黑珠、匙叶小檗、散生栒子、小叶安息香和大叶柳等数量众多的观赏性树种。威尔逊在华采集了1 500多种新植物，制作了蜡叶标本65 000份，采集的植物品种数量超过任何一位西方植物猎人。

## （二）提出具有独特见解的西方植物学观点

威尔逊不遗余力地采集引种中国珍稀树种和花卉品种，仅杜鹃就有60个品种，使得这种花卉在西方广泛栽培；他还采集了有价值的中国野生果树，送到西方进行驯化栽培，他推荐的羊桃藤（中华猕猴桃）已成为人们最喜欢的水果之一。此外，还有数十种悬钩子属野果，这些野生果实的口感非常好，威尔逊希望通过杂交育种培育新的水果品种，他通过大量的采集实践证实了自己的论断"中国——园林之母"。

关于中国植物品种的重要地位，威尔逊曾精辟地论述到："关于对中国植物的巨大兴趣和价值认可，种类繁多固然是一个方面，人们更应该关注观赏性和适应性都很强的植物。正是这些植物在装饰和美化着世界温带地区的公园和庭园。一些事实也有力地证明了这点：在整个北半球温带地区的任何地方，没有哪个园林不栽培起源于中国的数种植物,园艺界深深地受益于东亚,这种受益将随着时间迁移而增长。"上述观点也被大多数西方园艺学家、植物学家所认同。苏联植物地理学家、遗传学家瓦维洛夫高度赞同威尔逊的观点,他说:"毫不夸张地讲,有数以千计的观赏花木起源于中国,这些花木常见于世界各地的花园中,尤其是美国。"

### (三) 撰写了一批具有重要学术影响的专著

1911年,威尔逊返回美国哈佛大学阿诺德树木园工作,集中整理在华采集活动期间的旅行日记;1913年,他在英国出版了《一个博物学家在华西》两卷本,详细记述了他在中国四川、湖北两省的所见所闻;1929年,该著作在波士顿再版时又增加了60多幅照片,书名更改为《中国——园林之母》,全书共分为30章,记载了中国西部、西南部地区,尤其是湖北、四川一带的自然生态环境、植物资源状况以及农业、城镇、少数民族等详细资料,其中还包括了农作物和经济植物等方面内容,是自然地理与人文地理深度结合的高水平专著。

威尔逊擅长学术研究和写作,1903—1930年他发表学术论文263篇,出版多部专著(《植物的猎获》《如果我来造一所花园》《尊贵的园林》《更尊贵的园林》《尊贵的树木》《东亚的百合》《美国最大的园林》等),以及与雷德尔(A. Rehder)合著的《落叶杜鹃专集》等,这些著作图文并茂,是真正的植物学巨著[①]。1913年,哈佛大学阿诺德树木园主任萨金特教授着手主编三卷本《威尔逊植物志》(*Plantae Wilsonianae*),1917年该著作全部出版,书中详细记载了威尔逊为阿诺德树木园采集的所有木本植物;全书描述了3 356种中国木本植物及其变种,是当时研究中国植物最权威的参考著作,也是至今研究湖北、四川木本植物的重要参考资料。

### (四) 间接促进中国植物学科的建立和发展

威尔逊在华植物采集活动为西方国家带来了巨大的经济效益和科研效益,西方植物学家利用中国植物资源进行杂交育种试验,培育出大量的植物新品种,这些植物在欧美国家苗圃业和园林应用中地位极高;英美植物学家对中国

---

① 余树勋. 中国,园林的母亲 [J]. 植物杂志, 1981 (5): 32-33.

植物资源进行了一系列基础研究，极大促进了植物分类学、栽培植物学等学科的发展。西方国家植物学研究水平的迅速提高，为近代中国植物学科的建立提供了一定的基础，早期在欧美国家留学的中国知识分子，从西方国家图书资料中掌握了中国植物资源分布情况，面对自己国家大量的植物资源流失到海外的状况，具有爱国精神的先进知识分子受到了极大刺激，为了维护祖国的尊严，他们开始在植物学领域刻苦钻研，从而奠定了中国植物学科的研究基础。例如：1930 年 8 月，中国植物分类学家秦仁昌在英国邱园拍摄了约 13 000 张中国植物标本照片，在欧洲其他植物园又拍摄了约 5 000 张标本照片，这些资料后来极大缩短了中国植物分类学研究进程，为编写《中国植物志》提供了价值极高的参考资料。

# 第四章 约瑟夫·洛克在华作物采集活动

奥地利裔美籍植物猎人约瑟夫·洛克出生在经济困难的家庭,他的童年生活充满痛苦,中学毕业后就开始外出谋生;由于天资聪颖并具有极高的语言天赋,洛克在美国夏威夷成功应聘植物学教师,开启了植物猎人的漫长人生道路。20世纪20年代,他替代已故植物猎人迈耶,在中国开展植物采集活动;由于幼年家境贫寒和特殊的工作环境使得洛克的性格极为复杂多变,这注定了他在中国的工作和生活漂泊不定,也使其后半生从事的工作发生大幅度变化。

## 第一节 洛克的生平背景

### 一、家庭出身和青少年时期生活经历

1884年1月13日,约瑟夫·洛克(Joseph F. Rock,以下简称洛克)出生在奥地利维也纳,原名约瑟夫·弗朗茨·卡尔(Joseph Franz Karl),移民美国后改名Joseph Francis Charles Rock(约瑟夫·弗朗西斯·查尔斯·洛克)。洛克自幼家境贫寒,童年生活充满了痛苦,6岁时母亲因病离世,他与唯一的姐姐感情并不融洽;由于天资聪颖,洛克在青少年时期就开始自学匈牙利语、阿拉伯语等多种语言,13岁时自学中文;洛克经常沉浸在自己构建的虚幻探险世界中,以傲慢的天性反击班级同学的讥讽;在学校读书期间,他与同学之间

的关系并不和谐，老师们也不太喜欢洛克①。

1902年，洛克高中毕业后离开维也纳，一个人前往欧洲和北非各国漫游，努力实现自己童年的环球探险梦想。1905年9月，他到达美国纽约，在努力打工维持生活的同时刻苦学习英语；但不幸感染肺结核疾病，洛克不得不辗转前往气候温暖的城市治病和打工。1907年10月，洛克到达夏威夷檀香山，由于能够流利地使用匈牙利语、阿拉伯语、意大利语、德语、法语、英语、拉丁语、希腊语以及汉语进行沟通交流，他在一所学校谋取到一份教职，洛克的语言能力确实是其他人难以比拟的。

## 二、从事植物采集工作的漂泊人生

1908年10月，洛克在夏威夷林业部应聘了一个从事植物采集的工作岗位，主要负责采集夏威夷各岛屿的稀有树种和灌木样本，由此开启了他一生的植物采集生涯。1911年，洛克在夏威夷学院（今夏威夷大学）应聘了一份教职，讲授植物学和中文等课程②；在此任教的10年期间，他出版了三部很有学术影响的植物学专著，其中《夏威夷岛上的土生树木》成为这所大学植物学专业必读书目。1913年，洛克申请加入美国国籍。1920年5月，他成功应聘美国农业部植物猎人；同年秋季，被派遣到亚洲采集大风子树种（*Hydnocarpus*）。

1922—1949年，洛克接受美国农业部、美国国家地理学会、哈佛大学阿诺德树木园等多家机构的资助和派遣，率领多支考察队在中国西部地区开展植物学考察，圆满地完成了委托机构的工作任务。在中国工作期间，洛克对西南地区的纳西文化产生了浓厚的兴趣，开始逐渐转向对纳西语言和纳西文化的深入研究，并取得了非常重大的成就。

1930年5月，洛克荣获美国得克萨斯州贝勒大学荣誉博士学位。1944—

---

① 斯蒂芬妮·萨顿. 苦行孤旅：约瑟夫·F. 洛克传［M］. 李若虹译. 上海：上海辞书出版社，2013：34.

② 根据萨顿考证：1911—1920年夏威夷学院并未开设中文课程，有可能是洛克个人给学生讲授过中文课程。

1945年，他被聘为第二次世界大战期间美国军队军用地图部门特约顾问、研究分析员，协助美国空军开辟飞跃珠穆朗玛峰的"驼峰"航线。1945—1949年，洛克被美国哈佛燕京学社聘为研究员，前往中国云南丽江地区开展纳西学研究。1949年8月，中华人民共和国成立前夕，洛克被迫离开中国云南，再次中断在中国的纳西文化研究，从此再也没有机会返回中国。20世纪50年代，洛克在美国夏威夷从事纳西语大辞典编撰工作。1962年12月5日，洛克因突发心脏病在美国夏威夷逝世，结束了漂泊不定的人生。

## 第二节 洛克在华采集活动的主要过程和代表性成果

### 一、中国云南玉龙雪山之行

1922年2月，洛克接受美国农业部委托，率领考察队从暹罗（今泰国）前往中国云南边境地区；他们一行取道思茅、普洱、景东、蒙化（今巍山），历经艰苦的长途跋涉，4月中旬抵达云南大理，5月上旬到达目的地丽江。洛克以丽江的雪嵩村为大本营，组织考察队多次前往丽江的山区开展植物采集活动，采集到大量的有价值树种样本，制作了数量惊人的植物标本，拍摄了数量可观的云南人文景观照片。9月，洛克在瑞丽河谷腾越（今腾冲）地区开展考察活动，并越过边境进入缅甸寻找抗枯萎病的栗树种子，直到年底才返回丽江大本营。

1923年2月，洛克在美国国家地理学会的资助下，继续在华开展植物采集活动，他率领考察队主要在腾越地区进行采集工作。1924年1月，洛克前往木里①地区进行植物考察；3月，他从丽江启程，取道上海、北京、火奴鲁鲁（檀香山）返回华盛顿，结束了中国云南玉龙雪山之行。

### 二、中国西部青海、甘肃之行

1924年，洛克回到美国后主动与哈佛大学阿诺德树木园主任查尔斯·萨

---

① 木里位于四川省，距离丽江大约160千米，现在是四川凉山彝族自治州的一个藏族自治县。

金特（Charles S. Sargent）教授沟通。阿诺德树木园创建于1872年，长期由萨金特教授进行管理，该树木园正在计划大规模采集引种中国的观赏植物；但萨金特教授当时正在烦恼中，树木园的首席植物猎人威尔逊在中国工作期间意外受伤，腿部落下严重残疾，再也不能进行长途跋涉，更不可能到偏远山区进行植物采集工作，严重影响了阿诺德树木园的海外采集计划，迫使多个育种栽培项目搁浅，萨金特教授的当务之急是寻找替代威尔逊的合适人选；洛克的到来仿佛使萨金特看到了一丝希望，双方经过多次协商达成合作协议，阿诺德树木园资助洛克前往中国青海阿尼玛卿山，在那里开展为期3年的植物考察活动；阿诺德树木园的关注重点是经济树种，因此，洛克此行的主要任务是寻找灌木和针叶树种。

1924年9月，洛克从波士顿启程取道旧金山，搭乘"S·S·皇后"号客轮前往中国上海，然后绕道香港和越南海防，11月中旬抵达云南昆明。12月，他在昆明为阿尼玛卿山的考察活动做好充分准备后正式启程出发，途径云南东川、江底、昭通以及四川叙府（今宜宾），到达四川成都。1925年3月，洛克继续向阿尼玛卿山进发，途经绵州（今绵阳）、碧口①、阶州、岷州；4月，他到达了第一个目的地，即甘肃西南部卓尼。1925—1928年，正值中国军阀混战时期，西北边疆地区的回藏民族冲突异常激烈，但洛克凭借出色的外交才能，与卓尼土司保持着非常友好的关系，从而为他的植物采集活动提供了大量的便利条件。1925年夏季开始，洛克先后3次前往岷山、阿尼玛卿山的河谷地区开展考察，采集到一批珍贵的植物标本。但鉴于卓尼地区回藏民族冲突日趋激烈，洛克改变了原定的植物采集计划，前往迭部（岷山）河谷和南山②地区进行植物采集活动。

1925年8月，洛克从云南卓尼出发，途经兰州、西宁等地向青海湖和南山进发；9—10月，考察队在青海湖、祁连山东麓进行采集活动，但比较遗憾的是此行收获甚少，在甘州（今张掖）和祁连山北麓的采集成果也不太多。

---

① 今武都和文县一带。
② 指广义祁连山，包括甘肃西部与青海东北部山地，因位于河西走廊南部所以被称为"南山"。

10月末，洛克取道西宁、夏河等地返回卓尼，并在此地越冬休整；直到次年4月末，除了偶尔去洮州（今临潭）和迭部（岷山）地区进行考察外，基本上没有采集到有价值的植物样本。

1926年4月末，洛克启程前往拉卜楞寺①，取道拉加抵达阿尼玛卿山；但这次考察活动除了采集到一些高山草本外，在植物学意义上没有任何重要收获。1927年，阿诺德树木园主任萨金特教授病逝，新负责人威尔逊（Ernest H. Wilson）出于考察经费不足等原因，取消了对海外所有植物考察项目的经济资助，并要求洛克立刻返回美国。3月，洛克从卓尼启程，途经迭部（岷山）河谷、四川松潘、成都、重庆、上海，搭乘海船返回美国。

### 三、中国西南部的川滇之行

1927年11月，洛克在美国国家地理学会资助下，再次来华开展植物考察工作，这次的采集工作时间持续了近2年；但遗憾的是，洛克没有机会重返甘肃地区进行采集，大部分时间是在四川西南部、云南西北部度过的，他的研究兴趣也开始转向云南纳西语言和纳西文化研究。

1928年3月，洛克度过4个月的漫长冬季后，从云南昆明启程前往丽江，途经楚雄、大理，到达自己定居的雪嵩村②。5月，洛克再次前往木里③地区，4年前他曾来过此地，这个地方自然环境极其恶劣，除里塘河的河谷地区适宜种植谷物外，大多数土地都不适合农耕，但森林和金矿资源极其丰富。此外，他还多次前往永宁④地区，并在那里生活了很长一段时间，该地区多为山地，但有几个河谷可以种植玉米、荞麦、大麦等作物。1928年4月至1929年8月，洛克多次前往木里西北部的贡嘎山区进行植物采集活动，采集成果也颇丰，其中包括30 000件植物标本、317种植物种子、1 703件鸟类标本以及900张彩色照片、1 800张黑白照片。

---

① 拉卜楞寺位于甘肃甘南藏族自治州夏河县。
② 雪嵩村也称玉湖村，位于玉龙雪山脚下，距离丽江10千米路程。
③ 木里位于四川省西南边缘地区。
④ 永宁位于云南西北部，长江湾北边，处于丽江和木里中间。

## 四、洛克在华作物采集的代表性成果

洛克在云南、四川等地共采集到 60 000 件植物标本、1 600 多件鸟类标本以及 60 件哺乳动物标本；主要采集经济价值较高树种，考察过程中也采集到一批作物样本，这些作物品种主要来自云南地区，具体情况如下（表4-1）。

表4-1 1922—1924年洛克采集中国作物统计表

| 时间 | 采集地点 | 作物品种 | 样本数量 | 采集编号（S. P. I. No.） |
| --- | --- | --- | --- | --- |
| 1922 | 云南 | 苹果 | 13 | 55817；55889；55990；56092；56094-095；56097-098；56135；56321-323；56325 |
| 1922 | 云南 | 梨 | 22 | 55497；55550；56003；56005；55998；56000；56004；56101；56111；56122-123；56137-138；56142-143；56151；56277-278；56280；56340；56343-344；56347；56491 |
| 1922 | 大理 | 山楂 | 1 | 55988 |
| 1922 | 大理 | 木瓜 | 1 | 55985 |
| 1922 | 普洱、丽江 | 桃 | 9 | 55775-776；55885-888；55927-929 |
| 1922 | 普洱、丽江 | 李 | 13 | 55759-761；55783-784；55818-819；55822-824；55901；55941；56121 |
| 1922 | 丽江 | 杏 | 1 | 55729 |
| 1922 | 丽江 | 樱桃 | 13 | 55720；55781；55757-761；55782-784；55822-823；55940 |
| 1922 | 丽江 | 野葡萄 | 1 | 55953 |
| 1922 | 云南 | 核桃 | 2 | 55989；56091 |
| 1922 | 云南 | 栗子 | 23 | 55984；56080-082；56119；56128；56677；56130；56768；56777；56472；56296-297；56300；56489 |
| 1922 | 丽江 | 榛子 | 3 | 55987；56086；56490 |
| 1922 | 云南 | 柿子 | 6 | 56090；56132-134；56308-309 |
| 1922 | 云南 | 枣 | 3 | 56127；56493；56634 |
| 1922 | 丽江 | 越橘 | 1 | 56378 |
| 1922 | 丽江 | 百合 | 10 | 55609-610；55730；55751-752；55756；55770；55778-780 |

(续表)

| 时间 | 采集地点 | 作物品种 | 样本数量 | 采集编号（S. P. I. No.） |
| --- | --- | --- | --- | --- |
| 1922 | 普洱 | 糯稻 | 1 | 55731 |
| 1922 | 云南 | 甘蔗 | 1 | 55501 |
| 1923 | 云南 | 板栗 | 1 | 58394 |
| 1923 | 丽江 | 野樱桃 | 3 | 56335；58832；58833 |
| 1923 | 丽江 | 梨 | 2 | 58834-835 |
| 1922-1923 | 云南 | 滇池海棠 | 2 | 56321；58828 |
| 1923 | 腾冲 | 水萝卜 | 1 | 56602 |
| 1923 | 腾冲 | 白菜 | 3 | 56597-599 |
| 1923 | 腾冲 | 莴苣 | 1 | 56601 |
| 1923 | 腾冲 | 菠菜 | 1 | 56603 |
| 1923 | 腾冲 | 洋葱 | 1 | 56596 |
| 1924 | 云南 | 大麦 | 2 | 60204-205 |

资料来源：U. S. D. A, *Bulletin of Foreign Plant Introductions*, *New Plant Immigrants*, No. 190-219.

1922年，洛克在云南各地采集到 13 个苹果树插条或果实样本[①]，S. P. I. No. 55817 来自丽江，果树高 40 英尺，属于半野生半栽培品种，深红色果实略带一些黄色，果肉结实，口感酸甜，果肉可以制作成美味的亮红色果酱；S. P. I. No. 55889 来自丽江的一棵生长旺盛的大苹果树，半野生品种，果实具有极强的观赏性，呈明亮的深红色，果肉口感酸甜，可用于制作上等果酱和果冻；S. P. I. No. 55990 属于野生品种，树高 20 英尺，坚硬的分枝呈伸展状，在大理府以北的峡谷中采集到的，果实比豌豆大一些，光滑的表面仿佛涂过漆一样，一侧呈亮红色，另外一侧呈黄色；S. P. I. No. 56092 来自一棵很大的苹果树[②]，有巨大的树冠和上升的树枝，在大理府以西的太平堡采集到的，果树生长在海拔 8 200 英尺，黄绿色果实，气味芳香，口感微酸；

---

[①] U. S. D. A, *Bulletin of Foreign Plant Introductions*, *New Plant Immigrants*, No. 200. pp. 1828-1829. Dec., 1922.

[②] U. S. D. A, *Bulletin of Foreign Plant Introductions*, *New Plant Immigrants*, No. 202. pp. 1853-1854. Feb., 1923.

S. P. I. No. 56094 来自一棵 30 英尺高的苹果树，主树干直径 2~2.5 英尺，树枝笔直上升，生长在海拔 8 000 英尺红色黏性土壤中，椭圆形叶子，深绿色叶面、苍白色叶底，黄色的果实略带亮红色，果肉结实，气味芳香，口感有些酸，果树高产、耐寒，没有任何被疾病侵袭迹象，这个海拔高度除了耐寒的云南松外已经没有其他植物能够生长；S. P. I. No. 56095 来自一棵特殊的苹果树，伸展下垂的长枝条就像柳树一样，生长在海拔 8 300 英尺的河道旁，椭圆形小果实不超过 1 英寸，果皮呈暗胭脂红色，果肉多汁、口感酸；S. P. I. No. 56097 来自一棵耐寒的苹果树，15~20 英尺高，红色的花朵，黄红色的果实、直径 2 英寸；S. P. I. No. 56098 来自一棵 20 英尺高的野生苹果树，在海拔 8 000 英尺的山脊顶部找到的，果树长满了数千个枣红色带斑点的椭圆形果实，个头就像野生樱桃，从远处看可能会被误认为一棵樱桃树，果树生长在有板岩的黏性土壤中；S. P. I. No. 56135 来自一棵多枝的苹果树，树高 35~50 英尺，生长在海拔 6 700 英尺山区，叶子完全向下生长、呈矛尖形，叶面呈深绿色，叶底呈银白色，卵圆形黄绿色果实，直径 2.5 英寸，有芳香气味，口感又酸又硬；S. P. I. No. 56322 来自一棵 60~80 英尺高苹果树[1]，生长在海拔 12 000 英尺的丽江雪山上，深绿色叶子，叶面呈银色，果肉又酸又香，有大粒种子，椭圆形黄色果实，具有观赏性；S. P. I. No. 56323 来自一棵 35~40 英尺高苹果树，生长在海拔 10 000~11 000 英尺的丽江雪山上，绿色的果实略带红色，叶子纹理很重，叶底呈白色，果实丛生；S. P. I. No. 56325 来自一棵 15~20 英尺高苹果树，在海拔 8 000 英尺的山脊密林中采集到的，椭圆形叶子和花萼，红色叶脉叶柄，黄色的果实，果肉结实、口感微酸。

1922 年，洛克在云南各地采集到 22 个梨树插条样本，S.P. I. No. 55497、55550 来自大理府[2]，S. P. I. No. 55497 果实的个头像苹果，浅黄色果肉，果皮薄、结实、浅香橼色略带红色，在大理府对面的湖岸边采集到的；

---

[1] U. S. D. A, *Bulletin of Foreign Plant Introductions*, *New Plant Immigrants*, No. 204. p. 1875. Apr., 1923.

[2] U. S. D. A, *Bulletin of Foreign Plant Introductions*, *New Plant Immigrants*, No. 196. p. 1787. Aug., 1922.

S. P. I. No. 55550 属于棠梨品种，4—8 月成熟，果实呈椭圆形、赤褐色，口感酸甜，新鲜食用口感最佳，在距离大理府 10 英里的洱海湖畔找到的；S. P. I. No. 55998 来自一棵非常耐寒的梨树①，树高 15~20 英尺，采集地点位于拉什坝平原，距离丽江南部大约一天路程，生长在海拔 10 000 英尺，坚硬的树枝，圆锯齿状尖叶子，小果实呈椭圆形，黄色的果皮，口感差，当地人一般用作嫁接砧木，将距离地面 2 英尺高的树干切割下来，在上面发芽其他梨树，果树耐寒、抗干旱，也禁得起水淹；S. P. I. No. 56000 来自一棵 20 英尺高野生梨树，在丽江平原发现的，红色的叶脉叶柄，果实比弹珠还小、呈黄色、有斑点、口感酸，果实成熟后变成黑色、口感微甜，是一种非常好的嫁接砧木；S. P. I. No. 56003 来自一棵 40 英尺高野生梨树，在云南腾川西部山区干旱地带采集到的，距离大理府以北 2 天路程，生长在海拔 6 500~7 000 英尺，平伸的长树枝，果实比其他野生梨子大一些，果皮呈土黄色，果肉结实、奶黄色、多汁、口感微苦，这个品种十分罕见，洛克仅发现 2 棵这样的野生梨树。

  S. P. I. No. 56004 来自一棵 40 英尺高梨树，树枝向上蔓生，在黄泥土或亚黏土干旱地区采集到的，距离丽江以南 3 天路程，梨树品种非常稀有，洛克仅发现唯一的 1 棵树，与其他野生梨树差别很大，属于长茎单生梨，果实比咖啡豆还小、呈椭圆状、表皮呈深红色、数量较少；S. P. I. No. 56005 来自一棵 15~20 英尺高野生梨树，在峡谷中采集到的，距离大理府以北 2 天路程，叶子两面呈鲜绿色，黄棕色果实比弹珠大一些、多汁、口感苦，中国人一般用作嫁接砧木；S. P. I. No. 56101 来自一棵 15 英尺高野生梨树，在一座寺庙后的陡峭山坡上采集到的，距离漾濞（今云南大理州漾濞彝族自治县）大约 6 英里（9.6 千米）②，果实比普通野生梨子大一些，果皮呈土黄色，果肉微酸，果树非常耐寒，完全没有被疾病侵袭迹象；S. P. I. No. 56111 来自一棵 30 英尺高野

---

① U. S. D. A, *Bulletin of Foreign Plant Introductions*, *New Plant Immigrants*, No. 201. p. 1843. Jan., 1923.

② U. S. D. A, *Bulletin of Foreign Plant Introductions*, *New Plant Immigrants*, No. 202. p. 1855. Feb., 1923.

生梨树，鞭子状的上升树枝，生长在海拔6 500英尺峡谷中，小果实呈黄褐色、多汁，具有极高的观赏性；S. P. I. No. 56122生长在海拔6 000~7 000英尺的黏土区域，树高25英尺，果实比大理府以北发现的品种大一些，当地人用作嫁接砧木；S. P. I. No. 56123来自一棵25~30英尺高的耐寒梨树，生长在漾濞附近海拔7 000英尺的硬黏土中，果实呈黄褐色、个头像小弹球。

S. P. I. No. 56137来自普洱府附近山区的野生梨树，生长在海拔6 000英尺，棕色的果实呈球状，果皮有斑点，口感甜，种子是常驻普洱府传教士克莱拉·彼得森（Clara Petersen）女士邮寄给洛克的；S. P. I. No. 56138是在距离普洱府半天路程的山区采集到的，果实大，果肉多汁，果核中仅有1~2颗种子，也是传教士克莱拉·彼得森邮寄来的；S. P. I. No. 56142来自一棵20~30英尺高野生梨树，主枝干很长、呈上升状，在孟连附近找到的，距离腾越镇以南一天半路程，宽心形叶子，果实呈球状、黄红色、有斑点，该品种与滇南川梨有植物亲缘关系；S. P. I. No. 56143来自一棵35英尺高野生梨树，树干结实，树皮呈黑棕色，在通往山脊的砂土壤中发现的，距离腾越镇4天路程，生长在海拔7 000英尺山区，叶子呈青铜色或红色、椭圆形、顶端尖状、底部急尖，果实丛生、呈球状、黄红色、带斑点、直径1英寸左右。

S. P. I. No. 56151来自一棵30英尺高梨树①，长树枝伸展状，在海拔5 400英尺小平原砂壤土中采集到的，椭圆形大叶子、两端都是尖的，黄褐色球形果实，直径1英寸，采集地点非常寒冷，夜间滴水成冰；S.P.I.No.56277来自普洱府附近一棵野生大梨树，生长在海拔6 000英尺山区，果实比较大、成熟后直径3~4英寸；S. P. I. No. 56278来自一棵60~70英尺高耐寒大梨树，生长在腾越镇北部海拔7 000英尺山区，叶子大、椭圆形，果实呈红棕色、直径2.5英寸，口感苦；S. P. I. No. 56280来自一棵60英尺高的梨树，巨大的上升状树冠，在腾越镇北部海拔7 000英尺山区砂土橡树林中找到的，微红色大叶子呈广披针状，果实数量极多、呈青褐色、直径2.5英寸；S. P. I. No. 56340来自

---

① U. S. D. A, *Bulletin of Foreign Plant Introductions*, *New Plant Immigrants*, No. 203. p. 1866. Mar., 1923.

一棵35~40英尺高的漂亮梨树①，生长在海拔10 000英尺丽江雪山沿河道的斜坡石灰岩中，深绿色叶面，白色叶底，锯齿状叶子边缘尖锐锋利，红色的椭圆状小果实；S. P. I. No. 56343来自一棵40英尺高梨树，生长在海拔14 000英尺丽江雪山上，椭圆形大叶子、粗齿，暗绿色叶面，白色叶底，黄色球状小果实，伞状花序；S. P. I. No. 56344来自一棵30英尺高野生梨树，生长在海拔10 000英尺的丽江雪山上，光滑的大叶子、呈深绿色，果实直径2.5英寸、有黄褐色圆点；S. P. I. No. 56347来自一棵30~40英尺高野生梨树，距离丽江以南2天路程，小叶子呈椭圆形、有斑点，黄褐色果实呈小圆球状，梨树可以用作嫁接砧木；S. P. I. No. 56491来自普洱府附近山区，浓密的圆形树冠，大量的白色花朵，果实在树上可以保持很长时间不掉落，成熟后变成黑色、口感甜，在滇南地区这种梨树被用作种植梨树的嫁接砧木，是通过普洱府传教士克莱拉·彼得森获得的。

1922年，洛克在云南大理府采集到1个山楂树插条样本②，果树6~8英尺高，用纤维绳捆扎带有果实的细枝，这种小果实山楂一般9月成熟，种子很大，果肉酸，果实可以像大枣一样制成蜜饯。1个木瓜样本③，果树种植在大理府周围，树高50~80英尺，树干很粗，果实气味芳香，果皮呈鲜黄色略带一些暗红色，黄色果肉十分结实。在云南采集到9个桃树插条样本④，S. P. I. No. 55775来自云南普洱府附近一棵40英尺高桃树，果实小、果肉多汁、口感好、具有类似草莓的味道，属于离核桃品种，果皮呈草莓红色；S. P. I. No. 55776来自云南普洱府附近海拔5 000英尺山区的一棵野生大桃树，距离普洱府8英里，果实大、离核，果肉多汁，口感好；S. P. I. No. 55885来

---

① U. S. D. A, *Bulletin of Foreign Plant Introductions*, *New Plant Immigrants*, No. 204. p. 1877. Apr., 1923.
② U. S. D. A, *Bulletin of Foreign Plant Introductions*, *New Plant Immigrants*, No. 201. p. 1840. Jan., 1923.
③ U. S. D. A, *Bulletin of Foreign Plant Introductions*, *New Plant Immigrants*, No. 201. p. 1839. Jan., 1923.
④ U. S. D. A, *Bulletin of Foreign Plant Introductions*, *New Plant Immigrants*, No. 199. p. 1813. Nov., 1922.

自普洱府附近海拔5 000英尺山区①，果皮呈红色，黏核果实，果肉多汁、具有浓郁的口感、与樱桃肉类似；S. P. I. No.55886来自普洱府附近海拔5 500英尺山区一棵50英尺高桃树，果皮呈黄色略带红色，黏核，个头特别大，果肉呈黄色、多汁、口感好；S. P. I. No.55887来自丽江雪山海拔8 500英尺一棵大桃树，果实大、直径2.5英寸，果皮呈红色或黄色，果肉结实、雪白、无特殊口感，或许是很好的嫁接砧木；S. P. I. No. 55888来自普洱府山区一棵40~50英尺高野生桃树，黏核果实，个头类似小苹果，果皮纯白色，果肉雪白、多汁、像樱桃肉；S. P. I. No.55927来自漾濞附近一棵半野生桃树②，距离大理府2天路程，树干粗壮，果实呈红色或绿色、个头大、直径4英寸、离核，果肉结实、白色、口感甜，靠近果核的果肉变成红色；S. P. I. No.55928来自漾濞一座寺庙附近的半野生桃树，果实直径1.5~2英寸、黏核，果肉多汁、口感甜；S. P. I. No.55929是洛克见过的最大桃树之一，生长在丽江峡谷，尖形果实、直径3.5~4英寸、黏核，果肉呈白色、肉质结实、口感极好。

1922年，洛克在云南普洱、丽江等地采集到13个李子树插条样本，S. P. I. No.55759来自一棵40~50英尺高李子树③，生长在海拔5 000英尺或者更高的山区，黄色小果实类似橄榄，果肉少、口感好，由于未遭疾病侵袭和高产特性适合作嫁接砧木；S. P. I. No. 55760来自海拔5 000英尺山区，适合作果树嫁接砧木；S. P. I. No. 55761来自一棵30~35英尺高李子树，黄色的果实比橄榄大一些，口感又酸又硬，适合作嫁接砧木；S. P. I. No. 55783来自普洱府附近一棵生长旺盛的野生李子树④，果实呈亮黄色、果肉多汁，口感甜，个

---

① U. S. D. A, *Bulletin of Foreign Plant Introductions*, *New Plant Immigrants*, No. 200. p. 1827. Dec., 1922.

② U. S. D. A, *Bulletin of Foreign Plant Introductions*, *New Plant Immigrants*, No. 201. p. 1839. Jan., 1923.

③ U. S. D. A, *Bulletin of Foreign Plant Introductions*, *New Plant Immigrants*, No. 199. p. 1817. Nov., 1922.

④ U. S. D. A, *Bulletin of Foreign Plant Introductions*, *New Plant Immigrants*, No. 199. p. 1818. Nov., 1922.

头类似小苹果；S. P. I. No. 55784 来自一棵 35~40 英尺高李子树，果皮呈亮黄色，果实微苦、个头像小核桃；S. P. I. No. 55818 来自一棵 40 英尺高大李子树①，生长在海拔 5 000 英尺，采集地点距离普洱 15 千米，红色的果实，个头像核桃，果肉稀松、口感酸，是一种非常好的嫁接砧木；S. P. I. No. 55819 来自一棵 45 英尺高大李子树，生长在海拔 6 000 英尺，果实呈深红色，个头像大核桃，果肉硬，口感微酸清淡，果树未遭受任何疾病侵袭，可作为嫁接砧木；S. P. I. No. 55824 来自云南丽江一棵 35~40 英尺高耐寒半野生李子树，生长在海拔 8 500~9 000 英尺，果实呈亮红色、形状圆、个头像大核桃，黏核，黄色果肉，口感酸甜，可以制成果酱或果冻；S. P. I. No. 55901 来自云南丽江一棵 20~25 英尺高野生李子树，蔓延习性，在丽江平原东侧的石灰石土壤中采集到的，生长在海拔 10 500 英尺雪山的对面，果实圆，树身直径 1 英尺，柠檬黄色果实，果肉结实、不透明、口感酸，完全成熟后微甜，果树十分高产，在气候寒冷区域可以作为嫁接砧木；S. P. I. No. 55941 来自海拔 9 500~10 000 英尺丽江平原小溪边的野生李子树②，果树高 20 英尺，果实呈柠檬黄色、圆形、直径 1 英寸，果树生长在碱性土壤中，十分高产；S. P. I. No. 56121 来自一棵 20 英尺高野生李子树③，树冠伸展，生长在海拔 6 000 英尺山区，黄色球状小果实、黏核、直径 1 英寸，果肉又硬又酸。

  1922 年，洛克在云南丽江峡谷采集到 1 个杏树果核样本④，树高 45 英尺，生长在海拔 8 000~9 200 英尺，果树未被疾病感染，可以作为很好的嫁接砧木，深红色果实又小又酸、气味芳香，适合制作果酱，或者蒸煮后食用。在云南、四川等地采集到 13 个樱桃样本，S. P. I. No. 55720 来自云南丽江一棵 50

---

① U. S. D. A, *Bulletin of Foreign Plant Introductions*, *New Plant Immigrants*, No. 200. p. 1830. Dec., 1922.
② U. S. D. A, *Bulletin of Foreign Plant Introductions*, *New Plant Immigrants*, No. 201. p. 1842. Jan., 1923.
③ U. S. D. A, *Bulletin of Foreign Plant Introductions*, *New Plant Immigrants*, No. 202. p. 1855. Feb., 1923.
④ U. S. D. A, *Bulletin of Foreign Plant Introductions*, *New Plant Immigrants*, No. 198. p. 1808. Oct., 1922.

英尺高野生樱桃树①，树冠大面积伸展，树干直径 2 英尺，在海拔 8 500 英尺的树林中采集到的，大量的黄色小果实，是嫁接砧木的好树种；S. P. I. No. 55781 来自云南丽江毛樱桃树②，一种灌木樱桃，生长在云南与四川边界海拔 11 000 英尺灌木林中，距离丽江北部 5 天路程，树高 8~10 英尺，树身有灰色软毛，底部分枝形成圆形灌木，果树高产，7 月底结出果实，呈椭圆形、橘黄色、口感酸甜；S. P. I. No. 55757 来自云南丽江，小果实呈球状、深红色，生长在海拔 12 000 英尺的丽江雪山上，果树未遭受疾病侵袭；S. P. I. No. 55758 来自云南丽江一棵 35~40 英尺高樱桃树，生长在海拔 12 000 英尺丽江雪山草甸边缘的石灰岩中，深绿色叶子，橘红色果实呈椭圆形，口感酸，鸟类喜欢食用，人们很难采集到它的成熟果实；S. P. I. No. 55782 来自四川一棵 35~40 英尺高樱桃树，伸展性很好，在海拔 12 000 英尺山区采集到的，椭圆形的红色小果实，种子很小，果树可以作为嫁接砧木；S. P. I. No. 55822 来自云南丽江一棵 35~40 英尺高樱桃树③，生长在海拔 10 000 英尺山区的石灰岩中，叶子光滑、类似皮革，白色的总状花序，深红色豌豆大小的光滑果实；S. P. I. No. 55823 来自云南丽江，生长在海拔 10 000 英尺丽江雪山石灰岩中，奶油色花朵，长而下垂的总状花序，黄绿色小果实，成熟果实口感酸；S. P. I. No. 55940 来自云南一棵 25~30 英尺高樱桃树④，树干直径 8~10 英寸，在海拔 12 000 英尺石灰岩中采集到的，蓝绿色软树叶，果柄长，亮红色长圆形果实，成熟较晚，9 月才从叶腋中逐个长出来，果肉呈亮红色、多汁、口感苦、不软不硬，果核小，果树可以在碱性土壤种植区作为嫁接砧木。

---

① U. S. D. A, *Bulletin of Foreign Plant Introductions*, *New Plant Immigrants*, No. 197. p. 1795. Sept., 1922.

② U. S. D. A, *Bulletin of Foreign Plant Introductions*, *New Plant Immigrants*, No. 199. p. 1817. Nov., 1922.

③ U. S. D. A, *Bulletin of Foreign Plant Introductions*, *New Plant Immigrants*, No. 200. p. 1830. Dec., 1922.

④ U. S. D. A, *Bulletin of Foreign Plant Introductions*, *New Plant Immigrants*, No. 201. p. 1842. Jan., 1923.

1922年，洛克在云南采集到1个耐寒的野生葡萄藤样本①，生长在海拔10 000英尺丽江雪山的北侧，在小溪边石灰岩中蔷薇覆盖的丛林地带采集到的，叶子小、厚、深裂，果树十分高产，果实小、呈暗紫色、比豌豆稍大一些，葡萄籽较大，总状花序3~4英寸长，口感甜、无酸味。在云南采集到2个核桃果实样本②，S. P. I. No. 55989来自云南漾濞一棵40~50英尺高野生核桃树，伸展的树冠接近100英尺，在海拔8 000英尺山区采集到的，果实大、薄壳，果肉甜；S. P. I. No. 56091是在海拔8 300英尺太平堡附近的山坡采集到的③，果树有巨大的树冠，果壳非常厚、很难敲碎，当地人收集果实用来榨油，这些坚果在外形上差别较大，有椭圆形、卵形、球形等，但所有品种的果实都是厚壳的。

1922年，洛克在云南采集到3个榛子树果实样本，S. P. I. No. 55987来自一棵60~80英尺高榛子树④，树身直径2~3英尺，果树生长在丽江雪山山脚下泉水附近的石灰岩中，榛子树非常漂亮，叶子和果实都很大；S. P. I. No. 56086来自一棵6~10英尺高榛子树⑤，叶子大、多茸毛，在海拔6 000英尺陡峭山坡的山脚下云母石中找到的，采集地点距离漾濞不远，果实又大又甜；S. P. I. No. 56490来自一棵50英尺高榛子树⑥，树身直径2~3英尺或者更多，在海拔10 000英尺丽江雪山石灰岩中采集到的，果实个头大。

1922年，洛克在云南各地采集到6个柿子树插条和果实样本，S. P. I.

---

① U. S. D. A, *Bulletin of Foreign Plant Introductions*, *New Plant Immigrants*, No. 201. p. 1846. Jan., 1923.

② U. S. D. A, *Bulletin of Foreign Plant Introductions*, *New Plant Immigrants*, No. 201. p. 1840. Jan., 1923.

③ U. S. D. A, *Bulletin of Foreign Plant Introductions*, *New Plant Immigrants*, No. 202. p. 1853. Feb., 1923.

④ U. S. D. A, *Bulletin of Foreign Plant Introductions*, *New Plant Immigrants*, No. 201. p. 1839. Jan., 1923.

⑤ U. S. D. A, *Bulletin of Foreign Plant Introductions*, *New Plant Immigrants*, No. 202. p. 1851. Feb., 1923.

⑥ U. S. D. A, *Bulletin of Foreign Plant Introductions*, *New Plant Immigrants*, No. 204. p. 1872. Apr., 1923.

No. 56090来自一棵35英尺高半野生柿子树①，树冠伸展，在云南永昌（今保山市）以东2天路程的山坡上采集到的，果实个头如网球大小、呈橘黄色，口感甜美；S. P. I. No. 56132来自云南普洱府一棵60英尺高大柿子树，巨大的伸展树冠，传教士克莱拉·彼得森（Clara Petersen）附加描述："这颗柿子树的果实很小，但口感甜，是一种非常好的遮阳树"；S. P. I. No. 56133来自一棵20~25英尺高野生柿子树，生长在海拔6 000英尺浓密树林中，大量的椭圆形黄色果实就像沙果一样，口感十分甜；S. P. I. No. 56134来自一棵35英尺高柿子树，有少量上升状树枝，在一座山脊上采集到的，采集地点距离腾越东南4天路程，生长在海拔7 000英尺山区，果实呈深黄色、椭圆形、非常柔软，对野生柿子品种来说个头算大的，直径2英寸，果肉极甜，内有大颗粒种子；S. P. I. No. 56308来自云南腾越一棵50英尺高大柿子树②，有伸展的巨大树冠，这种果树也是一种遮阳树，黄色的果实个头像樱桃；S. P. I. No. 56309来自一棵野生柿子树，生长在海拔8 400英尺丽江岸边的山坡上，黑色小果实、呈椭圆形。

1922年，洛克在云南采集到3个枣树果实样本，S. P. I. No. 56127来自一棵20英尺高耐寒野生枣树③，很大的伸展树冠，在漾濞附近山区的黄黏土中采集到的，生长在海拔6 500英尺，果实个头像小橄榄，果皮绿色略带红色，几乎没有果肉，主要是果皮和果核，种子个头较大、有角、棕色；S. P. I. No. 56493来自一棵30英尺高的漂亮枣树④，圆形伸展树冠，采集地点距离漾濞2天路程，生长在海拔7 500英尺，叶子大、椭圆形、呈细微锯齿状，整棵树结满了橄榄型枣子。

---

① U. S. D. A, *Bulletin of Foreign Plant Introductions*, *New Plant Immigrants*, No. 202. p. 1852. Feb., 1923.

② U. S. D. A, *Bulletin of Foreign Plant Introductions*, *New Plant Immigrants*, No. 204. p. 1873. Apr., 1923.

③ U. S. D. A, *Bulletin of Foreign Plant Introductions*, *New Plant Immigrants*, No. 202. p. 1857. Feb., 1923.

④ U. S. D. A, *Bulletin of Foreign Plant Introductions*, *New Plant Immigrants*, No. 204. p. 1882. Apr., 1923.

1922 年，洛克在云南丽江采集到 1 个越橘样本①，生长在海拔 10 000~11 000 英尺丽江雪山的松树林中，果树周围有 2~3 英尺高浓密灌木，黑色的小浆果。6—7 月，洛克在云南丽江采集到 10 个百合样本，6 月采集到 3 个品种②，S. P. I. No. 55609 属于四川百合，在海拔 10 000~11 000 英尺丽江雪山采集到的，3~4 英尺高，生长在小溪边石灰岩灌木植被中，茎顶端结出 2~3 朵花，颜色变化非常大，从橘黄色到红色或红棕色，花冠内部有紫色斑点；S. P. I. No. 55610 生长在松树和冷杉树间石灰岩碎块中，2~2.5 英尺高，在海拔 12 000 英尺或更高山区采集到的，绿色的花朵比四川百合小些，花朵内外都有深紫色斑点，裂片大多数是反折的，花被呈大水罐形状，属于稀有品种；S. P. I. No. 55730 属于四川百合，大约 4 英尺高，生长在海拔 11 000 英尺山区，直线矛尖形叶子，浓黄色大花朵，带有一些深紫色斑点。7 月采集到 7 个品种③，S. P. I. No. 55751 是一种长得很高百合品种，略带紫色白花，2~3 个花瓣，在山坡上采集到的；S. P. I. No. 55752 属于稀有品种，粉色花朵略带紫色斑点，生长在海拔 12 000 英尺山区；S. P. I. No. 55756 是一种美丽的稀有百合，椭圆形厚互生叶与众不同，单一顶生花，深粉色反折花瓣，略带深紫色斑点，生长在海拔 12 000 英尺丽江雪山松树林边缘，很可能是唯一的宝兴百合品种；S. P. I. No. 55770 是宝兴百合近缘品种，白色的总状花序，反折花瓣，零星点缀紫色；S. P. I. No. 55778 百合球茎，红色的茎身，深绿色叶子，黄红色花朵，在海拔 14 000 英尺丽江雪山西山坡上采集到的；S.P.I.No.55779 属于小百合品种，白色的单瓣花；S. P. I. No. 55780 属于红茎百合，草绿色叶子粗大丰满，黄绿色花朵略带紫色条纹，是在海拔 14 000 英尺丽江雪山的东山坡上发现的。

---

① U. S. D. A, *Bulletin of Foreign Plant Introductions*, *New Plant Immigrants*, No. 204. p. 1881. Apr., 1923.

② U. S. D. A, *Bulletin of Foreign Plant Introductions*, *New Plant Immigrants*, No. 198. p. 1805. Oct., 1922.

③ U. S. D. A, *Bulletin of Foreign Plant Introductions*, *New Plant Immigrants*, No. 199. p. 1815. Nov., 1922.

1922年，洛克在云南普洱采集到一种"棕糯米"样本①，稻米表面呈亮红色，属于当地农贸市场的上等稻作。在云南采集到1个甘蔗样本②，作物长得很高，果实外表呈浓黄色，果肉多汁、口感甜，生长在海拔5 000~6 000英尺或者更高干旱峡谷的斜坡上，云南中部地区大量种植，普洱府附近也有一定量的种植。

1922—1923年，洛克在云南采集到24个栗子果实样本③，S.P.I.No.55984在云南海东雪山峡谷采集到的④（图4-1），生长在海拔8 000英尺的大理湖东部，果实比漾濞附近山区的栗子要大一些，是美国栗子的两倍大小，口感极好，1922年9月采集到的，11月邮寄到美国华盛顿，与板栗或毛栗有亲本关系，是中国最有种植前景的栗子树品种之一，对枯萎病具有较强抵抗性，果实成熟较早，比较适合果园种植；S.P.I.No.56080来自海拔8 200英尺山区⑤，树高60~100英尺，树身直径4~5英尺，木质呈深棕色、非常硬，在大理府以西四天半路程的"白头堡"村采集到的，那里有大片浓密的栗树林，叶子大、宽卵形、粗锯齿状，叶面光滑，叶底呈银白色，芒刺从穗状花序中结出来，螺旋状脊上有绿色的厚短刺，与棘类板栗相似，坚果个头小、类似北美矮栗，口感香甜，本地农民将距离地面1英尺左右的树枝砍下来用作烧柴，树根能自由地长出截根苗，从老树桩上生出新枝，果树无任何疾病侵袭迹象，可用作建筑木材；S.P.I.No.56081、56119来自一棵50~60英尺高栗子树，树身直径1~2.5英尺，树枝呈伸展状，在距离"白头堡"6英里的黄黏土树林中采集到的，生长在海拔8 000~8 200英尺，深绿色叶子，犹如皮革一般，大量的芒刺

---

① U.S.D.A, *Bulletin of Foreign Plant Introductions*, *New Plant Immigrants*, No.198. p.1807. Oct., 1922.
② U.S.D.A, *Bulletin of Foreign Plant Introductions*, *New Plant Immigrants*, No.196. p.1788. Aug., 1922.
③ 24个样本中有16个标明采集编号，其他8个没有检索到采集编号。
④ U.S.D.A, *Bulletin of Foreign Plant Introductions*, *New Plant Immigrants*, No.201. p.1839. Jan., 1923.
⑤ U.S.D.A, *Bulletin of Foreign Plant Introductions*, *New Plant Immigrants*, No.202. p.1849. Feb., 1923.

从侧穗状花序中长出来，果实甘甜，果树十分健康，还有一些其他同类栗子树在苍山西坡上被发现，但已经被蠕虫侵袭，果实比普通板栗大，个头是美国板栗的 2/3，外形类似大芸豆；S.P.I.No.56082 来自一棵 50~60 英尺高栗子树，距离白头堡 6 英里山区采集到的，绿色的叶子像皮革，非常漂亮，芒刺小，体刺排列不规则、更短、更锋利，果实个头基本相同。

**图 4-1　中国云南海东雪山峡谷中的野生栗子树**

资料来源：U. S. D. A, *Bulletin of Foreign Plant Introductions*, *New Plant Immigrants*, No. 201. p. 1839.

　　S. P. I. No. 56128 来自一棵 70~80 英尺高栗子树，在海拔 6 500 英尺白色砂云母土壤中找到的，叶子呈矛尖形，浅黄褐色叶底，芒刺较小，果实呈亮黑色，果树未遭受任何疾病侵袭；S. P. I. No. 56130 属于小果实品种，与美国的北美矮栗相似，但没有尺寸和特性的相关信息，栗树籽苗叶长 3~4 英寸，叶面呈淡绿色，叶底呈银灰色，边缘光滑、顶端狭长并逐渐缩窄；S. P. I. No. 56296 来自一棵 70~80 英尺高板栗树，生长在海拔 10 000 英尺丽江雪山上，小果实、个头类似小橡子，口感甜；S. P. I. No. 56297 来自一棵 80 英尺高栗子树，是云南最好最大的锥栗品种之一，树身直径 2~3 英尺，在海拔

8 000英尺瑞丽江——怒江（the Shweli-Salwin）分水岭上找到的，是一种非常好的木材树种，无任何疾病迹象，棕色的小坚果，口感甜；S. P. I. No. 56300来自一棵60~80英尺高锥栗树，树身直径2~3英尺，在海拔7 000~8 000英尺腾越以北山区采集到的，椭圆形深绿色小叶子，芒刺直径1英寸，每个芒刺中有2~3个棕色软毛甜坚果，果实小、呈三角形或扁平状，口感较甜。

  S. P. I. No. 56472来自云南芒卡一棵50~60英尺高栗子树①，生长在海拔6 500英尺山区，叶子光滑、无毛、呈卵圆形、顶端附近呈锯齿状，芒刺直径1~1.5英寸，每个芒刺中有2~3个棕色多毛坚果；S. P. I. No. 56296来自一棵70~80英尺高锥栗树②，在海拔10 000英尺丽江雪山的斜坡上找到的，皮革般的厚叶子，叶底呈银色，坚果又小又甜；S. P. I. No. 56489来自一棵60~80英尺高漂亮的栗子树，树身直径2~3英尺，生长在海拔7 000英尺，距离腾越以北2天路程，在瑞丽江峡谷的橡胶树和松树林中采集到的，呈椭圆形、锯齿状的叶子，叶底呈银色，叶面呈深绿色，小芒刺，短厚体刺，叶腋刺突4~5英寸长，小坚果初期呈棕色，后期则变成黑色，口感甜，这种锥栗与板栗十分相似，主要区别在于花朵。

  S. P. I. No. 56677来自一棵60~100英尺高栗子树，树身直径4~5英尺，在怒江沿岸山脊上采集到的，叶子呈倒卵形，大约3英寸长，1.5英寸宽，底部尖削度突出，圆形叶尖、边缘粗糙、呈深波状，叶脉凸出，叶面光滑，叶底呈银白色，穗部有芒刺，果实小，类似北美矮栗，口感甘甜；S. P. I. No. 56768来自一棵80~100英尺高板栗树，树身直径3英尺，树皮光滑、浅黄褐色，向上伸展的分枝形成椭圆形外表，是本地最好的品种，在海拔6 000英尺山区采集到的，小果实与北美矮栗相似，籽苗阶段叶子与S. P. I. No. 56130相似，呈披针形状，3~5英寸长，1英寸左右宽，边缘光滑，底部呈明显的锐柱形，顶端狭长；S. P. I. No. 56777属于小果实板栗品种，三

---

  ① U. S. D. A, *Bulletin of Foreign Plant Introductions*, *New Plant Immigrants*, No. 203. p. 1861. Mar., 1923.

  ② U. S. D. A, *Bulletin of Foreign Plant Introductions*, *New Plant Immigrants*, No. 204. p. 1871. Apr., 1923.

角形果实，1922年11月采集到的，1923年1月邮寄到美国农业部，未附加栗树尺寸和特征的相关信息，籽苗的叶子比较小，1~1.5英寸长，叶面和叶底呈淡绿色，叶子呈披针状、边缘略微弯曲；S. P. I. No. 58394来自一棵50~70英尺高栗子树，半落叶板栗品种，树身直径4~6英尺，生长在海拔8 200英尺，果实类似中等个头的橡子，口感甜，是当地最好的耐寒木材树种之一，小籽苗生长旺盛，有希望培育出一批高品质栗子树。

在美国农业部《新作物引进公告》第216期，盖洛威（B. T. Galloway）总结了洛克在中国西南地区采集栗子的相关活动①："洛克在华采集工作的重点是获得有价值的新栗树种质，并将它们引种到美国。在云南考察活动中，他找到了大量的、令人关注的栗树品种，其中的大部分品种已经被成功地引种到美国，正在进行精心培育，它们将在美国定植。洛克采集到的板栗品种或锥栗品种（该品种与板栗有植物亲缘关系），似乎可能在美国南部栗树种植区域找到适宜的生长空间，也有可能种植在太平洋沿岸，尤其是寒冷潮湿地区，例如：加利福尼亚州北部尤里卡地区、密西西比州东北角、亚拉巴马州北部和佐治亚州约1/3范围的地区。栗疫病正在美国肆虐，逐渐逼近南方各州的栗树林，目前还不能过早判定洛克采集到的栗子树种质可以完全抵抗枯萎病，但我们希望如此，不管怎么样，这些品种现有的特性值得进行种植试验。现在可以供使用的试验标本极其有限，我们必须精打细算，以确保它们的定植和育种用途，但要确认新采集的栗树样本对枯萎病具有敏感性，这一工作或许需要多年的认真试验。

"1922年8月，洛克开始在华采集栗树种子，持续到12月，所有的采集样本都被仔细地包装，随后经过5周至两个半月的漫长海运，最终抵达美国；新采集的果树样本具有潜在的虫害危险，这些中国栗树样本到达美国后必须通过植物病理观察期，采集样本将经过严格的种植试验；洛克采集到的24个样本代表了6个品种，其中有4个板栗品种、2个锥栗品种，11个样本正在茁壮

---

① U. S. D. A, *Bulletin of Foreign Plant Introductions*, *New Plant Immigrants*, No. 216. pp. 1978 - 1981. July, 1924.

生长，除小籽苗阶段外，没有什么特殊优点。种植试验证明：洛克在1922年采集的栗树种子大多数未成功发芽，他将再进行一次补充采集，以便获得新的种质资源；1923年9月，洛克再次成功地采集到大量的锥栗果实。"

1923年，洛克在云南各地采集到3个樱桃样本①，S. P. I. No. 56335来自丽江雪山一棵35~40英尺高樱桃树，生长在丽江雪山通往长江的路边，果实呈球状、蓝绿色，处于下垂的丛生状态；另外2种樱桃树开红色的花朵，采集地点显示出它们十分耐寒②，适合种植在美国北部地区，可以经受住北达科他州的冬季考验；S. P. I. No. 58832来自海拔13 000英尺峡谷地带，树高15英尺，果实呈红色、卵形；S. P. I. No. 58833来自一棵4英尺高灌木樱桃树，生长在滇藏边界海拔13 000英尺，椭圆形锯齿状树叶，红色的花朵，卵形黑色果实。

1923年1月开始，在美国国家地理学会资助下，洛克再次来华进行采集活动。在云南采集到2个梨子样本③，这两个特殊品种的生物学鉴定至今仍未确定，但洛克认为作为嫁接砧木具有一定价值；这些梨树生长在海拔10 000英尺，现在还不能证明能否种植在美国北部地区，需要一段时间的种植试验；S. P. I. No. 58834来自一棵20英尺高梨树，在丽江雪山山脚的河床上采集到的，非常漂亮的果树，锯齿状大叶子，叶底有白色绒毛，白色的花朵，黄红色果实；S. P. I. No. 58835来自云南老君山一棵25英尺高梨树，叶底附着白毛，伞状花序，红色的果实，生长在海拔10 000英尺。

1922—1923年，洛克在云南采集到2个滇池海棠样本，S.P.I.No.56321来自一棵30~40英尺高海棠树④，生长在海拔10 000~12 000英尺丽江雪山河道

---

① U. S. D. A, *Bulletin of Foreign Plant Introductions*, *New Plant Immigrants*, No. 204. p. 1877. Apr., 1923.

② U. S. D. A, *Bulletin of Foreign Plant Introductions*, *New Plant Immigrants*, No. 217. p. 1988. Aug., 1924.

③ U. S. D. A, *Bulletin of Foreign Plant Introductions*, *New Plant Immigrants*, No. 217. p. 1988. Aug., 1924.

④ U. S. D. A, *Bulletin of Foreign Plant Introductions*, *New Plant Immigrants*, No. 204. p. 1875. Apr., 1923.

的石灰岩地带，叶子呈椭圆心形、粗齿边缘，叶底多绒毛，果实呈淡黄色或深红色、直径 1 英寸、大量丛生，是丽江雪山最漂亮的果树之一；S. P. I. No. 58828 来自云南干海子①，生长在海拔 11 000 英尺，树高 25 英尺，叶子多绒毛、宽大、椭圆形，叶面呈深绿色，叶底呈黄灰色，白色或玫瑰色花朵，黄红色果实大量丛生，果树来自相对暖冬区域，可能不会在卡罗来纳州以北的美国东部地区成功种植，但作为种植苹果树的嫁接砧木可以进行种植试验，尤其对温暖气候条件下苹果树育种或培育观赏性果树具有较高价值。

  1923 年，洛克在云南腾越采集到 1 个水萝卜样本②，又白又大，呈椭圆形，3 英尺长，5 英寸厚，食用方法与甘蓝相同。3 个白菜品种③，S. P. I. No. 56597 属于短胖生菜形品种，叶子紧密，叶面呈深绿色，叶底呈雪白色，4 英寸宽，深绿色延伸状叶片形成突出的白色叶脉，根部短而结实；S. P. I. No. 56598 属于椭圆形大白菜，叶子呈淡绿色，底部宽，中脉呈雪白色，菜叶多汁；S. P. I. No. 56599 属于绿色的白菜，叶子长度 2 英尺或者更多些，1 英尺宽，呈绿色，萝卜状绿色的无柄厚根。1 个莴苣样本④，直径 2 英寸，长度 2.5 英尺，当地人将其切成薄片煮食，叶子味苦被丢弃。1 个菠菜样本⑤，暗绿色叶子，大头羽状分裂，末梢与裂片尖锐，长叶脉、肉质茎，萝卜状根部，10 月或者更早些在田埂上播种，12 月果实成熟食用。1 个洋葱样本⑥，属于小葱品种，没有球茎。

---

 ① U. S. D. A, *Bulletin of Foreign Plant Introductions*, *New Plant Immigrants*, No. 217. p. 1985. Aug., 1924.

 ② U. S. D. A, *Bulletin of Foreign Plant Introductions*, *New Plant Immigrants*, No. 204. p. 1878. April, 1923.

 ③ U. S. D. A, *Bulletin of Foreign Plant Introductions*, *New Plant Immigrants*, No. 204. p. 1870. Apr., 1923.

 ④ U. S. D. A, *Bulletin of Foreign Plant Introductions*, *New Plant Immigrants*, No. 204. p. 1874. Apr., 1923.

 ⑤ U. S. D. A, *Bulletin of Foreign Plant Introductions*, *New Plant Immigrants*, No. 204. p. 1880. Apr., 1923.

 ⑥ U. S. D. A, *Bulletin of Foreign Plant Introductions*, *New Plant Immigrants*, No. 204. p. 1869. Apr., 1923.

1924年，洛克在云南①采集到2个大麦作物样本②，前者品质属于最高等级，麦粒大、纯白色；后者品质稍差一些，黑色麦粒，两种麦作都生长在海拔10 000英尺或者更高的藏东高原，适合种植在美国中西部高原地区。

## 第三节 洛克及其在华采集活动评析

### 一、关于洛克的个性品质评析

#### （一）阅历丰富，性格复杂多变

洛克拥有传奇式的人生经历，他对中国西南地区的文化与社会进行过深入细致地观察研究，尤其针对20世纪20—40年代中国封建军阀的内部争斗、日军大规模入侵中国和国共之间的政治斗争有自己独特的体验和观察视角。他个性独特，性情复杂，内心世界时刻充满矛盾，经常孤芳自赏，令人难以接近；但天赋极高，在植物学、人类学、民族文化史等多研究领域取得令人刮目相看的研究成果，被西方国家称为"纳西学之父"。

洛克的父亲是奥地利贵族世家波托茨基伯爵的仆人，由于家庭出身卑微，母亲在他年幼时过早离世，洛克青少年时期就形成内向、早熟性格；但他深受伯爵的影响，这位伯爵游历过欧洲、亚洲和北美洲，著有流传甚广的游历小说《萨拉格萨手稿》，还是19世纪研究斯拉夫人的民族学者③；少年时期的洛克向往游历世界各国，刻苦自学了包括汉语在内的10个国家语言；18岁成年后，洛克外出打工，依靠微薄的薪水来维持生活，甚至在餐馆洗过盘子，这也是他中年以后变得执拗、孤僻、自傲的主要原因；洛克凭借自己的语言天赋和

---

① 根据《苦行孤旅约瑟夫·F·洛克传》，（美）斯蒂芬妮·萨顿（S. B. Sutton）著、李若虹译，上海辞书出版社，2013年，第94-98页相关记载内容，作者推断这两种麦样本应该是在洛克从云南丽江取道永宁往返木里的路上采集到的。

② U.S.D.A, *Bulletin of Foreign Plant Introductions*, *New Plant Immigrants*, No. 219. p. 2006. Oct. 30, 1924.

③ 罗安平. 反思"拯救民族志"——以《国家地理》中约瑟夫·洛克的中国报道为例 [J]. 西南民族大学学报（人文社会科学版），2012（11）：23.

学术研究能力，在夏威夷学院（今夏威夷大学）应聘到一份教职，讲授拉丁语和自然史，不久之后开启了影响一生的植物猎人生涯。

### （二）爱慕虚荣，跻身上层社会

洛克的虚荣心极强，尽管没有机会接受太多正规教育，但他很喜欢被人尊称为"洛博士"。在西方学术圈和上层社会，拥有博士学位是学术地位、社会身份的象征，为此他谎称自己拥有维也纳大学博士学位，直至美国得克萨斯州贝勒大学授予他荣誉博士学位之后，他才真正实现了自己人生最大的愿望。1930年，洛克为了凸显自己的学术能力，声称发现了世界上最高的山峰——贡嘎山，而实际上这个主峰的海拔仅7 556米，幸好美国《国家地理杂志》对此事的宣传报道十分谨慎，经过再三确认核实，才避免闹出更大的笑话。

由于家庭出身卑微，洛克的性格具有双重性，尤其是种族主义倾向非常严重。一方面，在华工作和生活期间，他要求每个中国人都必须非常尊重他，例如：有一次，某位中国商人去拜访他，在问候之前就落座了，他直接把这个人扔出门外，并在个人日记中写道："我难以容忍鲁莽无礼的中国人"[①]；另一方面，洛克把身边的纳西仆人称为"自然之子""尊贵的野蛮人"，时刻体现出至高无上的白人优越感，对待纳西侍从颐指气使，在他的内心深处，自己就是尊贵的"王子"，纳西仆人对他的照顾天经地义。

### （三）毅力惊人，研究成果斐然

洛克没有经历过正规的高等教育，但对于学术研究却具有惊人的毅力和坚定的决心，无论野外考察植物品种还是研究纳西文化，他都能一丝不苟，从而使自己成为著名的植物学家和纳西文化研究专家。1924—1935年，洛克在美国《国家地理杂志》发表9篇文章，为西方读者带去了奇异的中国风土人情，这些内容正是美国人渴望看到的，包括《黄教喇嘛的领地》《卓尼喇嘛的生活》《通过亚洲大河谷》《贡嘎山的荣誉》《中国腹地土著纳西人的驱病魔仪式》《藏传佛教的神谕者》等；洛克在与杂志社往来的过程中，体现出极强的个性，他不接受编辑对其文章的任何微小修改，对稿酬、工作经费讨价还价，

---

① 迈克·爱德华兹, 白枫. 约瑟夫·洛克在中国（上）[J]. 对外大传播, 1998 (7): 29.

使得编辑们甚至用"刚愎自用"来形容他的为人；但不管怎么说，洛克提供的大量有关中国的素材具有极高的录用价值，他对各种事件的描述也表现出惊人的细致与严谨①。

为了在中国持续进行科学研究，洛克在筹措经费方面煞费苦心。他在东西方两个迥然不同的世界颠沛往来，时刻处于自己所编织的矛盾之中，每天面对经费短缺和未来生活无依无靠的窘境；但无论何时何处，他都非常讲究上流社会的生活方式，起居开销异常奢侈，甚至冒险动用有限的积蓄，晚年不得不变卖自己收藏的中国古董、藏书、纳西东巴经文以及墓碑拓片来维持生活，这就是洛克的科研资料散落在欧美多个学术机构或研究所的主要原因②。

### （四）处世老练，周旋于各种势力

洛克在中国极度复杂的社会关系中保持了中立的立场。他对中国社会的混乱状态和腐败政权嗤之以鼻，又深陷云南情结之中难以自拔，每次在丽江居住3~5个月，他就坐立不安、想方设法离开③，发誓永远不再回来，但又不断地返回云南，在东西方文明之间彷徨奔走。他骨子里非常瞧不起中国人，但仍然帮助丽江村民祛病除疾。抗战时期，云南永宁地区性疾病大规模流行，在阿云山土司请求下，洛克从美国购买了大量的盘尼西林，及时控制住蔓延疫情，这些善举赢得了当地人的好感和特殊帮助。洛克每到一个新区域，首先与当地重要人物搞好关系，永宁总管阿永善、木里喇嘛王项次称扎巴、卓尼土司杨积庆、四川大军阀杨森等人，似乎与他的关系都很好；但他从不真正与中国普通百姓交往，甚至缺少"基本的同情心"，更无意深入了解和研究普通中国人的内心想法。

此外，洛克也为世界反法西斯战争做出一定的贡献。他非常熟悉中国云南、四川两省以及泰国、缅甸的地形，第二次世界大战期间美国陆军地图部曾聘请他担任高级顾问，精确绘制这一区域的海拔高度图，为开辟"驼峰航线"

---

① 罗安平. 反思"拯救民族志"——以《国家地理》中约瑟夫·洛克的中国报道为例 [J]. 西南民族大学学报（人文社会科学版），2012（11）：23.
② 李若虹. 重识约瑟夫·洛克 [J]. 读书，2014（8）：75.
③ 李若虹. 重识约瑟夫·洛克 [J]. 读书，2014（8）：72.

起到了重要作用，为有效打击日本法西斯做出一定的贡献。洛克走遍中国的藏区边地，足迹所至区域可以说是植物学、民族学的处女地；在华工作最后一段时期，洛克的研究领域从植物学和鸟类学迅速转向边地人文地理和纳西族文化，这在同时代科学家或探险家中实属罕见。

## 二、关于洛克的科研活动评析

### （一）采集样本多，但缺少植物新品种

20世纪20—30年代，英国植物学家在云南地区大规模采集花卉和观赏性植物，美国农业部、阿诺德树木园以及国家地理学会不甘落后，纷纷雇用洛克前往中国大量采集杜鹃等珍稀花卉和其他观赏性树种。洛克在丽江玉龙雪山下的雪嵩村，长期设立收集点来获得各种植物样本，他非常希望快速出人头地，以发现大量植物新品种的方式一举成名；但他所到之处福雷斯特、福琼等英国植物猎人都已经到过，尽管洛克采集到60 000个植物样本送回美国，但其中的新品种极少。他为此煞费苦心，带着罗盘不停地寻找，不断地观察各种野生动植物，由于日常工作极其单调，经常使人感到沮丧，洛克患上了严重的精神忧郁症[①]，他每天不得不调整心情，利用各种方式驱除孤独感。

在洛克的采集成果中，也有部分成功种植或育种的植物品种，他在丽江附近采集到抗枯萎病极强的栗子树样本，及时挽救了美国的栗子树产业；他采集的经济林木样本和针叶类树种包括云杉、冷杉、铁杉、松树、桧树等，还有报春花、飞燕草、龙胆等珍稀品种；他采集的花卉品种经过育种栽培，已经在旧金山和东海岸地区盛开绽放[②]。

### （二）引进新品种，高度评价中国植物

洛克在华工作27年，这期间不但采集引种了中国木里杜鹃（*Rhododendron muliens*）、川藏绉叶报春（*Primula rockii*）、独花报春（*Omphalogramma* ssp.）等珍贵观赏花卉，而且还积极地向西方人介绍中国丰富的植物

---

① 迈克·爱德华兹, 白枫. 约瑟夫·洛克在中国（下）[J]. 对外大传播, 1998 (8): 21.
② 王勇. 挥之不去"彩云"情——记美国科学家约瑟夫·洛克 [J]. 科技潮, 1999 (11): 152.

资源。1924年，他到甘南迭部（岷山）考察时，对那里的观赏性植物留下极为深刻印象，在工作日记中写到："在我的一生中，从未见到如此绮丽的风景，假如《创世纪》作者到过迭部，那他一定会把亚当和夏娃出生地放在此地；这里有20~30米高苹果树，当然这里的苹果不会引诱夏娃；在迭部地区，我找到了种类繁多的绣球、荚蒾和槭树；在高耸的树丛中有栎树、苹果树、花楸树、泡花树以及长着庞大复叶的大栾树；有一棵棠梨树高达20米，直径2尺；有一种漂亮的五加灌木，拖着长度超过1尺的伞形大果穗，还有长着圆锥花序的各种檫木；在较平坦的地方有美丽的丁香、茶藨子、溲疏、山梅花和锦鸡儿；我发现了4种不同的桦树、椴树和桧树等，有的高达6米左右；此外，还有茉莉属植物、山楂树、黄叶树和从未见过的杜鹃、杨树、蔷薇、悬钩子、小檗等①。"他对中国花卉、灌木和观赏树种的评价非常高，但客观来说，洛克在华植物采集活动具有掠夺资源和科学研究双重性质，在对中国纳西文化的研究中，他也渗透着大量的民族歧视色彩。

### （三）钻研纳西学，学术成果璀璨夺目

洛克在华开展植物采集活动的过程中，逐渐对云南纳西文化产生浓厚兴趣，研究方向也从植物学、动物学研究转向民族学和人类学研究。20世纪30年代中期，洛克开始撰写关于纳西文化的专著；1945年完成《纳西族史稿》，同时还出版了数本关于东巴法事活动的书籍；1946年完成《中国西南古纳西王国》2卷本，次年由哈佛大学出版社正式发行。洛克在华工作期间，搜集整理了大量的纳西学研究资料；1944年，为了确保这些珍贵资料的安全，他通过海运方式把它们运往美国，但非常不幸的是搭载研究资料的船只被日本海军鱼雷击中，全部资料和即将完成的著作手稿沉入海底。

哈佛燕京学社斯格·伊利西弗所长对洛克的不幸遭遇非常同情②，决定帮助洛克出版《中国西南古纳西王国》2卷本，植物学家伊尔默·默里尔对洛克重返中国进行纳西学研究给予经费资助；1946年，已经62岁的洛克再次重返

---

① 罗桂环. 西方对"中国——园林之母"的认识[J]. 自然科学史研究, 2000 (1): 84.
② 和野王. 孤独雄狮洛克[J]. 西部广播电视, 2009 (10): 249.

云南丽江，重新开始翻译纳西象形文字经卷，继续完成《纳西—英语百科词典》编撰工作，这部著作历时30年，在洛克病逝次年，即1963年由意大利罗马出版社正式出版，第二卷在1972年由同一机构出版，这部著作是研究纳西文化、宗教、政治、语言的综合性学术巨著[①]。洛克对中国纳西文化和历史的研究凝聚了大半生的心血与智慧，对全人类文化做出巨大的贡献。

---

① 王勇. 挥之不去"彩云"情——记美国科学家约瑟夫·洛克 [J]. 科技潮, 1999 (11): 153.

# 第五章　其他外籍人士在华作物采集活动

除了前面已考证的三位植物猎人外，在华工作的美籍人士和欧洲传教士也纷纷参加作物采集活动。这个群体人员复杂、贡献程度差别很大，大多数欧美国家驻华工作人员对作物采集活动长期保持较高热情，无论他们出于何种动机参与此项活动，所产生的客观效果是比较可观的。以驻华传教士为主体的作物采集网络形成后，美国的作物采集活动得到一定程度的推进，直接弥补了植物猎人的某些工作缺憾。

## 第一节　传教士与来华美国专家的作物采集活动

鸦片战争结束后，中国被迫签订大量的不平等条约，一批口岸相继开放，西方传教士纷纷涌入中国传教或从事各种经济、政治、文化活动。美国农业部充分利用欧美驻华传教士庞大的传教网络，选择性聘用传教人员开展作物采集活动，为美国农业生产输送数量可观的作物种质资源。

### 一、普通传教士的代表性采集成果

20世纪初期，一些西方国家驻华传教士主动参与植物猎人的采集活动，尽管他们不是植物学家或作物育种专家，但提供的采集样本仍具有一定的利用价值，具体情况如下（表5-1）。

表 5-1　普通传教士代表性采集成果统计表

| 时间 | 采集地点 | 采集者 | 作物品种 | 样本数量 | 采集编号（S. P. I. No.） |
|---|---|---|---|---|---|
| 1908 | 宁远府 | R. Wittwood | 豆类 | 不详 | 不详 |
| 1908 | 香港 | S. T. Dunn | 金柑 | 不详 | 不详 |
| 1909 | 四川雅州 | H. J. Openshaw | 豆类 | 不详 | 不详 |
| 1909 | 山东、北京、直隶 | S. A. Beach | 苹果 | 3 | 25626-628 |
| 1909 | 天津 | Hamilton Butler | 山桃 | 1 | 26604 |
| 1909 | 浙江杭州 | J. H. Judson | 枣 | 1 | 26109 |
| 1909 | 湖北汉口 | A. Snyder | 柠檬 | 1 | 不详 |
| 1909 | 广州 | Leo Bergholz；Stuart J. Fuller | 水稻 | 2 | 25469；25937 |
| 1909 | 上海 | S. P. Barchet | 大豆 | 2 | 24839-840 |
| 1909 | 牛庄 | Fred D. Fischer | 大豆 | 10 | 25649-658 |
| 1909 | 浙江杭州 | W. S. Sweet | 芝麻 | 1 | 24855 |
| 1910 | 甘肃狄道 | D. P. Ekvall | 苜蓿 | 不详 | 不详 |
| 1910 | 天津 | Capt. Tsao | 山桃 | 1 | 27310 |
| 1910 | 四川雅州 | E. T. Sheed | 金柑 | 不详 | 不详 |
| 1910 | 浙江杭州 | John L. Stuart | 苎麻 | 1 | 26842 |
| 1911 | 福建厦门 | John M. Nixon | 葡萄柚 | 2 | 32397-398 |
| 1911 | 济南府 | J. S. Whitewright | 姜 | 1 | 29355 |
| 1911 | 直隶魏县 | A. H. Mateer | 姜 | 1 | 30483 |
| 1911 | 新疆 | Rassul Galwan | 苜蓿 | 不详 | 不详 |
| 1915 | 甘肃洮州 | C. F. Synder | 扁桃 | 2 | 41708-709 |
| 1916 | 上海 | F. J. Wiens | 豆薯 | 1 | 42567 |
| 1916 | 北京 | D. F. Higgins | 山楂 | 2 | 41952-953 |
| 1917 | 香港 | W. J. Tutcher | 梨 | 1 | 44333 |

（续表）

| 时间 | 采集地点 | 采集者 | 作物品种 | 样本数量 | 采集编号（S. P. I. No.） |
|---|---|---|---|---|---|
| 1917 | 浙江宁波 | L. C. Hylbert | 梨 | 2 | 44674–675 |
| 1917 | 秦岭地区 | John Berkin | 猕猴桃 | 1 | 45588 |
| 1918 | 浙江 | M. M. Loosley | 芋艿 | 1 | 45779 |
| 1919 | 上海 | F. J. White | 西葫芦 | 1 | 47378 |
| 1920 | 广东梅县 | J. H. Giffin | 芋艿 | 1 | 49020 |
| 1920 | 广东汕头 | A. H. Page | 柑橘 | 3 | 50967；56058–059 |
| 1922 | 直隶昌黎 | H. E. Harrison | 杏 | 1 | 17154 |
| 1922 | 哈尔滨 | B. W. Skvortzow | 毛樱桃 | 1 | 54757 |
| 1922 | 福建福州 | C. R. Kellogg | 韭菜 | 不详 | 不详 |
| 1923 | 湖北巴东 | A. S. Cooper | 柿子 | 1 | 57733 |
| 不详 | 保定府 | H. P. Perkins | 苹果 | 1 | 25701 |

资料来源：U.S.D.A, *Bulletin of Foreign Plant Introductions*, *New Plant Immigrants*, No. 1–211.

1908年，美国基督教北浸礼会传教士威特伍德（R. Wittwood）在四川宁远府（今西昌市）给美国农业部邮寄了一批豆类作物样本①；邓恩（S. T. Dunn）在香港给美国农业部邮寄了金柑树种子②，美国农业部柑橘专家施温高建议将这种果树作为柑橘树的新嫁接砧木。

1909年，哈里·奥本肖（Harry J. Openshaw）在四川雅州（今雅安）给美国农业部邮寄了多个豆类作物样本③。

---

① U.S.D.A, *Bulletin of Foreign Plant Introductions*, *New Plant Immigrants*, No. 2. p. 3. Sept. 20 to Oct. 1, 1908. 此时美国农业部尚未对海外采集的作物品种进行编号。

② U.S.D.A, *Bulletin of Foreign Plant Introductions*, *New Plant Immigrants*, No. 10. p. 5. Jan. 14 to 29, 1909.

③ U.S.D.A, *Bulletin of Foreign Plant Introductions*, *New Plant Immigrants*, No. 17. p. 5. May 20 to June 10, 1909.

美国农业部《新作物引进公告》第 51 期刊载了相关描述："农业部通讯员中最近经常联系的是奥本肖先生及其夫人，他们正在返回雅州的路上，在那里他们已经开展了 13 年的传教工作；在一次非常有趣的会见中，大家讨论起雅州土特产品，有人提到当地人加工干柿子的有趣方法，他们马上将这件事情与美国农业部戈赫（H. C. Gorge）先生采集柿子树工作和文森（Vinson）先生加工干枣椰工作联系起来。中国商业性柿子产品的加工方法如下：在室外平台或土床上均匀撒上一层石灰进行风化，然后放上足够多的稻草覆盖石灰，把绿色柿子摆在上面；但催熟速度和整个加工过程奥本肖先生及其夫人没有见过。另一种方法如下：在篮子中放一些绿柿子和粗梨，当地人认为梨子能去除柿子的苦味，然后将篮子放入贮藏室等待柿子完全成熟，粗梨一般不会彻底腐烂，用过的梨子作为变质梨会被扔掉。"[1]

1909 年，比奇（S. A. Beach）在山东、北京、保定等地采集到 3 个苹果样本[2]。汉密尔顿·布特勒（Hamilton Butler）在天津采集到 1 个山桃树插条样本[3]，迈耶曾在之前的采集活动中对该品种进行描述："这种果树对干旱、盐碱有很强的抵抗力，中国人一般把这种果树用作桃树、西梅树、灌木樱桃树和杏树的嫁接砧木。"贾德森（J. H. Judson）在浙江杭州采集到 1 个枣树样本[4]，并附加描述："我说不清楚这种植物是否已被命名，水果市场有 3 个品种，分别被称作红枣、黑枣、蜜枣。"斯奈德（A. Snyder）在湖北汉口采集到 1 个宜昌柠檬样本[5]，果实重达 20 盎司（566 克），口感较粗糙，1 个鲜柠檬果汁就

---

[1] U. S. D. A, *Bulletin of Foreign Plant Introductions*, *New Plant Immigrants*, No. 51. pp. 3-4. Nov. 1 to 15, 1910.

[2] U. S. D. A, *Bulletin of Foreign Plant Introductions*, *New Plant Immigrants*, No. 18. p. 3. June 11 to July 3, 1909.

[3] U. S. D. A, *Bulletin of Foreign Plant Introductions*, *New Plant Immigrants*, No. 27. p. 1. Jan. 16 to 31, 1910.

[4] U. S. D. A, *Bulletin of Foreign Plant Introductions*, *New Plant Immigrants*, No. 22. p. 10. Oct. 2 to Nov. 1, 1909.

[5] U. S. D. A, *Bulletin of Foreign Plant Introductions*, *New Plant Immigrants*, No. 26. p. 3. Jan. 1 to 15, 1910.

可以装四分之三平底杯。伯格霍尔兹（Leo Bergholz）[①]和富勒（Stuart J. Fuller）[②]在广州给美国农业部邮寄了2个稻作样本，附加描述："这些稻种是广东最好的品种，本地人将其称作'Szemiu'（音译'丝竹米'），意思是'品质最好大米'，中国政府坚决不允许这种稻米出口，即使少量的样本也不行。"巴切特（S. P. Barchet）在上海邮寄了2个大豆样本[③]，这是他三年之前采集的。费舍尔（Fred D. Fischer）在牛庄采集到10个大豆作物样本[④]。斯威特（W. S. Sweet）传教士提供了1个芝麻样本[⑤]，是在浙江杭州采集到的。

1910年，美国埃克瓦尔（D. P. Ekvall）传教士在甘肃狄道（今甘肃定西市临洮县）采集到1个苜蓿种子样本[⑥]，并请贝特霍尔德·劳费尔（Berthold Laufer）带回美国农业部。察奥上校（Capt. Tsao）在天津采集到1个山桃果实样本[⑦]，从一个农场附近的野生桃树上采集到的，这棵野生桃树被用于嫁接商业性核果类果树，桃树已经种植在美国加州印第奥[⑧]的一个枣园中。拉希德—华莱士（E. T. Sheed）在四川雅州给美国农业部邮寄了一批金柑树果实和插条样本[⑨]，附加描述："本地有3个橘子品种，1种是松皮橘，1种是紧皮橘，类似佛罗里达州、加利福尼亚州的柑橘品种；还有1种口感微苦，他喜欢这个品

---

[①] U. S. D. A, *Bulletin of Foreign Plant Introductions*, *New Plant Immigrants*, No. 16. p. 3. Apr 28 to May 19, 1909.

[②] U. S. D. A, *Bulletin of Foreign Plant Introductions*, *New Plant Immigrants*, No. 21. p. 5. Sept. 2 to Oct. 1, 1909.

[③] U. S. D. A, *Bulletin of Foreign Plant Introductions*, *New Plant Immigrants*, No. 13. p. 4. Mar 1 to 20, 1909.

[④] U. S. D. A, *Bulletin of Foreign Plant Introductions*, *New Plant Immigrants*, No. 18. p. 3. June 11 to July 3, 1909.

[⑤] U. S. D. A, *Bulletin of Foreign Plant Introductions*, *New Plant Immigrants*, No. 13. p. 2. Mar 1 to 20, 1909.

[⑥] U. S. D. A, *Bulletin of Foreign Plant Introductions*, *New Plant Immigrants*, No. 50. p. 2. Oct. 16 to 31, 1910.

[⑦] U. S. D. A, *Bulletin of Foreign Plant Introductions*, *New Plant Immigrants*, No. 34. p. 1. Apr. 1 to 15, 1910.

[⑧] 美国加利福尼亚州里弗赛德县一座小城。

[⑨] U. S. D. A, *Bulletin of Foreign Plant Introductions*, *New Plant Immigrants*, No. 41. p. 5. June 16 to 23, 1910.

种,果实个头中等、多汁、粗皮,仅在雅州附近生长。"斯图尔特(John L. Stuart)在浙江杭州采集到1个野生苎麻种子样本①,当地妇女将这种作物的纤维制成线绳或粗糙衣服,采集者认为没必要进行种植试验。

1911年,来自美国纽约的约翰·尼克松(John M. Nixon)在福建厦门给美国农业部邮寄了2个葡萄柚果实样本②,是一位传教士朋友赠送给他的,属于当地高档水果,有白色和粉色两个品种,果实大小、形状与普通柚子差不多,无苦味。山东广智院怀特莱特(J. S. Whitewright)在济南府采集到1个姜根样本③(图5-1),美国农业部采集该品种主要为了调查耐寒姜的种类,美国作物育种专家对其在美国北部地区进行种植抱有很大希望,是迄今为止最有可能采集引种的中国姜品种。

**图 5-1 中国济南府的姜地**

(1907年9月8日,弗兰克·迈耶拍摄)

资料来源:U. S. D. A, *Bulletin of Foreign Plant Introductions*, *New Plant Immigrants*, No. 110. p. 896.

---

① U. S. D. A, *Bulletin of Foreign Plant Introductions*, *New Plant Immigrants*, No. 32. p. 2. Mar. 16 to 23, 1910.

② U. S. D. A, *Bulletin of Foreign Plant Introductions*, *New Plant Immigrants*, No. 72. p. 517. Jan. 1 to 31, 1912.

③ U. S. D. A, *Bulletin of Foreign Plant Introductions*, *New Plant Immigrants*, No. 55. p. 4. Jan. 1 to 15, 1911.

1911年，马迪尔（A. H. Mateer）在直隶魏县（今河北邯郸附近）采集到1个白色的姜样本①。

在美国农业部第177期《新作物引进公告》中有相关描述②："这种白色的姜在马里兰州洛克维尔市亚罗作物试验站生长得非常好，充分表明该作物已经被成功种植；1919年5月31日，姜根被移植到开阔的冲击土田地中，10月末将进行采收。"

1911年，戈尔旺（Rassul Galwan）在克什米尔列城（今印度控制）和中国新疆采集到一批苜蓿种子样本③。

1915年，传教士辛德（C. F. Synder）在甘肃洮州（今甘肃临潭县）采集到2个西康扁桃果实样本④，一种果皮粗糙，而另外一种则果皮光滑，这是为回应迈耶的请求而采集的；其中一种是变异的低矮扁桃品种，果仁微苦，树干竖直多刺，有一定的育种试验价值；果树非常耐寒耐旱，生长在海拔4 000~10 000英尺背对太阳的岩石和黄土坡边缘，其实海拔较高地区并没有人们想象的那样寒冷，周围的山峰挡住寒冷的气流，果树适合用作核果类果树嫁接砧木，根出条难以除掉。

1916年，恩斯（F. J. Wiens）在上海采集到1个豆薯样本⑤，作物根部可以食用，口感微甜，4—5月开始种植，本地人除留用一些花朵用于收获种子外，多余花朵全部切下来扔掉，据说种子的毒性很强。希金斯（D. F. Higgins）在北京附近采集到2个山楂树插条样本⑥，山楂果实被当地人称作"山里红"；

---

① U. S. D. A, *Bulletin of Foreign Plant Introductions*, *New Plant Immigrants*, No. 61. p. 427. Apr. 1 to 30, 1911.

② U. S. D. A, *Bulletin of Foreign Plant Introductions*, *New Plant Immigrants*, No. 177. p. 1628. Jan., 1921.

③ U. S. D. A, *Bulletin of Foreign Plant Introductions*, *New Plant Immigrants*, No. 60. p. 414. Mar. 16 to 31, 1911. 但公告没有说明哪些品种是从中国新疆采集的。

④ U. S. D. A, *Bulletin of Foreign Plant Introductions*, *New Plant Immigrants*, No. 117. p. 954. Jan., 1916.

⑤ U. S. D. A, *Bulletin of Foreign Plant Introductions*, *New Plant Immigrants*, No. 120. p. 984. Apr., 1916.

⑥ U. S. D. A, *Bulletin of Foreign Plant Introductions*, *New Plant Immigrants*, No. 118. p. 964. Feb. 1916.

S. P. I. No. 41952 属于大山楂品种，是在较小果实品种的籽苗上嫁接而来，产量不高；S. P. I. No. 41953 是当地野生山楂树种子种植的，可以嫁接大果实山楂品种，果树产量较高。

1917年，图切尔（W. J. Tutcher）在香港采集到1个豆梨树插条样本[①]，来自一棵移植野生梨树，这种野生梨树一般生长在湖北西部海拔1 000~1 500米山区；圆形、锯齿状小叶子和小花朵很容易被识别，这种梨树在苛刻的环境下仍能旺盛地生长；事实或许证明它是一种非常令人满意的抗枯萎病嫁接砧木，果树没有长毛蚜虫侵袭迹象。美国浸信会传教士海尔博（L. C. Hylbert）在浙江宁波采集到2个梨树插条样本[②]，通过圣道公会传教士谢泼德（G. W. Sheppard）运送到美国，海尔博附加描述："这些插条来自一位绅士的花园，据说都是无价之宝。"

1917年，传教士约翰·别尔金（John Berkin）在秦岭地区采集到1个猕猴桃果实样本[③]，属于落叶性攀缘作物，原产地在四川，高品质的果实和果树观赏价值吸引了西方植物考察者以及传教士的广泛关注；单株植物可以长到30英尺高，树藤覆盖了大部分空间，叶子呈现长绒般纹理、独特的深绿色，粉红色幼枝，附有软茸毛，叶子间距、大小非常规则，这种作物的叶子具有大面积装饰效果；花朵从浅黄色到白色，气味芳香，直径1~1.5英寸，大量的花朵极大地增加了这种作物的优势，提高了观赏价值。

在美国农业部《新作物引进公告》第50期中，约翰·别尔金（John Berkin）在信件中附加描述[④]："谈到中国羊桃藤（中华猕猴桃），本地人认为除了没有结出果实的嫩藤外，其他所有藤都能结出果实，果树在产果之前一般要

---

① U. S. D. A, *Bulletin of Foreign Plant Introductions*, *New Plant Immigrants*, No. 131. p. 1137. Mar., 1917.

② U. S. D. A, *Bulletin of Foreign Plant Introductions*, *New Plant Immigrants*, No. 132. p. 1151. Apr., 1917.

③ U. S. D. A, *Bulletin of Foreign Plant Introductions*, *New Plant Immigrants*, No. 140. p. 1255. Dec., 1917.

④ U. S. D. A, *Bulletin of Foreign Plant Introductions*, *New Plant Immigrants*, No. 50. p. 5. Oct. 16 to 31, 1910.

生长6~8年，树藤可能会适时产果，采集到的羊桃藤已经分配到美国各州的作物试验站，加州奇科植物引进园的一个树藤已经开花，但这些花朵显然都是雄性。"

美国农业部《新作物引进公告》第164期刊载1张照片（图5-2），照片内容是完全开花的羊桃（猕猴桃）①，1918年6月10日，彼得·比塞特（Peter Bisset）拍摄于加利福尼亚州帕萨迪纳市珍稀植物园，这种富有吸引力的中国羊桃藤（S. P. I. No. 46124）一般在不同作物上生长出雌蕊花和雄蕊花，两种花都是结出果实所必需的，偶尔会有植物结出完全花，即每朵花上都长出雄蕊和雌蕊。

**图5-2　美国加州种植的完全开花羊桃藤**

资料来源：U.S.D.A, *Bulletin of Foreign Plant Introductions*, *New Plant Immigrants*, No. 164. PI. 251.

1918年，卢斯利（M. M. Loosley）夫人在浙江采集到1个芋艿样本②，属于青芋品种，顶端和茎都是蓝颜色的，叶子很大，可以加工成粉末状食品，据说贮藏几个月后口感更佳，这种芋艿也非常容易保存。

---

① U.S.D.A, *Bulletin of Foreign Plant Introductions*, *New Plant Immigrants*, No. 164. p. 1514. Dec., 1919.

② U.S.D.A, *Bulletin of Foreign Plant Introductions*, *New Plant Immigrants*, No. 143. p. 1292. Mar., 1918.

1919年，怀特（F. J. White）在上海采集到1个西葫芦样本①，铜绿色、圆形、有棱纹、果肉较厚，果实品质很好，内部几乎无腔。

1920年，美国浸信会传教士格里芬（J. H. Giffin）在广东梅县采集到1个芋艿样本②，当地的槟榔芋艿是公认最美味的，果实长不大，球茎比其他种类稍大一些，小块茎也比其他种类少，最多只有4个。佩奇（A. H. Page）在广东汕头采集到3个柑橘果实样本，S. P. I. No. 50967当地人称作"酸橙"③，即将成熟的果实单个重量4.5盎司（127克）④，绿色的酸橙2盎司（57克）重，可以用它制作一种相当好吃的"柠檬派"，果实越成熟味道越好，果树十分耐寒高产，附加描述："去年秋天我从一棵9英尺高中度伸展的柑橘树上采摘了大约600个果实，我想为了获得'酸橙汁'与'柠檬酸'，这种果树值得种植试验"；S. P. I. No. 56058. 属于蜜橘，与脐橙的个头、甜度相同，是中国最好的柑橘品种之一⑤，主要种植在北回归线以南珠江三角洲地区，因为该区域仅有十年一遇的轻微霜冻，寒冷季节果树一般会处于休眠状态；S. P. I. No. 56059被当地人称作"软橘"，果实完全成熟时很容易削皮，在没有冰保鲜的条件下也能保存很长时间，口感甜，个头中等，是中国最好的柑橘品种之一。

1922年，哈里森（H. E. Harrison）在美国农业部《新作物引进公告》第195期中，针对S. P. I. No. 17154杏树附加描述⑥："作物样本来自直隶昌黎一棵非常旺盛的杏树，7月上旬果实成熟，个头中等大小，果皮呈橘黄色、带有

---

① U. S. D. A, *Bulletin of Foreign Plant Introductions*, *New Plant Immigrants*, No. 158. p. 1444. June, 1919.

② U. S. D. A, *Bulletin of Foreign Plant Introductions*, *New Plant Immigrants*, No. 167. p. 1535. Mar., 1920.

③ U. S. D. A, *Bulletin of Foreign Plant Introductions*, *New Plant Immigrants*, No. 172. p. 1584. August, 1920.

④ 4.5盎司约等于公制127.57克或者市制2.55两。

⑤ U. S. D. A, *Bulletin of Foreign Plant Introductions*, *New Plant Immigrants*, No. 202. p. 1850. Feb., 1923.

⑥ U. S. D. A, *Bulletin of Foreign Plant Introductions*, *New Plant Immigrants*, No. 195. p. 1780. July, 1922.

一层亮红色,果核小、分离不彻底,果肉结实,采摘后容易保存。"

1922年,斯科沃佐夫(B. W. Skvortzow)在哈尔滨采集到1个毛樱桃样本①,来自一棵生长旺盛的灌木樱桃树,开花时间比其他樱桃品种要早,幼树就能结出果实,可以制成口感极好的果酱,这种樱桃树在美国北达科他州已顺利度过7个冬季,但果树容易遭受树枝褐腐病感染。凯洛格(C. R. Kellogg)邮寄了一些韭菜种子②,这些样本来自福建福州,韭菜叶可以长到1英尺,在球茎上茂盛地生长。

1923年,美国圣公会传教士库珀(A. S. Cooper)在宜昌采集到1个柿子树果实样本③,生长在海拔6 000~8 000英尺,由于佛罗里达州和加利福尼亚州柿树种植区域快速扩张,急需引进更多高品质的嫁接砧木;原来用作嫁接砧木的豆柿品种,已经令人不满意,主要原因是寿命短、易感染根结线虫,SPI已经将作物需求信息发给在中国和日本工作的美国植物猎人,他们将优先采集半野生柿子树样本。

珀金斯(H. P. Perkins)在保定府采集到1个苹果树插条样本④,信中附加描述:"本地有2~3个苹果品种,但它们的品质不能与美国的夏季苹果相媲美,我担心采集到的样本不符合农业部要求,此地的冬天没有美国冷,采集地点距离山海关很近,是中国长城的入海之处,苹果产地位于昌黎以北40英里……"

## 二、农业传教士的代表性采集成果

20世纪初期,一些具有植物学专业知识或采集工作专业技能的西方传教士,出于对作物采集活动的浓厚兴趣,或某种利益交换需要,在中国各地采集

---

① U. S. D. A, *Bulletin of Foreign Plant Introductions*, *New Plant Immigrants*, No. 192. p. 1744. Apr., 1922.

② U. S. D. A, *Bulletin of Foreign Plant Introductions*, *New Plant Immigrants*, No. 195. p. 1771. July, 1922. 具体样本数量、引进编号不详。

③ U. S. D. A, *Bulletin of Foreign Plant Introductions*, *New Plant Immigrants*, No. 209. p. 1915. Sept., 1923.

④ 公告中没有标明具体采集时间。

邮寄了大批作物种质；此外，美国农业传教运动兴起后，很多农业传教士分批前往中国，他们在华发展高等农业教育、传播西方农业生产技术，同时也开展作物采集活动，采集的部分成果满足了美国农业的作物种质需求，具体情况如下（表5-2）。

表5-2　农业传教士代表性采集成果统计表

| 时间 | 采集地点 | 采集者 | 作物品种 | 样本数量 | 采集编号（S. P. I. No.） |
| --- | --- | --- | --- | --- | --- |
| 1908 | 江苏苏州 | A. B. Haden | 豇豆 | 不详 | 不详 |
| 1908 | 江苏苏州 | A. B. Haden | 大豆 | 不详 | 不详 |
| 1909 | 江苏苏州 | A. B. Haden | 豇豆 | 6 | 25144-149 |
| 1909 | 江苏苏州 | A. B. Haden | 豌豆 | 1 | 25138 |
| 1909 | 江苏苏州 | A. B. Haden | 扁豆 | 1 | 25132 |
| 1909 | 江苏苏州 | A. B. Haden | 大豆 | 5 | 25133-137 |
| 1909 | 江苏苏州 | A. B. Haden | 赤豆 | 3 | 25139-141 |
| 1909 | 江苏苏州 | A. B. Haden | 赤小豆 | 2 | 25142-143 |
| 1908 | 上海 | J. M. W. Farnham | 草莓 | 1 | 24416 |
| 1909 | 上海 | J. M. W. Farnham | 柑橘 | 1 | 26562 |
| 1911 | 上海 | J. M. W. Farnham | 豌豆 | 1 | 29488 |
| 1911 | 贵州 | J. M. W. Farnham | 玉米 | 1 | 29908 |
| 不详 | 保定府 | Paul D. Bergen | 苹果 | 1 | 25700 |
| 1910 | 福建福州 | T. M. Wilkinson | 山楂 | 1 | 29103 |
| 1910 | 福建福州 | T. M. Wilkinson | 柿了 | 1 | 29102 |
| 1911 | 福建福州 | T. M. Wilkinson | 苜蓿 | 1 | 31395 |
| 1910 | 湖北汉口 | A. Sugden | 西葫芦 | 3 | 27710-712 |
| 1915 | 山东烟台 | A. Sugden | 山楂 | 1 | 40605 |
| 1908 | 海南岛 | J. F. Kelley | 无花果 | 1 | 不详 |
| 1909 | 海南岛 | J. F. Kelley | 荔枝 | 不详 | 不详 |
| 1910 | 上海、浙江 | James Ware | 高粱 | 4 | 28024-027 |
| 1910 | 上海崇明岛 | James Ware | 粟 | 1 | 28029 |

（续表）

| 时间 | 采集地点 | 采集者 | 作物品种 | 样本数量 | 采集编号（S. P. I. No.） |
| --- | --- | --- | --- | --- | --- |
| 1911 | 大名府 | H. W. Houlding | 杏 | 1 | 30463 |
| 1916 | 大名府 | H. W. Houlding | 山楂 | 1 | 42017 |
| 1909 | 广东梅县 | Geo. Campbell | 柿子 | 2 | 不详 |
| 1909 | 广东梅县 | Geo. Campbell | 柠檬 | 1 | 不详 |
| 1909 | 广东梅县 | Geo. Campbell | 杨桃 | 2 | 不详 |
| 1909 | 广东梅县 | Geo. Campbell | 葡萄 | 1 | 不详 |
| 1910 | 广东梅县 | Geo. Campbell | 柑橘 | 1 | 27566 |
| 1910 | 广东梅县 | Geo. Campbell | 蜡果杨梅 | 1 | 28609 |
| 1910 | 广东梅县 | Geo. Campbell | 龙眼 | 不详 | 不详 |
| 1910 | 广东梅县 | Geo. Campbell | 芋头 | 2 | 27297-298 |
| 1910 | 广东 | Geo. Campbell | 花生 | 1 | 28929 |
| 1911 | 广东梅县 | Geo. Campbell | 葡萄 | 1 | 29653 |
| 1911 | 广东梅县 | Geo. Campbell | 枇杷 | 1 | 32082 |
| 1911 | 广东梅县 | Geo. Campbell | 龙眼 | 1 | 32006 |
| 1915 | 广东梅县 | Geo. Campbell | 桃 | 1 | 41395 |
| 1909 | 浙江塘栖 | Alex Kennedy | 蜡果杨梅 | 1 | 25908 |
| 1912 | 浙江塘栖 | Alex Kennedy | 柿子 | 1 | 32863 |
| 1910 | 浙江天台山 | A. O. Loosely | 白萝卜 | 1 | 26906 |
| 1910 | 浙江天台山 | A. O. Loosely | 蜡果杨梅 | 1 | 26905 |
| 1910 | 浙江天台山 | A. O. Loosely | 猕猴桃 | 1 | 26904 |
| 1910 | 浙江天台山 | A. O. Loosely | 柿子 | 2 | 26902-903 |
| 1911 | 浙江天台县 | A. O. Loosley | 芋头 | 3 | 31318-320 |
| 1911 | 浙江莫干山 | Annie Andersen | 野葡萄 | 1 | 29839 |
| 1916 | 上海 | Annie Andersen | 刺葡萄 | 1 | 41877 |
| 1911 | 青州府 | W. M. Hayes | 枣 | 1 | 30488 |
| 1913 | 青州府 | W. M. Hayes | 苹果 | 1 | 36601 |
| 1915 | 重庆 | E. Widler | 冬瓜 | 1 | 41492 |
| 1916 | 重庆 | E. Widler | 柠檬 | 1 | 42606 |

(续表)

| 时间 | 采集地点 | 采集者 | 作物品种 | 样本数量 | 采集编号（S.P.I. No.） |
|---|---|---|---|---|---|
| 1923 | 泰安府 | K. M. Gordon | 桃 | 1 | 56760 |
| 1923 | 直隶昌黎 | K. M. Gordon | 板栗 | 1 | 56761 |
| 1923 | 山东济南 | K. M. Gordon | 柿子 | 1 | 56762 |
| 1923 | 山东、北京 | K. M. Gordon | 梨子 | 3 | 56759；56765-766 |

资料来源：U.S.D.A, *Bulletin of Foreign Plant Introductions*, *New Plant Immigrants*, No. 1-211.

1908年，传教士黑登（A. B. Haden）在苏州采集到多个豇豆样本；次年，他又在苏州采集到6个豇豆样本[1]，美国农业部草本学实验室对这些作物种质进行了种植试验；豌豆样本（S. P. I. No. 25138），作物名称的意思是"喂马的豆子"[2]，长藤能够攀爬附着物体的表面，从底部到顶部长满果实，豆子是制作氮肥的最佳材料，中药加工中也可以大量使用，还可以制成好喝的饮料，其口感仅次于高品质咖啡豆；1个扁豆样本[3]，紫色外表，扁平状豆子，花、茎、叶均呈紫色，豆子和嫩豆荚可以一起食用，藤和叶子都非常茂盛，这种作物生长需要较大的空间。1908年，黑登在苏州给美国农业部邮寄了2批次43个豆类样本，其中包括多个大豆作物样本[4]；第二年，他又邮寄了10个豆类样本，其中5个大豆样本[5]、3个赤豆样本、2个赤小豆样本，当地人将这种赤小豆称作"蟹眼"或"懒人豌豆"，由于重复生长速度快，串藤不是很长，这种作物对更新地力或用作家畜饲料具有较高价值。

1908年8月，驻上海传教士法纳姆（J. M. W. Farnham）给美国农业部邮

---

[1] U. S. D. A, *Bulletin of Foreign Plant Introductions*, *New Plant Immigrants*, No. 14. p. 2. Mar. 21 to Apr. 5, 1909.

[2] U. S. D. A, *Bulletin of Foreign Plant Introductions*, *New Plant Immigrants*, No. 14. p. 2. Mar. 21 to Apr. 5, 1909.

[3] U. S. D. A, *Bulletin of Foreign Plant Introductions*, *New Plant Immigrants*, No. 14. p. 2. Mar. 21 to Apr. 5, 1909.

[4] U. S. D. A, *Bulletin of Foreign Plant Introductions*, *New Plant Immigrants*, No. 7. p. 2. Nov. 24 to Dec. 7, 1908. 引进公告中没有这批样本的详细编号和特征描述。

[5] U. S. D. A, *Bulletin of Foreign Plant Introductions*, *New Plant Immigrants*, No. 14. p. 2. March 21 to Apr 5, 1909.

寄了1个野生草莓种子①，并承诺在适当时机邮寄一些野生石竹；12月，他又邮寄1个白色的草莓样本（S. P. I. No. 24416）②。第二年，法纳姆在上海采集到1个柑橘果实样本③，并附加描述：这种柑橘果实大，口感比较粗糙，果肉比美国柑橘硬一些，其中一个果实样本的周长达到12英寸（约30厘米）；1个野生香豌豆样本④是在山区采集到的，花朵非常芳香，黄褐色的种子表面略带一些黑色；在贵州采集到1个玉米样本⑤，但未提供详细的作物特征。

美国农业部《新作物引进公告》第67期刊载了他的信件内容节选，1911年8月26日，传教士法纳姆（J. M. W. Farnham）来信说⑥："与弗兰克·迈耶共同工作的肯尼迪（Kennedy）正在浙江塘栖采集柿子树种子，今年秋天他将采集更多的野生嫁接柿子树种子，明年春天就可以邮寄一批柿树接穗，他已经从宗教社团的岗位上退休，会有更多的时间从事自己感兴趣的采集工作。"

传教士保罗·伯根（Paul D. Bergen）在保定府采集到1个苹果树插条样本⑦，已经种植在美国艾奥瓦州埃姆斯市。1906年，他在与美国农业部的通信中附加描述："这种苹果个头小，口感微酸，果皮呈暗红色，其产地气候与美国艾奥瓦州相比更加温暖，山东的土地已经被完全开垦耕种，野生苹果树仅剩余很小的空间，中国人的果树嫁接水平极高，种植果树已经比原始嫁接果树有很大的改进"。1910年，威金生（T. M. Wilkinson）在福建福州采集到1个山

---

① U. S. D. A, *Bulletin of Foreign Plant Introductions*, *New Plant Immigrants*, No. 2. p. 3. Sept. 20 to Oct. 1, 1908.

② U. S. D. A, *Bulletin of Foreign Plant Introductions*, *New Plant Immigrants*, No. 9. p. 3. Dec. 29, 1908 to Jan. 13, 1909.

③ U. S. D. A, *Bulletin of Foreign Plant Introductions*, *New Plant Immigrants*, No. 27. p. 2. Jan. 16 to 31, 1910.

④ U. S. D. A, *Bulletin of Foreign Plant Introductions*, *New Plant Immigrants*, No. 57. p. 6. Feb. 1 to 14, 1911.

⑤ U. S. D. A, *Bulletin of Foreign Plant Introductions*, *New Plant Immigrants*, No. 58. p. 400. Feb. 15 to 28, 1911.

⑥ U. S. D. A, *Bulletin of Foreign Plant Introductions*, *New Plant Immigrants*, No. 67. p. 474. Sept. 1 to 30, 1911.

⑦ U. S. D. A, *Bulletin of Foreign Plant Introductions*, *New Plant Immigrants*, No. 19. p. 3. July 5 to August 1, 1909.

楂树果实样本，这种果实与美国的曼陀罗十分相似，但体形更大些，直径 1~1.25 英寸，半透明的果肉，可以制成美味的沙司或果酱；1 个柿树种子样本①，这种柿子树在上海地区种植，果实比较大，直径 2 英寸，果皮、果肉呈红色，口感甜、味道好，一般情况下种植在河谷或山坡上；次年，他在福州采集到 1 个天蓝苜蓿种子样本②，这是一种生长茎较低的苜蓿品种，沿地面平铺生长，拔节处生根，在新种植区域就像白色三叶草那样生长，叶子大小也类似，黄色的花朵。

1910 年，传教士萨格登（A. Sugden）在湖北汉口采集到 3 个西葫芦样本③，S. P. I. No. 27710 橙色的葫芦，属于观赏作物，深颜色的纹路，底部中间呈绿色；S. P. I. No. 27711 与前者相似，但果皮呈深红色；S. P. I. No. 27712 黄色的小葫芦，整个冬季都悬挂在藤上，毛绒绒的白花；1915 年，萨格登在山东烟台采集到 1 个大果实山楂作物样本④，果实足有西洋李子那样大，可以用来制作烩水果或者"干酪"；加工时用热水煮几分钟，足够柔软后用手剥掉外皮，当地人说如果用刀切开会损失很多色素，然后用筷子从上面把果核戳出来，加入白糖煮一会儿即可食用；另外一种比较原始的加工方法：将果实切成两半，去掉果核，不削皮；但前一种方法似乎口感更好些，因为果皮并不能改进口感。

1908 年，传教士凯利（J. F. Kelley）在海南岛采集到 1 个无花果样本⑤，果实成熟时呈黑红色，一般种植在活水旁边，果实长在底部树干上，口感凉爽美味，果肉 1 英寸厚，中间是奶油色的球状大种子包；1909 年 4 月，凯利在

---

① U. S. D. A, *Bulletin of Foreign Plant Introductions*, *New Plant Immigrants*, No. 53. p. 1. Dec. 1 to 15, 1910.

② U. S. D. A, *Bulletin of Foreign Plant Introductions*, *New Plant Immigrants*, No. 65. p. 457. July 1 to 31, 1911.

③ U. S. D. A, *Bulletin of Foreign Plant Introductions*, *New Plant Immigrants*, No. 35. p. 3. Apr., 16 to 23, 1910.

④ U. S. D. A, *Bulletin of Foreign Plant Introductions*, *New Plant Immigrants*, No. 108. p. 872. Apr., 1915.

⑤ U. S. D. A, *Bulletin of Foreign Plant Introductions*, *New Plant Immigrants*, No. 2. p. 2. Sept. 20 to Oct. 1, 1908.

海南岛采集到 20 棵荔枝树①，他承诺："如果美国农业部有需要的话，还可以采集并邮寄更多的果树。"

1910 年，上海基督教差会传教士詹姆斯·韦尔（James Ware）在上海崇明岛、浙江等地采集到 4 个高粱作物样本②，华东地区大面积种植甜高粱，当地人一般不使用高粱茎秆加工制糖，而是在市场上成捆售卖，人们一般咀嚼吸吮茎秆汁液或用来喂猪；上海高粱品种与浙江高粱品种非常相似，但浙江品种的穗稍重一些，种子更大，有可能是种植土壤不同造成的；在崇明岛采集到 1 个粟作物样本③，米粒呈黄色，营养价值较高，当地人通常将它磨碎代替面粉食用。

1910 年，驻大名府传教士霍尔丁（Horace W. Houlding）表示④：自己随时可以给美国农业部邮寄传教区域的任何作物，尤其是肥城附近的大桃子，那里有他的一个传教点；1911 年，他采集到 1 个杏树接穗样本⑤，该品种被当地人称作"妈妈杏"；1916 年，霍尔丁采集到 1 个山楂树果实样本，附加描述："我夫人认为这种果实加工后口感仅次于苹果，可以用它制作果冻或果酱，甚至可以把整个山楂放入融化的冰糖中，制成好吃的蜜饯，这是我知道的最健康的蜜饯之一，这种水果在美洲肯定能有种植前途。"

1909 年，传教士坎贝尔（Geo. Campbell）在广东梅县给美国农业部邮寄 2 个柿子样本⑥；1 个柠檬样本，果实气味芳香，口感酸甜；2 个杨桃样本⑦，但

---

① U. S. D. A, *Bulletin of Foreign Plant Introductions*, *New Plant Immigrants*, No. 17. p. 5. May 20 to June 10, 1909.

② U. S. D. A, *Bulletin of Foreign Plant Introductions*, *New Plant Immigrants*, No. 40. p. 10. June 1 to 15, 1910.

③ U. S. D. A, *Bulletin of Foreign Plant Introductions*, *New Plant Immigrants*, No. 40. p. 3. June 1 to 15, 1910.

④ U. S. D. A, *Bulletin of Foreign Plant Introductions*, *New Plant Immigrants*, No. 44. p. 6. July 16 to 31, 1910.

⑤ U. S. D. A, *Bulletin of Foreign Plant Introductions*, *New Plant Immigrants*, No. 60. p. 411. Mar. 16 to 31, 1911.

⑥ U. S. D. A, *Bulletin of Foreign Plant Introductions*, *New Plant Immigrants*, No. 26. p. 3. Jan. 1 to 15, 1910.

⑦ U. S. D. A, *Bulletin of Foreign Plant Introductions*, *New Plant Immigrants*, No. 26. p. 3. Jan. 1 to 15, 1910.

未附加任何作物信息；1个无籽葡萄藤样本；1个柑橘树插条样本①，附加描述："这是我见过的最大的柑橘树插条样本，占用了相当大一个空间，据说果树产量每年可达150磅，果实主要用来制作蜜饯，或像香橼皮蜜饯那样糖煮"；1个蜡果杨梅插条样本②。1910年9月，坎贝尔向美国农业部报告③："他已经从广东梅县邮寄了一盒龙眼种子，但不确定能否保存完好。"2个芋头样本④；1个花生果实样本⑤，并附加描述："这些种子看起来比其他区域采集的品种更耐旱，具有持久性特征。"

1911年，坎贝尔在广东梅县采集到1个龙眼种子样本⑥，果实小，口感甜，这种果树非常漂亮，可以用作遮阳树或用作嫁接砧木，在上面繁育荔枝树苗；1个无籽葡萄藤样本，附加描述："大约1年前，我采集到一根外表很特殊的葡萄藤，把它切碎后种植在花园中，我从很多藤中挑选出这根长势旺盛的藤，并从中截取一段插条送给你们；找到这种葡萄藤确实很困难，今年可能收获不到任何果实，也不清楚它的经济价值，但据说是无籽葡萄，也有人说有少量的籽；由于这个葡萄品种在当地很有名气，获得它的藤很不容易，我甚至不太确信现有的样本是不是所描述的那种藤。"1个野生枇杷样本⑦，附加描述："今天上午我乘船前往汕头，中途停靠一个小集镇，在水果市场漫步时，发现一些被称作'山枇杷'或'野生枇杷'的果实，个头类似未去壳的核桃，黄

---

① U.S.D.A, *Bulletin of Foreign Plant Introductions*, *New Plant Immigrants*, No. 35. p. 2. Apr. 16 to 23, 1910.

② U.S.D.A, *Bulletin of Foreign Plant Introductions*, *New Plant Immigrants*, No. 45. p. 3. August 1 to 15, 1910.

③ U.S.D.A, *Bulletin of Foreign Plant Introductions*, *New Plant Immigrants*, No. 50. p. 5. Oct. 16 to 31, 1910.

④ U.S.D.A, *Bulletin of Foreign Plant Introductions*, *New Plant Immigrants*, No. 32. p. 3. Mar. 16 to 23, 1910.

⑤ U.S.D.A, *Bulletin of Foreign Plant Introductions*, *New Plant Immigrants*, No. 52. p. 1. Nov. 16 to 30, 1910.

⑥ U.S.D.A, *Bulletin of Foreign Plant Introductions*, *New Plant Immigrants*, No. 68. p. 482. Oct. 1 to 31, 1911.

⑦ U.S.D.A, *Bulletin of Foreign Plant Introductions*, *New Plant Immigrants*, No. 69. p. 490. Nov. 1 to 15, 1911.

色的果实呈球形，剥皮后果肉像苹果、分成7瓣、果肉的厚度类似去皮核桃，口感酸，7个裂片各含1粒种子，种子上的果肉非常甜、味道极好，使人联想到山竹。"

1915年，坎贝尔在梅县采集到1个桃树种子样本①，并通过驻汕头美国领事乔治·汉森（George C. Hanson）邮寄到美国农业部；这粒种子来自一棵奇妙的小桃树，它作为室内盆栽植物种植，叶子与其他桃树的相似，但生长方式有很大不同；这棵桃树仅有15英寸高，却长了5个全尺寸桃子，果实比美国桃子稍小些，果实不太大的时候，种植者就中断了2~3个果实的生长；果实长在主干茎上，距离盆土6~8英寸，5个果实紧密地挤在一起，果实的颜色极好，口感比其他桃子好很多，白色的果肉紧粘果核，果实能悬挂很长时间，具有极好的观赏性。

在美国农业部《新作物引进公告》第188期中，相关描述如下："1920年，加州帕萨迪纳市斯威特（N. C. Sweet）女士种植了一棵这种桃树，第二年就结出24个果实，这是她吃过的最美味桃子，果肉结实、呈漂亮的黄粉色，果皮紧附，非常适合制成罐头。"斯威特女士在《新作物引进公告》第211期中，再次对这棵树进行描述②："这种桃树生长旺盛，果实比较重，以致不得不想办法支撑树枝，果肉口感极好。"

1909年，传教士亚历克斯·肯尼迪（Alex Kennedy）在浙江塘栖采集到1个蜡果杨梅树种子样本③，这是为回应迈耶的请求而采集的，这些种子将用来培育嫁接砧木，杨梅树移植成活率极低。1912年，肯尼迪在浙江塘栖采集到1个野生柿子树插条样本④，通过上海传教士法纳姆（J. M. W. Farnham）邮寄给

---

① U. S. D. A, *Bulletin of Foreign Plant Introductions*, *New Plant Immigrants*, No. 114. p. 929. Oct., 1915.

② U. S. D. A, *Bulletin of Foreign Plant Introductions*, *New Plant Immigrants*, No. 211. p. 1932. Nov., 1923.

③ U. S. D. A, *Bulletin of Foreign Plant Introductions*, *New Plant Immigrants*, No. 21. p. 5. Sept. 2 to Oct. 1, 1909.

④ U. S. D. A, *Bulletin of Foreign Plant Introductions*, *New Plant Immigrants*, No. 73. p. 528. Feb. 1 to 29, 1912.

美国农业部，这个品种应该是引人注目的白皮柿子树，它与《新作物引进公告》中迈耶所描述的完全相同，在华中地区用作种植柿子树的嫁接砧木。

1910年，传教士卢斯利（A. O. Loosely）在浙江天台山采集到1个白萝卜样本①，这种白萝卜可以生吃，与肉一起炖煮味道更佳；1个蜡果杨梅样本②，果实呈亮红色、圆形、甜而多汁，果实生长在树上与桑葚相似，生吃或煮食味道都很好，汁多、果肉少，极有可能成为美国人喜爱的水果品种，用它榨出来的饮品特别好喝，果实比草莓更容易运输；1个猕猴桃样本③，当地人将其称作"登梨"或"藤梨"，果皮有点类似砂梨，果树一般种植在山区，果实中充满小种子，口感类似无花果，生吃、炖煮或制作果酱都可以；2个柿子样本④，其中1个品种的尺寸和外形与鸡蛋相似，另外1个品种个头稍大一些，呈圆形扁平状，无论生食还是晒干食用口感都很好，果树十分高产，有2个月产果期。1911年，他在浙江天台山采集到3个芋头样本⑤，S. P. I. No. 31318煮熟后块茎是干的、粗粉状、白色肉质，口感好；S. P. I. No. 31319煮熟后块茎中间呈白色，外表略带紫色，又黏又湿，缺乏口感，这种作物必须种植在很深的土壤中，而且土壤要保持堆积状态，干旱季节多浇一些水；S. P. I. No. 31320的块茎可以生出粉色的肉芽。

1911年，传教士安德森（Annie Andersen）女士在浙江莫干山采集到1个野生葡萄种子样本⑥，这是应传教士肯尼迪（Alex Kennedy）的请求而采集的。

---

① U. S. D. A, *Bulletin of Foreign Plant Introductions*, *New Plant Immigrants*, No. 30. p. 3. Mar. 1 to 8, 1910.

② U. S. D. A, *Bulletin of Foreign Plant Introductions*, *New Plant Immigrants*, No. 30. p. 2. Mar. 1 to 8, 1910.

③ U. S. D. A, *Bulletin of Foreign Plant Introductions*, *New Plant Immigrants*, No. 29. p. 1. Feb. 16 to 28, 1910.

④ U. S. D. A, *Bulletin of Foreign Plant Introductions*, *New Plant Immigrants*, No. 29. p. 4. Feb. 16 to 28, 1910.

⑤ U. S. D. A, *Bulletin of Foreign Plant Introductions*, *New Plant Immigrants*, No. 64. p. 447. June 16 to 30, 1911.

⑥ U. S. D. A, *Bulletin of Foreign Plant Introductions*, *New Plant Immigrants*, No. 58. p. 400. Feb. 15 to 28, 1911.

1916年，她在上海采集到1个刺葡萄藤样本①，附加描述："这是一种繁茂的落叶性攀缘植物，幼枝多茸毛、覆盖尖刺、腺体倾斜、有钩毛，外观粗糙；细长锯齿状心形叶子，4~10英寸长，2.5~8英寸宽，叶面呈深绿色、光滑，叶底呈蓝绿色或灰绿色，叶腋上有茸毛，或多或少有腺状刺毛，叶柄也是这样；我在中国首次发现这种水果，果实直径约2/3英寸，口感极好，果皮呈黑色，多产于华中地区。"

1900年，著名植物猎人欧内斯特·威尔逊（E. H. Wilson）为英国维彻（苗圃）公司②（The Veitch Nurseries）采集引种了这种作物。有研究者认为：大约在1885年，这种葡萄树就开始在法国和英格兰种植，英国邱园引种的葡萄树比威尔逊采集的品种有更深裂的叶子，更粗糙的叶齿，体刺也更小些，其他方面似乎没有什么不同；但根据植物学家卡里尔（Carriere）研究，果树叶子的形状变化也很大③。

1911年，高驰·罗宾逊（Gotch Robinson）联合技术学院传教士海耶斯（W. M. Hayes）在山东青州府采集到1个枣树插条样本④，这是他见过的果实最大的枣树，当地人说这种枣树不容易嫁接成功，因此要提供最好的种植环境；1913年，他又采集到1个苹果树插条样本⑤，一个用作嫁接砧木的好品种，海耶斯描述："种植在花园中的这棵苹果树是自己采集到的插条，从中国人手中获得果树种子很不容易，因为果实完全成熟之前就被采摘了。"

1915年，传教士维德勒（E. Widler）在重庆采集到1个冬瓜样本⑥，作物

---

① U. S. D. A, *Bulletin of Foreign Plant Introductions*, *New Plant Immigrants*, No. 118. p. 970. Feb., 1916.

② 英国维彻（苗圃）公司是19—20世纪欧洲最大的家庭作物经营公司。

③ 公告中部分描述引自 W. J. Bean, *Trees and Shrubs Hardy in the British Isles*, Vol. 2, p. 667, under V. armata.

④ U. S. D. A, *Bulletin of Foreign Plant Introductions*, *New Plant Immigrants*, No. 61. p. 427. Apr. 1 to 30, 1911.

⑤ U. S. D. A, *Bulletin of Foreign Plant Introductions*, *New Plant Immigrants*, No. 91. p. 712. Nov., 1913.

⑥ U. S. D. A, *Bulletin of Foreign Plant Introductions*, *New Plant Immigrants*, No. 115. p. 938. Nov., 1915.

能长到20~30英尺，在70~110℉（21~43℃）的气温范围内生长最快，黄色的花朵，6个月果实即可成熟，一般在秋季采摘；1916年，他采集到1个柠檬种子样本①，这一品种几乎完全符合宜昌柠檬的描述，除了种子更小些，果肉看起来都是精华，四川柠檬种植区域距离重庆约100英里（161千米）。

1923年，美国基督教长老会传教士戈登（K. M. Gordon）在泰安府西北30英里（48千米）采集到1个桃树接穗样本②，这种桃树是中国最著名的桃树之一，黏核桃品种，果皮、果肉略带红色；在直隶昌黎西北15英里（24千米）采集到1个板栗树插条样本③，这棵树是他在中国见到的最好栗子树，果实又大又甜；在济南府东南35英里（56千米）采集到1个柿子树接穗样本④，当地人将这种柿子称作"蜜柿"，果实成熟后果皮会从小红果上脱落，果肉非常甜。同年，戈登在德州西北10英里（16千米）采集到3个梨子样本⑤，S. P. I. No. 56759 被当地人称作"鸭梨"，果实大，果皮薄、光滑、呈黄色，白色的果肉、多汁、口感甜，贮藏性好；S. P. I. No. 56765 被称作"莱阳梨"，主要种植在莱阳地区，果实大，果皮呈黑色，果肉颗粒细、多汁、口感甜；S. P. I. No. 56766 被称作"北京白"，采集地点距离北京西北10英里（16千米），果实小、圆、呈浅柠檬黄色，果肉颗粒细、口感甜，上述所有的果树样本都是为了应美国农业部植物产业局里德（C. A. Reed）的请求而采集的。

---

① U. S. D. A, *Bulletin of Foreign Plant Introductions*, *New Plant Immigrants*, No. 120. pp. 984 - 985. Apr. , 1916.
② U. S. D. A, *Bulletin of Foreign Plant Introductions*, *New Plant Immigrants*, No. 205. p. 1883. May, 1923.
③ U. S. D. A, *Bulletin of Foreign Plant Introductions*, *New Plant Immigrants*, No. 205. p. 1884. May, 1923.
④ U. S. D. A, *Bulletin of Foreign Plant Introductions*, *New Plant Immigrants*, No. 205. p. 1883. May, 1923.
⑤ U. S. D. A, *Bulletin of Foreign Plant Introductions*, *New Plant Immigrants*, No. 205. p. 1888. May, 1923.

## 三、传教士医生与美国专家的代表性采集成果

随着近代中国西学东渐运动的逐渐展开,西方一些传教士医生和美国植物学家、作物育种专家怀揣着宗教、经济或文化目的来到中国,他们在华医学传教、农业传教的同时,也采集了大量的作物种质,代表性采集成果如表5-3。

表5-3 传教士医生与美国专家代表性采集成果统计表

| 时间 | 采集地点 | 采集者 | 作物品种 | 样本数量 | 采集编号(S. P. I. No.) |
|---|---|---|---|---|---|
| 1908 | 满洲里 | N. E. Hansen | 苜蓿 | 不详 | 不详 |
| 1909 | 不详 | G. P. Rixford | 荸荠 | 1 | 25641 |
| 1909 | 南京 | F. B. Whitmore | 大豆 | 4 | 26051-054 |
| 1910 | 上海崇明岛 | D. MacGregor | 高粱 | 3 | 28290-292 |
| 1911 | 山东济南 | J. B. Neal | 桃 | 2 | 29991;30482 |
| 1911 | 福建古田 | T. H. Coole | 栗子 | 1 | 32323 |
| 1915 | 云南大理 | C. C. Schneider | 梨 | 7 | 40865-871 |
| 1916 | 浙江杭州 | D. D. Main | 核桃 | 1 | 43952 |
| 1917 | 广东广州 | W. H. Dobson | 黄皮 | 1 | 45328 |
| 1917 | 河南确山 | Nathannel Fedde | 柿子 | 1 | 44108 |
| 1918 | 满洲里、北京、直隶 | F. G. Reimer | 梨 | 15 | 45834;45845-847;45848;45833;46576-518;46585-587 |
| 1922 | 广东广州 | C. O. Levine | 柿子 | 1 | 54681 |
| 1922 | 海南省 | F. A. McClure | 姜 | 1 | 55632 |
| 1922 | 安徽谷阳 | J. L. Buck | 小麦 | 1 | 54909 |
| 1909—1923 | 广东广州 | G. Weidman Groff | 黄桃、蟠桃、白菜、慈姑、芋头、柿子、荔枝、茭白、梅、杨梅、芋头 | 14 | 24915-916;31476;30421;30423;29326-327;34711;34713;40915;29173;46572;46571;56911 |
| 1911—1918 | 天津、江苏 | N. Gist Gee | 栗子、薏苡 | 3 | 32365-366;45767 |
| 1910—1911 | 安徽怀远 | Samuel Cochran | 石榴、柿子、棉花 | 6 | 26794-797;26949;29910 |
| 1910—1911 | 四川雅州 | E. T. Shields | 树莓、蚕豆、玉米 | 6 | 28658;28659;30035-038 |

(续表)

| 时间 | 采集地点 | 采集者 | 作物品种 | 样本数量 | 采集编号（S. P. I. No.） |
|---|---|---|---|---|---|
| 1911 | 广东广州 | C. V. Piper | 杧果、黄皮 | 3 | 31732；31730-731 |
| 1920 | 福建福州 | J. B. Norton | 树莓、百合 | 2 | 48740；48716 |
| 1922—1923 | 直隶、江苏、山西、山东、河南、北京 | C. A. Reed | 板栗、核桃、粟 | 8 | 56393；56407；56410-412；56415；56422；56399 |

资料来源：U. S. D. A, *Bulletin of Foreign Plant Introductions*, *New Plant Immigrants*, No. 1-211.

1908年，汉森（N. E. Hansen）在满洲里西部的戈壁沙漠中采集到蒙古苜蓿样本[①]，这种竖直旺盛生长的苜蓿品种首次被引种到美国，原产地每年冬季都会有多次冰冻，作物表面覆盖着很厚的白雪，夏季炎热干燥。

1909年，利克斯福德（G. P. Rixford）购买到1个荸荠样本[②]，这种作物的根茎很适合中国人口味，人们一般生食，或者切片、剁碎放入汤中，也可以作为荤菜的配菜，驻华西方人通常将它作为冬季蔬菜贮藏起来食用，这种作物需要经过炎热的夏季才能成熟，一般种植在淤泥或黏土中，在土壤上面需要保留几英寸水，种植方式与水稻十分相似。

美国农业部《新作物引进公告》第203期记载，加利福尼亚州利克斯福德（G. P. Rixford）对中国塘栖樱桃（S. P. I. No. 18587）进行描述[③]："这种樱桃树来自浙江塘栖，3月27日，我在加利福尼亚州卢密斯看到一棵塘栖樱桃树，上面已结出大量的果实，樱桃已经长成三分之二，再过几天就应该成熟了；去年这棵樱桃树结出美国最早的樱桃，主人霍华德·史密斯（Howard Smith）捐赠给芝加哥红十字会一盒樱桃，拍卖出50美元，这种红色的小樱桃，味道极好。"

---

① U. S. D. A, *Bulletin of Foreign Plant Introductions*, *New Plant Immigrants*, No. 4. p. 4. Oct. 12 to 26, 1908.

② U. S. D. A, *Bulletin of Foreign Plant Introductions*, *New Plant Immigrants*, No. 18. p. 2. June 11 to July 3, 1909.

③ U. S. D. A, *Bulletin of Foreign Plant Introductions*, *New Plant Immigrants*, No. 203. p. 1868. Mar., 1923.

1909年，惠特莫尔（F. B. Whitmore）医生在江苏南京采集到4个大豆样本①。1910年，麦格雷戈（D. MacGregor）在上海崇明岛采集到3个甜高粱样本②。

美国农业部《新作物引进公告》第43期记载③："1910年6月21日，在上海工作的麦格雷戈（D. MacGregor）承诺在秋季给美国农业部邮寄猕猴桃树雌株样本。"《新作物引进公告》第59期刊载了麦格雷戈（D. MacGregor）的信件节选④，这封信未标明日期，其中描述："人们一般认为豆柿树白色的树皮与气候条件和树龄有关，我观察了一些4年树龄的豆柿幼树，并未出现白树皮迹象，它们除了生长缓慢些，很难与其他的种植柿树区分开；关于白色树皮产生的气候因素，除了公园中生长的白皮松、华北白松外，我对柿子树白树皮的产生原因没有任何经验，上海也有一些树龄大的柿子树，但没有一个是白色的树皮。"

1911年，济南协和医学院尼尔（J. B. Neal）医生在山东济南府采集到2个桃树果核样本⑤，S. P. I. No. 29991是一种个头非常大的桃子，口感甜美，6月中旬上市，9月中旬下市，是这个季节能吃到的最后一批桃子，果实供应持续了整个夏季和初秋，时间长达4个月；S. P. I. No. 30482来自山东肥城的桃树插条⑥，采集地点位于济南西南方向50英里（80千米），属于晚熟的桃树品种，9月中旬或10月初上市，贮藏性好，用棉纸包裹后可以保存

---

① U. S. D. A, *Bulletin of Foreign Plant Introductions*, *New Plant Immigrants*, No. 22. p. 5. Oct. 2 to Nov. 1, 1909.

② U. S. D. A, *Bulletin of Foreign Plant Introductions*, *New Plant Immigrants*, No. 41. p. 10. June 16 to 23, 1910.

③ U. S. D. A, *Bulletin of Foreign Plant Introductions*, *New Plant Immigrants*, No. 43. p. 5. July 1 to 15, 1910.

④ U. S. D. A, *Bulletin of Foreign Plant Introductions*, *New Plant Immigrants*, No. 59. p. 409. Mar. 1 to 15, 1911.

⑤ U. S. D. A, *Bulletin of Foreign Plant Introductions*, *New Plant Immigrants*, No. 59. p. 404. Mar. 1 to 15. 1911.

⑥ U. S. D. A, *Bulletin of Foreign Plant Introductions*, *New Plant Immigrants*, No. 62. p. 431. May 1 to 15, 1911.

到次年 2 月，黏核桃品种，口感甘甜，个头很大，单颗桃子重量可以达到 1 磅（454 克），当地人非常看重这种桃子，每年都会将桃子作为贡品送往北京。同年，福建古田威利综合医院的科奥尔（T. H. Coole）医生采集到 1 个栗子树插条样本[1]。

美国农业部《新作物引进公告》第 85 期，刊载了科奥尔（T. H. Coole）的来信节选，1913 年 3 月 14 日，信中描述[2]："中国人催熟柿子的方法如下：大约 2 英尺高的陶罐紧紧装满刚刚采摘的柿子，这时果实仍然是绿色的，用稻草填满罐口，本地人认为稻草要比麦秸好一些，然后将罐子翻转过来，倒置在盛满水的盘子中，形成水密封效果，大约 30 天柿子就可以完全成熟了，人们即可食用。"

1915 年，哈佛大学阿诺德树木园施奈德（C. C. Schneider）博士在云南大理府购买了 7 个梨树果实样本[3]，这些梨子在大小、形状等方面变化很大，但未附加有关果实品质的具体信息。

1916 年，梅因（D. D. Main）医生在浙江杭州采集到 1 个山核桃树插条样本[4]，果树是弗兰克·迈耶在 1915 年夏天发现的，树高 40~65 英尺，浅灰色树皮，叶子由 5~7 个披针形或椭圆形小叶组成，叶面呈嫩绿色，叶底呈锈棕色，椭圆形果实，果壳厚，可以制成零食售卖；果肉能够榨出高品质清澈的黄色食用油，用来制作精美糕点，果树材质坚硬，这种木材一般用于制作工具的手柄，在狭长潮湿的山谷地带这种果树生长繁茂，但经受不住霜冻，吹风太多会使果树伤残[5]。

---

[1] U. S. D. A, *Bulletin of Foreign Plant Introductions*, *New Plant Immigrants*, No. 71. p. 505. Dec. 1 to 31, 1911.

[2] U. S. D. A, *Bulletin of Foreign Plant Introductions*, *New Plant Immigrants*, No. 85. pp. 656 - 657. Mar. 16 to May 1, 1913.

[3] U. S. D. A, *Bulletin of Foreign Plant Introductions*, *New Plant Immigrants*, No. 110. p. 899. June, 1915.

[4] U. S. D. A, *Bulletin of Foreign Plant Introductions*, *New Plant Immigrants*, No. 128. p. 1091. Dec., 1916.

[5] 《公告》中部分描述来自 "*Plantae Wilsonianae*", by Sargent, Vol. 3, Part1, 1916, pp. 187 - 188.

1917年，福尔曼纪念医院医学博士多布森（W. H. Dobson）在广东阳江采集到1个无核黄皮种子样本①，来自一棵低矮的无刺黄皮树，枝条伸展，羽状螺旋排列的常绿叶子，4~5个深裂，顶生圆锥大花序上开着小白花，卵圆形果实大约1英寸长，腺状短茸毛果皮，绿色的种子；这种水果是华南地区特产果品，美国夏威夷州、佛罗里达州、加利福尼亚州等气候温暖区域适合种植这种作物，果树一般在葡萄柚树或柑橘树上嫁接，也可以作为柑橘类果树的嫁接砧木，这是多布森见过的最大黄皮种子②。

1917年，美国卢瑟传教团费德（Nathannel Fedde）医生在河南确山采集到1个柿子树插条样本③，这种红色的柿子与普通番茄的个头差不多，硬花萼不是太大，几乎看不出差别，一般情况下果实中没有种子，但少数果实中有4~5个种子，口感甜，果汁会在亚麻布上留下永久性污渍。

1918年，美国南俄勒冈农业试验站的赖默尔（F. G. Reimer）教授在满洲里、北京、直隶等地采集到15个梨树果实样本④，S. P. I. No. 45833来自直隶的野生梨树，以前这个地区野生梨树非常多，但过去几年由于大规模开发定居点，加之这里的土壤非常适合农业种植，大部分野生梨树被砍伐掉，仅剩下为数不多的野生梨树沿着峡谷边缘地带或溪流地带生长，果树长得很高，一般可以达到75英尺，树身直径2.5英尺，绿色的果实呈圆形或扁平状，砂质果肉，口感酸，早期采集引种者是弗兰克·迈耶，种植试验显示果树对火疫病具有很强的抗性，作为寒冷地区种植梨树的嫁接砧木非常有潜力，已经嫁接了一批华北地区最好的种植梨树；S. P. I. No. 45834来自满洲里，属于平梨品种，果实与小酸梨相似；S. P. I. No. 45845属于鸭广梨品种，果实个头大，形状与巴特

---

① U. S. D. A, *Bulletin of Foreign Plant Introductions*, *New Plant Immigrants*, No. 138. p. 1238. Oct., 1917.

② 《公告》中标注原文来源于W. T. Swingle, *Bailey's Standard Cyclopedia of Horticulture*, Vol. 2, p. 786.

③ U. S. D. A, *Bulletin of Foreign Plant Introductions*, *New Plant Immigrants*, No. 130. pp. 1123 - 1124. Feb., 1917.

④ U. S. D. A, *Bulletin of Foreign Plant Introductions*, *New Plant Immigrants*, No. 144. p. 1311. Apr., 1918.

利特梨相似，底部更粗大一些，果肉多汁、口感好，完全可以与欧洲高品质梨相媲美，赖默尔教授认为这是一种有前途的种植梨品种，具有秋子梨的血统，希望它对枯萎病有特殊抵抗力，成为美国最有价值梨树品种；S. P. I. No. 45846-847 来自满洲里山区，作物的环境适应性极强，果实较小，直径 1.25~1.5 英寸不等，呈圆形或扁平状，青黄色果皮，一个侧面呈玫瑰红色，9 月份果实成熟，口感酸爽，毫无疑问该品种是秋子梨嫁接的，叶子、果实的特性都比较相似，果肉要比野生梨更软一些，花萼宿存，叶子蔓延开放，有较高的育种价值；S. P. I. No. 45848 属于白梨，来自北京附近，个头中等大小，果实呈柠檬黄色，口感甜，果肉多汁，所有人都认为它是最好的梨子之一，贮藏性好，从 10 月到次年 3 月北京市场都可以买到，也具备一些秋子梨特性，赖默尔教授认为这 4 个品种要优于其他东方梨品种，至少根据美国人的口味判断是这样的，这是他亲自品尝、能够断言高品质的梨子，也是培育抗枯萎病梨树品种中最好的种质，未来一定能在培育耐寒梨树育种试验中证明其价值。

S. P. I. No. 46576 - 581、46585 - 587 来自直隶马兰峪茅山附近，S. P. I. No. 46576 属于蜜梨品种，果实呈圆形、直径 2 英寸，个头中等大小，黄色的果皮，落叶花萼，果肉结实、多汁、不明显砂质，口感甜，品质中等，这种梨是华北地区经济效益最高的品种；S. P. I. No. 46577 属于棠梨品种，果实大、卵圆形或长椭圆形，果皮呈黄褐色，落叶花萼，果肉结实、不明显砂质，口感甜，品质中等，是一个令人关注的品种，明显带有秋子梨特性，尤其是叶子特征，有可能是秋子梨的杂交品种；S. P. I. No. 46578 果实中等大小，呈扁平状，黄色的果皮，落叶花萼，果肉硬、多汁、口感甜，易于贮藏和运输，华北地区的人们非常喜食这种梨；S. P. I. No. 46579 属于麻梨品种，扁平状，果皮呈黄色，底部黄褐色，覆盖一层小亮点，落叶花萼，树茎中等长度，果肉结实，果皮粗糙，口感甜，质量中等，在华北地区 8 月末果实成熟；S. P. I. No. 46580 属于鸭梨品种，华北地区种植最广泛的梨，果实个头大，形状与巴特利特梨相似，果皮呈浅黄色，果肉结实、多汁、甜、无砂质，贮藏性好，整个冬季都可以购买到，如果贮藏条件适宜，晚冬或早春季节也可以品尝到；S. P. I. No. 46581 属于红梨品种，果实中等大小、形状圆，果皮呈黄色、略带胭脂红，这种果皮的颜色在东方梨品种中较少见，果肉结实、多汁、甜，品质不高，但贮藏性好，晚冬季节在市场上都可以找到；S. P. I. No. 46585 属于大酸梨品种，赖默尔教授认为这是他见过的最有价值梨树品种之一，果实个头相差较大，扁平状，果皮呈青黄色，宿存花萼，果肉硬，果核周围有较多砂质，口感酸，贮藏性好，在较好的贮藏条件下，早春之前仍能保持标准的果实品质，但不推荐作为优质商业品种，在培育抗枯萎病和耐寒梨树育种试验中具有较高价值；S. P. I. No. 46586 属于鳄梨品种，果实非常大、椭圆形，果皮呈绿色，9 月末成熟，气味芳香，花萼宿存，口感不太好，实际上属于秋子梨的杂交品种，有一定的育种价值；S. P. I. No. 46587 属于青梨品种，果实个头中等、椭圆形，果皮呈绿色，花萼宿存，8 月末成熟，质量中等，有一定的育种价值。

1922 年，岭南大学代理农业主任莱文（C. O. Levine）在广州采集到 1 个"鸡心柿"样本①，美国种植的柿子树一般来自中国的华中或华北地区，部分品种来自日本，尽管这种果树的种植区域比较特殊，但并未引起美国农业部的更多关注；日本柿子树在南佛罗里达州的生长并不旺盛，在古巴或其他热带地区也不完全成功，广州柿子树看起来更能适应热带气候。麦克卢尔（F. A. McClure）在海南采集到 1 个姜根样本②，黑色的心形姜，当地人称其"黑心姜"，深粉色的花朵，叶子中间与根状茎呈深紫色，外表就像作物名称一样，在灌木丛沙质土壤中产量最高，也是半热带地区非常有前途的观赏性作物。金陵大学农林科③约翰·卜凯（J. L. Buck）提供了 1 个普通小麦样本④，

---

① U. S. D. A, *Bulletin of Foreign Plant Introductions*, *New Plant Immigrants*, No. 191. p. 1728. Mar., 1922.
② U. S. D. A, *Bulletin of Foreign Plant Introductions*, *New Plant Immigrants*, No. 198. p. 1811. Oct., 1922.
③ 1888 年，美国基督教会卫斯理会在南京创办金陵大学，该校农林科堪称中国之先驱，享誉海外，1952 年主体并入南京大学。
④ U. S. D. A, *Bulletin of Foreign Plant Introductions*, *New Plant Immigrants*, No. 193. p. 1756. May, 1922.

作物来自安徽谷阳①地区，属于春麦品种。

1908年8月，岭南大学乔治·魏德曼·高鲁甫（G. Weidman Groff）答复美国农业部关于采集桃树种质相关事宜②，他说自己仅认识华南地区两种桃树，可以协助进行采集，并在年底采集邮寄了一批样本③。次年，他在广州采集到2个桃树嫁接枝条样本④，邮寄给美国加州奇科植物引进园进行育种栽培；S. P. I. No. 24915属于黄桃品种，中国人广泛认可这个品种，当地人则认为蟠桃品种S. P. I. No. 24916是最好的；广州的暖冬经常导致桃树持续开花，黄桃比蟠桃开花早些，中国南方的桃树是美国唯一经过种植试验的桃树品种，这些品种完全可以在美国佛罗里达州进行商业化种植。

1911年，高鲁甫在广州采集到1个白菜样本⑤，这是一种品质极高的大白菜，根部很长，开水焯过后即可食用，口感很好；2个慈姑样本⑥，这种作物可以长到1英尺高，3~4个月出根茎，与母茎分离，作物间距2英尺，可以成排种植，土壤的准备方式与水稻相似，沙土或者沙壤土最佳，中国人喜欢用这种蔬菜与牛肉、猪肉一起炖煮；2个芋头块茎样本⑦；2个柿子树插条样本⑧，S. P. I. No. 34711是一种红色的大柿子，是高鲁甫见过的最大、最甜的柿子，没有普通柿子的那种涩味，果树生长能力强，但很难找到一粒种子，深红色的

---

① 引进公告原文是山东谷阳地区，地理知识或印刷错误。谷阳地区即安徽省固镇县，农业以种植小麦为主。
② U. S. D. A, *Bulletin of Foreign Plant Introductions*, *New Plant Immigrants*, No. 2. p. 3. Sept. 20 to Oct. 1, 1908.
③ U. S. D. A, *Bulletin of Foreign Plant Introductions*, *New Plant Immigrants*, No. 11. p. 4. Jan. 30 to Fcb. 15, 1909.
④ U. S. D. A, *Bulletin of Foreign Plant Introductions*, *New Plant Immigrants*, No. 13. p. 1. Mar. 1 to 20, 1909.
⑤ U. S. D. A, *Bulletin of Foreign Plant Introductions*, *New Plant Immigrants*, No. 65. p. 454. July 1 to 31, 1911.
⑥ U. S. D. A, *Bulletin of Foreign Plant Introductions*, *New Plant Immigrants*, No. 60. p. 417. Mar. 16 to 31, 1911.
⑦ U. S. D. A, *Bulletin of Foreign Plant Introductions*, *New Plant Immigrants*, No. 55. p. 1. Jan. 1 to 15, 1911.
⑧ U. S. D. A, *Bulletin of Foreign Plant Introductions*, *New Plant Immigrants*, No. 82. p. 620. Dec. 1, 1912 to Jan. 15, 1913.

果皮非常薄，果实最大的周长约 8 英寸；S. P. I. No. 34713 是一种鸡心型的柿子，果肉品质较差，一般不在市场上出售，果实的个头和形状类似小鸡蛋，很难完全成熟，本地人普遍使用的催熟方法是把野生菩提树叶覆盖在果实上一段时间，广州一般没有霜冻，这种柿子树适合作嫁接砧木。

1912 年 6 月，岭南大学切斯特·弗森（Chester G. Fuson）在邮寄给美国农业部的信件中说[1]：他如果有机会，就协助采集广州附近的小果实柿子树插条，这种果实呈亮黄色，近似球状，直径 1/2~2/3 英寸。

美国农业部《新作物引进公告》第 82 期刊载了 1 封信件节选，1912 年 8 月 28 日，菲利浦·霍夫曼（Philip Hofman）描述："现在是柿子树的产果季节，如果你品尝过我所知道的中国最好的无籽柿子，一定会流口水，中国西部地区有很多柿子树品种，有一种红桃型柿子，它的个头更大、类似大马铃薯形状，这种柿子感觉果实很硬，但吃起来却很软，人们就像吃苹果一样食用这种柿子，而不是像用勺子食用哈密瓜那种方式。"

美国农业部《新作物引进公告》第 118 期刊载 1 张照片（图 5-3），彼得·比塞特（Peter Bisset）拍摄，照片内容是富尔顿（W. P. Fulton）站在美国佛罗里达州布鲁克斯维尔自己种植的"大磨盘柿子"（S. P. I. No. 16921.）[2]树的旁边，这也是美国最大的新品种柿子树林，中国柿子树已经适应了当地的生长条件，结出品质很高的果实。

美国农业部《新作物引进公告》第 111-112 期刊载 1 张照片（图 5-4）[3]，照片内容是岭南大学高鲁甫（G. Weidman Groff）拍摄的广州荔枝树。在华南地区，人们利用果树分割稻田，当地最令人喜爱的果树就是荔枝树，果树能够耐受轻霜，但幼树容易被严寒冻死，加利福尼亚州圣巴巴拉市的一棵荔枝树已经结出果实，这种荔枝树已种植在佛罗里达州的多个地区。

---

[1] U. S. D. A, *Bulletin of Foreign Plant Introductions*, *New Plant Immigrants*, No. 78. p. 578. July 1 to 15, 1912.

[2] U. S. D. A, *Bulletin of Foreign Plant Introductions*, *New Plant Immigrants*, No. 118. p. 968. Feb., 1916.

[3] U. S. D. A, *Bulletin of Foreign Plant Introductions*, *New Plant Immigrants*, No. 111-112. p. 906. July to Aug., 1915.

第五章 其他外籍人士在华作物采集活动

**图 5-3　美国佛罗里达州的中国"大磨盘"柿树林**
资料来源：U.S.D.A, *Bulletin of Foreign Plant Introductions*, *New Plant Immigrants*, No. 118. PI. 186.

**图 5-4　中国广州分割农田的荔枝树**
资料来源：U.S.D.A, *Bulletin of Foreign Plant Introductions*, *New Plant Immigrants*, No. 111-112. p. 907.

1915 年，高鲁甫在广州采集到 1 个荔枝种子样本，通过沙梅尔（F. E. Shamel）邮寄到美国农业部，附加描述："在这个纬度的荔枝品种应该是最好的，广东南部和北部地区荔枝树种植确实很成功，果树不耐受霜冻，该地区每年都有轻霜，但并不严重，破坏性也不大；在低地的堤上，果树生长状态最好，因为树根总能获得所需要的水分，同时也可能被水淹没，人们在一些高地进行种植试验，但未获成功；我没有见到一棵发芽的或嫁接的荔枝树，或许没有这样的果树，荔枝树一般采用插枝或压条法繁殖，但后者更为普遍，成功率也更高些，不同荔枝品种的种子成活率差别很大，我被告之说没有100%种植成功的籽苗，尽管特殊培育的种子很容易发芽。"1个茭白样本①，采集这种作物是为了培育多汁性蔬菜。

1918年，高鲁甫在广州采集到1个梅树插条样本②，当地人将这种水果称作"岗梅"，5月市场上比较常见，果实个头类似杏，据说有几个不同的品种，口感微苦，可以用来制作口感很好的果冻，也可以用作嫁接砧木。1个杨梅种子样本③，属于令人关注的水杨梅品种，5月在广州市场大量上市，果实外表非常漂亮，一般捎带几片深绿色叶子一起售卖，外观与草莓差别不大，但形状更圆，果皮粗糙，果肉口感酸，果肉中仅有1粒种子，而且很难从果肉中分离出来。1923年，他在广州采集到1个芋头样本④，品质很好，红色的肉芽，块茎小、均匀、椭圆，深绿色的叶子，据说作物产量非常高。

1911年，苏州大学美籍教授祁天锡（Nathaniel Gist Gee）在天津、苏州洞庭山分别采集到2个栗子树插条样本。1918年，他在苏州采集到1个薏苡种子样本⑤，作物外形各异，共同特点是薄、松、外壳易破、纵向条纹，个别品种底部呈环状。

1910年，塞缪尔·科克伦（Samuel Cochran）医生在安徽怀远采集到4个石榴果实样本⑥，附加描述："据说怀远石榴是中国最好的石榴品种，我想这

---

① U. S. D. A, *Bulletin of Foreign Plant Introductions*, *New Plant Immigrants*, No. 55. p. 4. June, 1915.
② U. S. D. A, *Bulletin of Foreign Plant Introductions*, *New Plant Immigrants*, No. 150. p. 1365. Oct., 1918.
③ U. S. D. A, *Bulletin of Foreign Plant Introductions*, *New Plant Immigrants*, No. 150. p. 1364. Oct., 1918.
④ U. S. D. A, *Bulletin of Foreign Plant Introductions*, *New Plant Immigrants*, No. 207. p. 1899. July, 1923.
⑤ U. S. D. A, *Bulletin of Foreign Plant Introductions*, *New Plant Immigrants*, No. 143. p. 1292. Mar., 1918.
⑥ U. S. D. A, *Bulletin of Foreign Plant Introductions*, *New Plant Immigrants*, No. 28. p. 4. Feb. 1 to 15, 1910.

是对的，这种水果会被送到北京供应皇家食用"；1个柿子样本①。次年，他又在怀远采集到1个棉花种子样本②，附加描述："这种棉花的质量和产量都不太好，采集该品种主要是为了育种试验。"

美国农业部《新作物引进公告》第37期记载：1910年，塞缪尔·科克伦（Samuel Cochran）医生对安徽怀远的梨子进行描述："果实个头大，果肉结实，易于保存，但口感不太好，果实的个头和贮藏性使其在育种试验方面具有较高价值③。"

1910年，埃德加·希尔兹（Edgar T. Shields）医生在四川雅州采集到1个树莓果实样本④，黄色的树莓是从峨眉山顶采集到的，口感很好；1个蚕豆样本⑤，作物非常高产，当地人用这种豆子喂养家畜，有时候穷人也会食用一些，豆子用油炸或火烤；4个玉米样本⑥，这几个品种各具特色，白色的、黄色的，表面光滑的以及表面粗糙的。

1911年，美国农业部收到派珀（C. V. Piper）在中国和印度采集到的4个杧果种子和插条样本⑦，其中 S. P. I. No. 31732 来自广东广州，被称作"红杧"，据说是华南地区最好的杧果品种，这是一种非常有魅力的水果，但果实质量无法与马尼拉杧果相媲美，其他3个品种来自印度；在广东广州采集到2

---

① U. S. D. A, *Bulletin of Foreign Plant Introductions*, *New Plant Immigrants*, No. 31. p. 2. Mar. 9 to 16, 1910.

② U. S. D. A, *Bulletin of Foreign Plant Introductions*, *New Plant Immigrants*, No. 58. p. 399. Feb. 15 to 28, 1911.

③ U. S. D. A, *Bulletin of Foreign Plant Introductions*, *New Plant Immigrants*, No. 37. p. 5. May 1 to 15, 1910.

④ U. S. D. A, *Bulletin of Foreign Plant Introductions*, *New Plant Immigrants*, No. 46. p. 3. Aug. 16 to 31, 1910.

⑤ U. S. D. A, *Bulletin of Foreign Plant Introductions*, *New Plant Immigrants*, No. 46. p. 3. Aug. 16 to 31, 1910.

⑥ U. S. D. A, *Bulletin of Foreign Plant Introductions*, *New Plant Immigrants*, No. 59. p. 408. Mar. 1 to 15, 1911.

⑦ U. S. D. A, *Bulletin of Foreign Plant Introductions*, *New Plant Immigrants*, No. 67. p. 472. Sept. 1 to 30, 1911.

个无核黄皮种子样本①，附加描述："这些种子是在市场上购买的，7月果树开始大量产果，一种是酸果实，果实的个头类似玫瑰香葡萄，外形逐渐缩小；另外一种是甜果实，果实个头小，呈椭圆形；这两种果实的外皮呈青黄色，一般含有5粒种子，但口感酸的品种偶然会多出一粒种子，果肉品质中等，当地人大量食用。"

1920年，诺顿（J. B. Norton）在福州鼓岭附近采集到1个树莓种子②，成熟的果实与草莓相似，果肉品质上等、深红色、有令人愉悦的苦味，具有育种试验价值，果汁可以使无味道的悬钩子属作物更具口感；1个百合样本③，这种作物使6—7月的鼓岭更加漂亮，单株大喇叭状百合花在贫瘠的山坡上非常显眼，淡黄色花蕾全部开放，逐渐变成略带紫色的白颜色，外层花瓣有棕色条纹，当地人食用作物的球茎。

1922年，美国农业部植物产业局里德（C. A. Reed）在直隶购买到1个板栗果实样本④，这个品种可能来自兰州北部，因为那里有大面积的栗树林和百年树龄的栗子树。次年，他在江苏、山西、山东、河南、直隶等地采集到6个核桃树插条样本，S. P. I. No. 56407来自南京大学附近的一棵核桃树⑤，当地人将其称作"灰核桃"，这一品种在满洲里地区大量种植；S. P. I. No. 56410来自山西汾州（今山西吕梁），果实样本是在农民居住地采集到的，这个区域是干旱山区，黄色土壤，冬季严寒，降水较少，春秋两季气温变化比较温和，适合种植核桃树；S. P. I. No. 56411来自山东义县传教士戈登（K. M. Gordon）花园中一棵年轻的核桃树，果实质量很好，核桃成

---

① U. S. D. A, *Bulletin of Foreign Plant Introductions*, *New Plant Immigrants*, No. 67. p. 470. Sept. 1 to 30, 1911.

② U. S. D. A, *Bulletin of Foreign Plant Introductions*, *New Plant Immigrants*, No. 167. p. 1539. Mar., 1920.

③ U. S. D. A, *Bulletin of Foreign Plant Introductions*, *New Plant Immigrants*, No. 167. p. 1537. Mar., 1920.

④ U. S. D. A, *Bulletin of Foreign Plant Introductions*, *New Plant Immigrants*, No. 203. p. 1860. Mar., 1923.

⑤ U. S. D. A, *Bulletin of Foreign Plant Introductions*, *New Plant Immigrants*, No. 203. p. 1863. Mar., 1923.

熟前2~5周，人们用棍子将果实从树上敲下来，在果实表面覆盖一层稻草，使其能够吸收核桃的水分，5~8天后去掉枯萎的外壳，果实表面进行硫化处理后即可上市销售；S. P. I. No. 56412是金陵大学约翰·卜凯（J. L. Buck）在河南购买的，属于典型的地方品种；S. P. I. No. 56415来自山东青州，外壳非常坚硬，也是在市场上购买的，果树种子来自中国西部地区；S. P. I. No. 56422来自直隶一棵野生核桃树，果实外壳很厚。次年，里德采集到1个粟作物样本[①]，作物来自北京，在中国人眼中粟和甘薯都是"粗粮"，是华北人最重要的谷粮之一，这种作物有多个品种，分为普通种类和糯米种类。

## 第二节　驻华美国外交官和美籍雇员的采集活动

### 一、驻华美国外交官的代表性采集成果

20世纪上半叶，美国在华拥有相当特殊的权力，在中国各大主要城市都设有领事馆；美国驻华外交官为了实现本国农业快速发展，竭尽全力地支持植物猎人的作物采集活动，为他们提供最便利的工作条件，此外还亲自参与作物采集活动，其代表性作物采集成果如表5-4。

表5-4　驻华美国外交官代表性采集成果统计表

| 时间 | 采集地点 | 采集者 | 作物品种 | 样本数量 | 采集编号 |
| --- | --- | --- | --- | --- | --- |
| 1908 | 福建福州 | Samuel L. Gracey | 枇杷 | 1 | 不详 |
| 1909 | 福建福州 | Samuel L. Gracey | 荔枝 | 1 | 25274 |
| 1909 | 福建福州 | Samuel L. Gracey | 西瓜 | 3 | 26156-158 |
| 1908 | 天津 | E. T. Williams | 山桃 | 不详 | 不详 |
| 1910 | 江苏南京 | E. T. Williams | 柿子 | 1 | 29116 |

---

① U. S. D. A, *Bulletin of Foreign Plant Introductions*, *New Plant Immigrants*, No. 203. p. 1861. Mar., 1923.

(续表)

| 时间 | 采集地点 | 采集者 | 作物品种 | 样本数量 | 采集编号 |
|---|---|---|---|---|---|
| 1909 | 福建厦门 | Julian H. Arnold | 柚子 | 1 | 不详 |
| 1909 | 香港 | Amos P. Wilder | 水稻 | 3 | 不详 |
| 1909 | 福建福州 | Nightingale | 茶叶 | 14 | 26330-343 |
| 1910 | 满洲里 | N. T. Johnson | 黑豆、绿豆、大豆 | 4 | 26643-646 |
| 1910 | 山东滨州 | N. T. Johnson | 苜蓿 | 1 | 28278 |
| 1918 | 湖南郴州 | N. T. Johnson | 柚子 | 1 | 46336 |
| 1910 | 台湾淡水 | Samuel C. Reat | 茭白 | 1 | 26760 |
| 1910 | 满洲里 | A. A. Williamson | 白菜 | 2 | 26563-564 |
| 1919 | 吉林公主岭 | A. A. Williamson | 旱稻 | 2 | 46953；46954 |
| 1912 | 天津 | Samuel S. Knabenshue | 桃 | 1 | 34515 |
| 1912—1913 | 天津 | Samuel S. Knabenshue | 核桃 | 3 | 36082；36180-181 |
| 1912 | 天津 | Samuel S. Knabenshue | 栗子 | 1 | 34517 |
| 1915 | 重庆 | Myrl S. Myers | 桃 | 2 | 41149-150 |
| 1916 | 广东广州 | P. R. Josselyn | 桃 | 3 | 43289-291 |
| 1916 | 广东汕头 | G. C. Hanson | 荔枝 | 1 | 43034 |

资料来源：U. S. D. A, *Bulletin of Foreign Plant Introductions*, *New Plant Immigrants*, No. 1-128.

1908年，美国驻福州领事格雷西（Samuel L. Gracey）采集到1个枇杷种子样本[1]，并承诺再采集邮寄一些荔枝种子，进一步了解果树的种植方法；次年，他采集到1个荔枝树插条样本[2]，现在这种果树已经在加州奇科植物引进园进行种植；3个西瓜样本[3]，其中 S. P. I. No. 25156 是白色的西瓜，其他两个品种分别是黄色的和红色的。

---

[1] U. S. D. A, *Bulletin of Foreign Plant Introductions*, *New Plant Immigrants*, No. 1. p. 6. Aug. 19 to Sept. 19, 1908.

[2] U. S. D. A, *Bulletin of Foreign Plant Introductions*, *New Plant Immigrants*, No. 15. p. 3. Apr. 7 to 27, 1909.

[3] U. S. D. A, *Bulletin of Foreign Plant Introductions*, *New Plant Immigrants*, No. 22. p. 2. Oct. 2 to Nov. 1, 1909.

## 第五章 其他外籍人士在华作物采集活动

1908年9月，美国驻天津总领事威廉姆斯（E. T. Wiliams）向美国农业部汇报[①]：他正在想办法采集一些山桃树种子；11月，他邮寄了第一批山桃树种子[②]，这种树是多种果树嫁接砧木，中国人利用它嫁接或发芽桃树、李树、杏树、巴旦木树、樱桃树等。1910年，他在江苏南京采集到1个无籽柿子树样本，附加描述："这是为了回应迈耶的请求而采集的，接到他的电报后我立刻与朋友们联系，当时在南京的一位朋友给我邮寄一些柿树种子；据我所知，中国所有的柿子树都是在野生嫁接砧木基础上培育的。"

1909年，美国领事朱利安·阿诺德（Julian H. Arnold）在福建厦门给美国农业部邮寄了柚子树插条[③]样本；此外，他还对中国塘栖樱桃进行关注。

美国农业部《新作物引进公告》第213期记载，1924年1月1日，加州朱利安·阿诺德（Julian. H. Arnold）先生对中国塘栖樱桃进行描述[④]："1921年我采集到这种果树，1923年4月，果树结出第一批果实，个头就像'东方五月'樱桃，淡黄色果皮略带一些红色，外形逐渐变圆，果树有4.5英尺（1.4米）高，塘栖樱桃是美国成熟最早的水果樱桃，3月末或4月初即可成熟上市，虽然果实很小，但与普通樱桃相比品质极好，这些特性使其在育种试验中大有前途。"

1909年，驻香港总领事阿莫斯·怀尔德（Amos P. Wilder）给美国农业部邮寄3个本地稻作样本[⑤]。1909年，美国驻福州副领事奈廷格尔（Nightingale）

---

[①] U. S. D. A, *Bulletin of Foreign Plant Introductions*, *New Plant Immigrants*, No. 5. p. 4. Oct. 27 to Nov. 9, 1908.

[②] U. S. D. A, *Bulletin of Foreign Plant Introductions*, *New Plant Immigrants*, No. 10. p. 5. Jan. 14 to 29, 1909.

[③] U. S. D. A, *Bulletin of Foreign Plant Introductions*, *New Plant Immigrants*, No. 18. p. 8. June 11 to July 3, 1909.

[④] U. S. D. A, *Bulletin of Foreign Plant Introductions*, *New Plant Immigrants*, No. 213. pp. 1947 - 1948. Jan. , 1924.

[⑤] U. S. D. A, *Bulletin of Foreign Plant Introductions*, *New Plant Immigrants*, No. 15. p. 7. Apr. 7 to 27, 1909.

采集到 14 个茶树枝条样本①，这是在美国领事格雷西指导下购买的，也是美国驻华大使洛克希尔（Rockhill）的建议；为了采集到这些稀有的茶叶品种，奈廷格尔乘船或步行在福州九曲河地区进行了长期的旅行，他给美国农业部递交了 1 份茶叶购买过程的详细报告，其中包括所谓"悬崖茶"的位置地图；多年以来，美国马萨诸塞州萨默维尔的谢泼德（Shepard）博士一直尝试获取中国的高档茶叶品种，但由于各种不利因素没有成功，对他来说这些珍贵的茶叶样本将受到特殊保护，通过罗德尼·特鲁（Rodney True）博士设在萨默维尔的茶叶实验室进行深入研究。

1910 年，美国领事尼尔森·约翰逊（Nelson T. Johnson）在满洲里奉天（今辽宁省沈阳市）给美国农业部邮寄了 4 个豆类作物样本②，前 2 种是黑色和橄榄色豆子，当地人将其作为主粮食用，第 3 种是绿豆，用于制作豆腐或发制豆芽，第 4 种是大豆（亦称黄豆）作物③，东北地区重要的豆类作物之一，有多种食用方法，主要用于榨油，豆渣可以制成豆饼，作为肥料出口到日本；在山东滨州购买到 1 个苜蓿种子样本④，由美国伊利诺伊州芝加哥菲尔德博物馆的贝特霍尔德·劳费尔（Berthold Laufer）携带回国，苜蓿幼苗可以当作蔬菜食用，作为一种饲料作物，它始终是绿色的，中国人一般不会将苜蓿晒成干草，夏季可以收割 3 次这种作物，但首次采摘嫩叶不算在内；1918 年，他在湖南郴州府采集到 1 个柚子果实样本⑤，是从传教士布赫（J. F. Bucher）那里得到的，该品种是湖南柚子作物中成熟最早的，比其他柚子至少早熟 2 个月。

1910 年，美国领事塞缪尔·瑞特（Samuel C. Reat）在台湾地区淡水采集

---

① U. S. D. A, *Bulletin of Foreign Plant Introductions*, *New Plant Immigrants*, No. 24. p. 4. Dec. 2 to 16, 1909.

② U. S. D. A, *Bulletin of Foreign Plant Introductions*, *New Plant Immigrants*, No. 28. p. 2. Feb. 1 to 15, 1910.

③ 大豆在东北地区通称"黄豆"，1 年生草本植物，原产地中国，豆子表面有淡绿、黄、褐、黑等多种颜色，东北地区、华北地区将其作为主要粮食作物和油料作物。

④ U. S. D. A, *Bulletin of Foreign Plant Introductions*, *New Plant Immigrants*, No. 42. p. 1. June 24 to July 1, 1910.

⑤ U. S. D. A, *Bulletin of Foreign Plant Introductions*, *New Plant Immigrants*, No. 149. p. 1354. Sept., 1918.

到 1 个茭白样本①，这种作物与美国野生稻有植物亲缘关系，根茎可以长期保存在地下，属多年生植物，中国、日本均有野生种和种植种；这种作物可以提供 3 种完全不同的食材，种子属于菌类，在开花期形成，但似乎不在中国人的食谱中，根茎部分的嫩枝汁液丰富，其他部分也可以作为食材，在中国早期的文学作品中曾提到广州附近大量种植茭白。

1910 年，美国驻大连领事威廉姆森（A. A. Williamson）在满洲里采集到 2 个白菜样本②。1919 年，他又邮寄了 2 个旱稻作物样本③，这些稻作来源于日本南满铁路株式会社在吉林省公主岭（今县级市）的农作物试验站，地理位置处于北纬 43°，与美国新罕布什尔州康科德相同，因此，威廉姆森极力推荐试验种植这种稻作。

1912 年，美国驻天津总领事塞缪尔·纳本舒（Samuel S. Knabenshue）在天津采集到 1 个野生桃树种子样本④，这些数量可观的桃树种子，是在迈耶首次中国之行记载的采集地点找到的，正在进行全面的种植试验，这种桃树可以作为耐寒核果类果树的嫁接砧木；2 个核桃样本⑤，有硬壳和软壳两种，硬壳品种来自北京西部山区，软壳品种来自直隶昌黎；次年，他又在直隶昌黎采集到 1 个核桃果实样本⑥，这种昌黎核桃被误称作"满洲里核桃"，它们来自长城附近，这种命名法使得报纸认为最好的核桃种植在满洲里地区，从种植试验初期效果来看，华北核桃树明显比西欧、南欧和西北亚的核桃树材质硬一些。

---

① U. S. D. A, *Bulletin of Foreign Plant Introductions*, *New Plant Immigrants*, No. 30. p. 5. Mar. 1 to 8, 1910.

② U. S. D. A, *Bulletin of Foreign Plant Introductions*, *New Plant Immigrants*, No. 27. p. 2. Jan. 16 to 31, 1910.

③ U. S. D. A, *Bulletin of Foreign Plant Introductions*, *New Plant Immigrants*, No. 155. p. 1412. Mar., 1919.

④ U. S. D. A, *Bulletin of Foreign Plant Introductions*, *New Plant Immigrants*, No. 81. p. 604. Oct. 1 to Nov. 30, 1912.

⑤ U. S. D. A, *Bulletin of Foreign Plant Introductions*, *New Plant Immigrants*, No. 74. p. 541. Mar. 1 to 31, 1912.

⑥ U. S. D. A, *Bulletin of Foreign Plant Introductions*, *New Plant Immigrants*, No. 89. p. 693. Sept., 1913.

1912年，纳本舒还在天津采集到1个栗树果实样本①，大量的中国栗树已经显示出对枯萎病具有抗性。

1915年，美国领事迈尔斯（Myrl S. Myers）在重庆采集到2个桃树种子样本②，这些桃树分别以"香桃"和"硬桃"闻名，"香桃"是一种大果实桃子，果皮、果肉大部分是红色的，果实成熟时变软，果核很容易取出，果肉口感好；"硬桃"个头比"香桃"稍小些，果实成熟时果肉仍然比较硬，6月末果实成熟，"香桃"一般会提前2周成熟，"硬桃"不如其他品种甜，但也没有什么缺点。

1916年，美国副领事乔斯林（P. R. Josselyn）在广州采集到3个桃树种子样本③，这次的采集样本提供给美国农业部园艺与果树栽培办公室调查研究使用；中国的桃树大部分种植在北方省份，广东的桃子在尺寸、颜色、口感上比北方桃子稍逊一筹；这些桃子有酸甜两种口感，其中，"鹰嘴桃"十分甜，果实顶端有一个小点，类似鹰嘴一样，果皮多茸毛，广东桃树一般种植在番禺和南海两个区，三水和东莞也有少量种植；"蜜桃"口感很甜，形状稍圆，最初来自满洲里地区，番禺大部分地区都种植这种桃树；"酸桃"在广州不同地区都有种植，但大部分是在山区。

1916年，美国领事汉森（G. C. Hanson）在广东汕头采集到1个荔枝树种子样本④，这种荔枝夏初就能上市，但只能在极短日期内采摘食用，汕头荔枝的口碑不如广州荔枝好，但也属于夏季早熟品种。

---

① U. S. D. A, *Bulletin of Foreign Plant Introductions*, *New Plant Immigrants*, No. 81. p. 606. Oct. 1 to Nov. 30, 1912.

② U. S. D. A, *Bulletin of Foreign Plant Introductions*, *New Plant Immigrants*, No. 113. p. 920. Sept., 1915.

③ U. S. D. A, *Bulletin of Foreign Plant Introductions*, *New Plant Immigrants*, No. 125. p. 1045. Sept., 1916.

④ U. S. D. A, *Bulletin of Foreign Plant Introductions*, *New Plant Immigrants*, No. 123. p. 1027. July, 1916.

## 二、中国政府美籍雇员的代表性采集成果

近代中国政府为了学习西方先进的农业技术，高薪聘请了一批欧美农业专家担任技术顾问，这些美籍雇员在华传授农技知识的同时，前往中国各省份采集作物种质资源，并邮寄给美国各州农业试验站。以爱德华·帕克（Edward C. Parker）为例，他曾长期受聘于满洲里奉天（今辽宁沈阳市）农工商局，在东北、华北各地多次进行作物采集活动，代表性采集成果如表5-5。

表5-5 中国政府美籍雇员爱德华·帕克代表性采集成果统计表

| 时间 | 采集地点 | 作物品种 | 样本数量 | 采集编号 |
| --- | --- | --- | --- | --- |
| 1909 | 奉天 | 梨 | 6 | 26485-489；26591 |
| 1910 | 奉天 | 梨 | 1 | 29050 |
| 1910 | 奉天 | 苹果 | 1 | 27108 |
| 1910 | 奉天、山东 | 桃 | 2 | 27110-111 |
| 1910 | 奉天 | 杏 | 1 | 27109 |
| 1909—1910 | 安东、奉天 | 樱桃 | 2 | 27107 |
| 1910 | 奉天 | 旱稻 | 1 | 28056 |
| 1910 | 奉天 | 荞麦 | 1 | 28055 |
| 1910—1911 | 奉天、哈尔滨、天津 | 大豆、黑豆、红豆 | 59 | 28049-052；30593-601 |
| 1910 | 满洲里 | 高粱 | 2 | 28057-058 |
| 1910 | 满洲里 | 粟 | 1 | 28048 |
| 1911 | 吉林省 | 芋头 | 1 | 30743 |

资料来源：U. S. D. A, *Bulletin of Foreign Plant Introductions*, *New Plant Immigrants*, No. 9-71.

1909年，爱德华·帕克在满洲里奉天采集到6个梨树插条样本[①]，S. P. I. No. 26485是市场上比较受欢迎的一种梨[②]，中等大小，形状与美国巴特

---

① U. S. D. A, *Bulletin of Foreign Plant Introductions*, *New Plant Immigrants*, No. 26. p. 3. Jan. 1 to 15, 1910.

② U. S. D. A, *Bulletin of Foreign Plant Introductions*, *New Plant Immigrants*, No. 114. p. 935. Oct., 1915.

利特梨相似，黄白色果皮，果肉粗糙，具有很好的贮藏性，附加描述："这种梨子很耐寒，对干燥的风具有一定的抵抗性，种植在满洲里西南部（北纬43°左右）山区，果肉比较硬，果实成熟较晚，可以贮藏整个冬季；尽管这种果实的质量比不上巴特利特梨和昂茹梨，但该品种在南北达科他州具有种植潜力，那里有干燥的热风、短期干旱以及冷冬等气候特点，气候条件与中国原产地相似。"S. P. I. No. 26591的相关描述如下①："这个满洲里的梨树种子正在美国西部地区进行种植试验，我想梨树幼苗肯定会比接穗更有价值。"

1910年，帕克在奉天购买到一些梨树种子②，附加描述："这种杂交梨树生长在北纬42°地区，果树对干热风、日灼病、枯萎病具有极强抵抗力，作为耐寒嫁接砧木有很高的价值。"1个苹果树插条样本③，果树种植在北纬45°地区的小山坡上，非常耐寒，果实类似曼陀罗，果树有嫁接价值；在奉天、山东等地采集到2个桃树插条样本④，S. P. I. No. 27110有嫁接和发芽价值，S. P. I. No. 27111被当地人称作"大白桃"，属于山东地产品种，白色的大桃子，果实质量相当好，但果树种植情况未提供；1个杏树样本⑤，果树生长在满洲里北纬43°地区的小山上，果实个头小、有纤维、口感较差，仅有嫁接或发芽价值。

1909年，帕克在安东采集到1个耐寒的樱桃树种子样本⑥，这种樱桃来自中国樱桃树种植区域的最北部；此外，他还采集到一些本地甜樱桃树果实，次年冬季就可以得到接穗，果实个头小，与灌木樱桃差不多，果实像醋栗一样沿

---

① U. S. D. A, *Bulletin of Foreign Plant Introductions*, *New Plant Immigrants*, No. 27. p. 3. Jan. 16 to 31, 1910.

② U. S. D. A, *Bulletin of Foreign Plant Introductions*, *New Plant Immigrants*, No. 52. p. 3. Nov. 16 to 30, 1910.

③ U. S. D. A, *Bulletin of Foreign Plant Introductions*, *New Plant Immigrants*, No. 33. p. 1. Mar. 24 to 31, 1910.

④ U. S. D. A, *Bulletin of Foreign Plant Introductions*, *New Plant Immigrants*, No. 32. p. 1. Mar. 16 to 23, 1910.

⑤ U. S. D. A, *Bulletin of Foreign Plant Introductions*, *New Plant Immigrants*, No. 33. p. 4. Mar. 24 to 31, 1910.

⑥ U. S. D. A, *Bulletin of Foreign Plant Introductions*, *New Plant Immigrants*, No. 19. p. 5. July 5 to August 1, 1909.

着枝条生长，具有很漂亮的观赏效果，口感有些硬，但没什么味道。第二年，他又在奉天采集到1个樱桃树插条样本①，果树生长在北纬44°~45°地区的小山上，与美国沙樱桃相似，个别的樱桃树可以长到10英尺高，沿主茎结出果实，口感与沙樱桃或鹅莓接近、微酸、味道极好。1910年，帕克在奉天购买到1个旱稻种子样本②，已经邮寄给美国农业部；采集到1个荞麦作物样本③，这种作物一般在大麦或小麦收割后播种，即通常在6月下旬或7月上旬播种，这种荞麦的麦粒比美国荞麦更大、更重，属于晚熟麦类作物，一般种植在贫瘠的土地或山坡上，当地人将荞麦粉制成细粉丝，利用这种细粉丝几分钟就可以准备好一顿饭。

1910—1911年，帕克给美国农业部邮寄了多批次满洲里豆类样本，第一批次中的S. P. I. No. 28049和S. P. I. No. 28050分别被命名为"大黄"和"小黄"④，这两种豆子单颗分量重、出油率高，当地人认为具有很高的利用价值；S. P. I. No. 28051是黑色的豆子，主要用于制作豆腐，或与玉米粉混合起来摊成煎饼；S. P. I. No. 28052是红小豆，煮熟时则变成绿色，当地人将它与小米、高粱米混合煮饭；还有一种绿小豆，食用方法与红小豆基本相同，与高粱米混合制成粉条；第二批次有9个大豆（黄豆）样本⑤，其中，S. P. I. No. 30593和S. P. I. No. 30601由于薄皮、重量轻、含油量高被特殊推荐，这种作物成熟期130~140天；第三批次有144个豆类作物样本⑥，分别来自朝鲜半岛、哈尔滨和天津等地，汇聚了上述地区全部有价值的豆类作物

---

① U. S. D. A, *Bulletin of Foreign Plant Introductions*, *New Plant Immigrants*, No. 33. p. 4. Mar. 24 to 31, 1910.

② U. S. D. A, *Bulletin of Foreign Plant Introductions*, *New Plant Immigrants*, No. 40. p. 5. June 1 to 15, 1910.

③ U. S. D. A, *Bulletin of Foreign Plant Introductions*, *New Plant Immigrants*, No. 43. p. 3. July 1 to 15, 1910.

④ U. S. D. A, *Bulletin of Foreign Plant Introductions*, *New Plant Immigrants*, No. 40. p. 4. June 1 to 15, 1910.

⑤ U. S. D. A, *Bulletin of Foreign Plant Introductions*, *New Plant Immigrants*, No. 61. p. 424. Apr. 1 to 30, 1911.

⑥ U. S. D. A, *Bulletin of Foreign Plant Introductions*, *New Plant Immigrants*, No. 94. p. 743. Feb., 1914. 其中从中国采集46个大豆样本，但由于采集编号、采集时间和采集地点不详未列入本文统计表。

品种。

1910年，帕克在满洲里采集到2个高粱作物样本，这种作物是当地人主要粮食品种，种子被人们食用或用来饲养家畜，茎秆用于生火取暖；1个粟样本，这种作物在东北多地都有种植，是当地人日常生活的主粮；购买到1个芋头块茎样本①，附加描述未说明具体产地，但据说来自吉林省北部的北纬40°区域，样本的块茎比较小，类似日本芋头，黏液质，煮熟后口感差，生食不酸。

### 三、采集者不详的代表性采集成果

美国农业部219篇《新作物引进公告》（1908—1924）中，大量的中国作物引种资源由于各种原因，未标明采集者或其他具体的采集信息，但这些中国作物在育种栽培试验中发挥了重要作用，以下统计了部分具有代表性的作物品种，具体如表5-6所示。

表5-6 采集者不详的代表性中国作物统计表

| 时间 | 采集地点 | 作物品种 | 样本数量 | 采集编号（S. P. I. No.） |
| --- | --- | --- | --- | --- |
| 1904 | 云南 | 猕猴桃 | 1 | 11629 |
| 1909 | 不详 | 梨 | 2 | 25622-623 |
| 1909 | 安徽怀远 | 白菜 | 2 | 26422-423 |
| 1909 | 安徽怀远 | 西瓜 | 1 | 26421 |
| 1909 | 不详 | 樱桃 | 7 | 26246-252 |
| 1910 | 新疆 | 山楂 | 1 | 29150 |
| 1910 | 不详 | 茼蒿 | 1 | 24075 |
| 1910 | 不详 | 芝麻 | 2 | 26505-26506 |
| 1913 | 直隶张家口 | 桃 | 1 | 36724 |
| 1917 | 北京 | 黄秋葵 | 1 | 18580 |

---

① U. S. D. A, *Bulletin of Foreign Plant Introductions*, *New Plant Immigrants*, No. 62. p. 433. May 1 to 15, 1911.

(续表)

| 时间 | 采集地点 | 作物品种 | 样本数量 | 采集编号（S. P. I. No.） |
|---|---|---|---|---|
| 1922 | 北京 | 毛樱桃 | 1 | 38856 |
| 1922 | 上海 | 南瓜 | 1 | 46054 |
| 不详 | 直隶、北京、山西 | 枣 | 6 | 17752；17892；19394；19397；22684；36853 |
| 不详 | 河南 | 洋葱 | 1 | 46664 |

资料来源：U. S. D. A, *Bulletin of Foreign Plant Introductions*, *New Plant Immigrants*, No. 9-200.

美国农业部《新作物引进公告》第 50 期刊载 1 张照片（图 5-5），照片内容是加州奇科植物引进园一棵开花羊桃藤（猕猴桃树），采集编号 S. P. I. No. 11629。1904 年，作物样本是在中国云南采集到的，通过湖北汉口总领事威尔科斯特（Wilcox）邮寄到美国农业部，但该作物在美国只有雄花，据报告称在欧洲也未见到雌花；果实直径 1 英寸，口感类似鹅莓，最好吃的果冻就是用这种水果制成的，果树产生雌花的时候就可以结出果实；该作物品种在气候温暖区域有重要的经济价值，客观地说，可以作为门廊或建筑物的爬蔓观赏性植物；华盛顿以北地区是亚寒带，那里种植的羊桃藤在过去 3 年中生长旺盛，但每个冬季藤茎都会缩短几英尺，这种作物在该地区没有开过花。

1909 年，美国农业部收到 2 个中国梨树果实样本[①]，S. P. I. No. 25622 来自山区，S. P. I. No. 25623 很显然不是人工授粉，果实个头很大，贮藏性好，能保存到春季；2 个来自安徽怀远的白菜样本[②]，这两种白菜被当地人称作"塌菜"和"瓢儿白菜"；1 个西瓜样本[③]，当地人将其称作"黄瓤西瓜"；7 个樱桃果实样本，但采集者、采集地点不详。

---

① U. S. D. A, *Bulletin of Foreign Plant Introductions*, *New Plant Immigrants*, No. 18. p. 6. June 11 to July 3, 1909.

② U. S. D. A, *Bulletin of Foreign Plant Introductions*, *New Plant Immigrants*, No. 25. p. 1. Dec. 17 to 31, 1909.

③ U. S. D. A, *Bulletin of Foreign Plant Introductions*, *New Plant Immigrants*, No. 25. p. 1. Dec. 17 to 31, 1909.

**图 5-5 美国加州奇科植物引进园开花的羊桃藤**

资料来源：U.S.D.A, *Bulletin of Foreign Plant Introductions*, *New Plant Immigrants*, No. 50. p. 8.

  1910年，美国农业部收到来自中国新疆"Kan-shugan"① 的1个山楂树插条样本②，山楂树的枝条呈团状生长，叶子大，裂片浓密，果肉呈暗黄色，生长在海拔7 000~8 000英尺河道附近的多岩石区域，作为观赏作物可以种植在美国北部地区的公园中；1个茼蒿作物样本③，这是一种具有观赏性的一年生蔬菜，中国人大量种植这种蔬菜；2个芝麻样本④，一种是黑芝麻，另外一种是白芝麻，作为油料作物在中国广泛种植，种子的含油量达到45%~50%。1913年，美国农业部收到1个来自直隶张家口的桃树种子样本⑤，属于耐寒小果实桃树品种，生长在直隶北部保护区内，可以在美国水果种植带北部地区进

---

① 维语音译，由于译音原因不能确定具体区域。
② U.S.D.A, *Bulletin of Foreign Plant Introductions*, *New Plant Immigrants*, No. 53. p. 1. Dec. 1 to 15, 1910.
③ U.S.D.A, *Bulletin of Foreign Plant Introductions*, *New Plant Immigrants*, No. 43. p. 2. July 1 to 15, 1910.
④ U.S.D.A, *Bulletin of Foreign Plant Introductions*, *New Plant Immigrants*, No. 43. p. 6. July 1 to 15, 1910.
⑤ U.S.D.A, *Bulletin of Foreign Plant Introductions*, *New Plant Immigrants*, No. 92. p. 719. Dec., 1913.

行种植试验。1917年，美国农业部收到1个来自中国北京的黄秋葵样本①，附加描述："作物的花朵能够持续到种子与豆荚被切掉，花朵的个头特别大，花期可以延长到霜冻季节。"

美国农业部《新作物引进公告》第195期记载，哈洛·罗克希尔（Harlow Rockhill）对北京毛樱桃（S. P. I. No. 38856）的果实进行描述②："我认为它是非常好的樱桃品种，果实的口感极佳，可以用来制作沙司与果酱。"

1922年，美国农业部收到1个来自中国上海的南瓜样本③，作物可以结出大量个头中等的果实，果肉干燥柔软，用它制成"派"（一种西方面点）口感很好。

美国农业部《新作物引进公告》第190期、第191期、第194期，先后描述了6个大枣样本，具体采集时间和采集者不详；S. P. I. No. 17752、17892分别来自直隶昌黎和北京④，这两种枣树都很健康，1921年结出大量的果实，口感非常甜⑤；S. P. I. No. 22684来自山西；S. P. I. No. 37475来自河南⑥；这些枣树生长茂盛，果实质量极高，叶子很晚才生长出来，晚霜并不会给它们带来任何损失，由于果实品相与品质均佳，果树将在美国亚利桑那州进行大量的种植试验⑦。

美国农业部《新作物引进公告》第191期刊载了一段关于枣树的描述⑧：

---

① U. S. D. A, *Bulletin of Foreign Plant Introductions*, *New Plant Immigrants*, No. 130. p. 1127. Feb., 1917.

② U. S. D. A, *Bulletin of Foreign Plant Introductions*, *New Plant Immigrants*, No. 195. p. 1780. July, 1922.

③ U. S. D. A, *Bulletin of Foreign Plant Introductions*, *New Plant Immigrants*, No. 201. p. 1847. Jan., 1923.

④ U. S. D. A, *Bulletin of Foreign Plant Introductions*, *New Plant Immigrants*, No. 190. p. 1721. Feb., 1922.

⑤ 《新作物引进公告》中标注原文来源于 A. D. Polansky, Lyons, Tex., Feb. 25, 1922.

⑥ U. S. D. A, *Bulletin of Foreign Plant Introductions*, *New Plant Immigrants*, No. 194. p. 1768. June, 1922.

⑦ 《新作物引进公告》中标注原文来源于 Geo. W. P. Hunt, Phoenix, Ariz., May 16, 1922.

⑧ U. S. D. A, *Bulletin of Foreign Plant Introductions*, *New Plant Immigrants*, No. 191. p. 1734. Mar., 1922.

"大枣是一种很有前途的果树,从1907年开始,美国试验种植这种果树,事实证明果树很耐寒,对很多灾难性植物疾病具有很强的抵抗性,尽管尚未进行大规模商业化种植,但人们都非常认可这种果树;精加工的大枣味道甜美,完全不同于美国市场上的其他蜜饯,无论气候条件如何变化,每年果树都能结出大量的果实。"

美国农业部《新作物引进公告》第211期刊载了加州夫勒斯诺市的埃利奥特(R.S.Elliott)对枣树的描述①:"S.P.I.No.17752和S.P.I.No.30488两个枣树品种来自中国,果树已经12英尺(3.6米)高,1920年结出第一批果实,今年结出的果实比较大,加工后果实的个头像西梅大小,口感非常好。"

美国农业部收到1个来自中国河南的洋葱样本②,在生长季节该作物非常旺盛,结出很多种子,整个冬季作物都在地里生长,叶子可以长到1英尺高。

## 四、中国学者交换的作物种质

20世纪初,东西方文明激烈碰撞,中国前往欧美国家的留学生逐日增多,这些留学生学成归国后,仍然与西方学者保持密切的学术往来,例如:天津的金雅梅博士等,她(他)们经常与欧美国家的研究机构交换作物样本,其代表性作物品种如表5-7。

表5-7 中国学者交换的代表性作物品种统计表

| 时间 | 采集地点 | 采集者 | 作物品种 | 样本数量 | 采集编号(S.P.I.No.) |
| --- | --- | --- | --- | --- | --- |
| 1911 | 天津 | 金雅梅 | 柿子 | 1 | 29486 |
| 1913 | 天津 | 金雅梅 | 绿豆 | 1 | 37078 |
| 1914 | 天津 | 金雅梅 | 扁豆 | 1 | 37081 |

---

① U.S.D.A, *Bulletin of Foreign Plant Introductions*, *New Plant Immigrants*, No. 211. p. 1934. Nov., 1923.

② U.S.D.A, *Bulletin of Foreign Plant Introductions*, *New Plant Immigrants*, No. 192. p. 1745. Apr., 1922. 具体采集时间、采集者不详。

(续表)

| 时间 | 采集地点 | 采集者 | 作物品种 | 样本数量 | 采集编号（S.P.I. No.） |
| --- | --- | --- | --- | --- | --- |
| 1917 | 浙江余姚 | 金雅梅 | 白菜 | 1 | 45252 |
| 1919 | 北京 | 金雅梅 | 香瓜 | 1 | 46728 |
| 1919 | 北京 | 金雅梅 | 扁豆 | 1 | 46729 |
| 1922 | 不详 | 金雅梅 | 白菜 | 1 | 45969 |
| 1910 | 湖北武昌 | W. Hong | 葡萄柚 | 1 | 28156 |
| 1910 | 湖北武昌 | W. Hong | 茶叶 | 1 | 28178 |

资料来源：U.S.D.A, *Bulletin of Foreign Plant Introductions*, *New Plant Immigrants*, No. 26-200.

1911年，北洋公立女子医院金雅梅博士提供1个柿树种子样本[1]，这些种子以"干无花果"形式在市场上售卖，天津人将它们称作"黑桃"，但根据当地果农的分类，它们并不算柿子品种。1913年，她提供1个绿豆作物样本，这种绿豆可以加工成高质量淀粉，用来洗衣服，使其光泽度大增；绿豆粉加工成的粉条既透明又光滑，比小麦淀粉或玉米淀粉制成的粉条更富有营养价值。次年，她提供1个扁豆作物样本[2]，这种作物来自天津，当地人将其称作"猪耳朵豆角"，是华北和东北地区特有的蔬菜作物，豆子与豆荚可以一起食用，作物生长速度快，喜寒冷天气，其他菜豆已经没有的时候，这种扁豆仍在市场上销售；烹煮时必须放入沸水中焯一下，否则果肉不会变软，但也不必煮太长时间，以便在制作色拉时保持足够的脆性，拌上一些香醋和色拉油即可食用；作物必须依附于棚架生长，豆荚完全成熟后有4~6英寸长、2英寸宽。1917年，她在北京提供1个白菜种子样本[3]，这种白菜来自浙江余姚，生长速度非常快，从发芽到完全成熟只需4周时间，最多也不超过6周，有一种黄油般的甜味道。

---

[1] U.S.D.A, *Bulletin of Foreign Plant Introductions*, *New Plant Immigrants*, No. 57. p. 3. Feb. 1 to 14, 1911.

[2] U.S.D.A, *Bulletin of Foreign Plant Introductions*, *New Plant Immigrants*, No. 94. p. 741. Feb., 1914.

[3] U.S.D.A, *Bulletin of Foreign Plant Introductions*, *New Plant Immigrants*, No. 138. p. 1237. Oct., 1917.

1919年，美国农业部收到金雅梅博士邮寄的1个香瓜果实样本①，这种产自北京的小白瓜，作物产量极高，尽管口感不如蜂蜜甜，但果肉品质极佳；1个扁豆样本②，原产于满洲里，外形比较宽，果实比普通四季豆厚一些，这种作物以品质好而闻名，也可以用来制作美味的腌菜，符合美国农业部提倡的盐保鲜方法，它的豆子可以单独食用，但有豆荚的绿色豆子味道会更好些。1922年，她给美国农业部精选推荐了1个华北地区的白菜品种③，两年后美国北达科他州农业学院耶格尔（A. F. Yeager）报告④："经过大批量的种植试验，发现这种白菜的优点在于成熟季节与众不同，它完全成熟时花椰菜、卷心莴苣以及其他蔬菜尚未成熟，当然更不可能上市销售；这种蔬菜的单颗重量达到3~6磅（1.3~2.7千克），叶子的颜色比普通白菜更绿些。"

1910年，湖北农务学堂 W. Hong 在武昌给美国农业部邮寄1个葡萄柚样本⑤和1个茶叶作物样本⑥。

## 第三节 其他人员的作物采集活动评析

### 一、关于农业传教与传教士参与采集活动评析

#### （一）以传播近代农业为手段发展基督教信徒

明清之际，西方基督教各教会陆续派遣传教士来华开展传教活动。第二次

---

① U. S. D. A, *Bulletin of Foreign Plant Introductions*, *New Plant Immigrants*, No. 153. p. 1388. Jan., 1919.

② U. S. D. A, *Bulletin of Foreign Plant Introductions*, *New Plant Immigrants*, No. 153. p. 1389. Jan., 1919.

③ U. S. D. A, *Bulletin of Foreign Plant Introductions*, *New Plant Immigrants*, No. 198. p. 1811. Oct., 1922.

④ U. S. D. A, *Bulletin of Foreign Plant Introductions*, *New Plant Immigrants*, No. 214. p. 1957. Feb., 1924.

⑤ U. S. D. A, *Bulletin of Foreign Plant Introductions*, *New Plant Immigrants*, No. 41. p. 2. June 16 to 23, 1910.

⑥ U. S. D. A, *Bulletin of Foreign Plant Introductions*, *New Plant Immigrants*, No. 42. p. 4. June 24 to July 1, 1910.

鸦片战争结束后，英法等国强迫中国开放多个通商口岸，欧美国家传教士开始大量涌入中国，他们意图传播宗教思想，实施文化侵略。大多数传教士以传播近代科学知识作为发展信徒的主要手段，也有一些传教士将发展农业作为手段，例如：1871年，驻山东烟台传教士约翰·尼维斯（John L. Nevius）为了打开传教局面，将美国的苹果、樱桃和梨等作物品种推荐到中国①；1889年，传教士查尔斯·米尔斯（Charles R. Mills）把美国的大粒花生品种引种到山东、河北等省②。1888年，美国康奈尔大学的约翰·莫特（John R. Mott）倡导发起"学生志愿国外传教运动"，1888—1918年，派往中国的传教士达到2 500人，这些来华传教士出于个人兴趣和传教需要，相互交换中美两国的植物和作物种质，尽管数量不是很多，并缺乏栽培育种的系统性和目的性，但可以视为西方农业传教滥觞。

20世纪初期，为推动"美国农业之父"凯尼恩·巴特菲尔德（Kenyon L. Butterfield）提议的"乡村运动"，美国宗教委员会召开全国性教会领袖会议，主要讨论时代条件下乡村教会、乡村生活以及如何加强教会的乡村工作等问题。"乡村运动"在美国开始逐渐兴起，农业传教士成为一种新型的传道群体，大批的美国农业传教士被派往亚洲、非洲、拉丁美洲。此时，中国先进的知识分子希望引进西方近代农学来改变中国农业现状，解决人多地少、粮食匮乏等问题，中美之间农业合作交流找到了一个契合点；早期的合作以民间交流为主，传教士是推动彼此合作的主体，晚期合作则以两国的政府、研究机构以及大学为主体。

### （二）农业传教士意在改变近代中国农业现状

20世纪初期，中国农民悲惨的生活状态引发美国社会各界的广泛关注，一些美国人认为可以运用农业科技手段解决中国农村问题，这个群体包括资深农业专家、刚毕业的大学生、农业经济学家和有丰富经验的农民③；美国各大

---

① 王红谊等. 中国近代农业改进史略［M］. 北京：中国农业科技出版社，2001：63.
② REISNER J H. The Church Rural Work［J］. The Chinese Recorder, Vol Ⅳ, No.12, Dec. 1924：790.
③ STROSS R E. *The Stubborn Earth*：*American Agriculturalist on Chinese Soil*, 1898-1937［M］. Berkeley Los Angeles London：University of California Press, 1986：11.

教会顺应了民意，一方面要求在华传教士密切关注中国乡村状态，另一方面开始有组织、有计划地向中国派遣农业传教士。很多美国农业专家怀着"基督福音传遍天下"的宗教激情，纷纷申请前往中国传教，安大略农学院、爱荷华州立大学农机学院、马萨诸塞农学院、康奈尔大学纽约农学院、宾夕法尼亚大学等高校都派出农业传教士来华工作，其中包括：高鲁甫（George Weidman Groff）、芮思娄（John Reisner）、卜凯（John L. Buck）、贾尔森（Arthur L. Carson）、费尔顿（Ralph A. Felton）、洛夫（Harry Love）、白爱华（Edward Bliss）、罗得民（Walter Clay Lowdermilk）等；他们希望以农业科技传播为载体，将基督福音传遍中国，并深信农业传教将成为布道、医疗、教育等传教手段外的又一个重要媒介。

这些农业传教士最主要的贡献是创办两所著名的农科大学，即金陵大学农林科和岭南大学农科，为中国的农业高等教育、农业人才培育、农业科技推广以及乡村建设做出了重大贡献。1907—1924年，来华的农业传教士已有27名，其中15名在金陵大学和岭南大学任教，其余在教会任职。金陵大学农林科和岭南大学农科并非专门为农业传教建立，20世纪初期，基督教高等教育的主要目标已转向培养高级专业人才，而不是牧师，但作为基督教大学，它们为基督教运动服务的目标从来都是明确的[①]。

### （三）如火如荼的在华农业传教运动利弊参半

通过在华农业传教士的艰苦努力，农业传教的价值逐渐被西方教会所认识。因此，教堂可以被用作"农业展览室"或"农业知识讲习所"，在华传教士的角色发生很大变化，他们既是灵魂拯救者，也是农业发展引导者。农业传教士之所以努力在华发展高等农业教育，一方面与中国人自古以来具有的农本思想有关，另一方面在美国人看来，参与中国教育事业是有效控制中国的最佳选择，此举可以避免与其他西方国家产生剧烈的摩擦和冲突。此外，出于教育交流的实际需要，农业教育是实践性极强的专业领域，病虫害防治、作物培育推广、化肥施用量等都必须经过反复试验，美国农业专家希望在华进行大量的

---

① 刘家峰. 基督教与中国近代乡村建设论纲[J]. 浙江学刊，2003（5）：113.

种植试验，以节约大量的作物引种成本。

农业传教最主要的内容是倡导农业教育、培养乡村建设人才，金陵大学农林科和岭南大学农科都是美国农业传教士倡导创建的，主要学科系主任由农业传教士兼任；促成中美高等院校的大规模农业教育和农业研究合作，即金陵大学与康奈尔大学合作的中国农作物改良合作计划（Nanking Cornell Cooperative Projection Crop Improvement）等；开展大规模农村经济调查，改良引种农作物新品种，例如：卜凯在宿州开展小麦种植试验，试验性种植了日本、美国和中国的63个麦作品种，还试种了26种大麦、8种美国棉花、5种美国玉米、20种豆类作物①，卜凯担任金陵大学农经系主任后，在中国开展了大规模农村经济状况调查，取得了大量有价值的重要数据，至今被学术界研究和引用；由于传统文化根深蒂固、军阀混战、天灾频繁，中国农民对农业传教士的努力工作心存感激，接受了他们的作物良种和育种栽培技术，但很少有人接受他们的基督教信仰，主要原因是这些农业传教士基本都在教会学校工作，很少与农民直接打交道；另外，他们专注于个人的科研和教学，农业传教的真正效果并不明显。美国历史学家费正清曾说："很显然，极少的一部分中国人成为基督徒，但从中国人皈依基督教的人数来衡量，传教士的目标失败了。"②

## （四）传教士参与采集活动是历史的必然选择

人类文明传播是双向的，20世纪西方农学在华传播也是如此，美国传教士将最新农业技术和作物品种传入中国的同时，也从中国学习借鉴了相关农业理念和农业技术，采集引种了大量的中国传统作物品种。美国传教士、著名的汉学家卫三畏（Samuel Wells Williams）撰写了《中国总论》，这一著作对中国历史文化、社会生活、宗教艺术等进行了大百科全书式介绍，是20世纪美国读者了解中国的权威读物，几乎影响了一代美国人。学习借鉴中国传统的农业知识，1921年金陵大学和美国农业部合编了中国古农书索引，随后出版的《中国农书目录汇编》收录了19世纪中期以前中国出版的全部农业文献。在

---

① 杨学新. 论卜凯在安徽宿州的农业改良与推广［J］. 河北师范大学（哲学社会科学版），2010, 33（2）：138.
② 陆玉芹. 美国农业传教士与中国乡村建设（1907—1937）［J］. 中国农史，2015（1）：40-41.

华传教士利用自身的优势条件，想方设法采集中国的珍稀植物和作物品种，并邮寄给来华采集的植物猎人或各地驻华美国领事馆，有时候也直接邮寄给美国农业部，他们希望这些植物或作物能够在美国土地上成功种植，为美国农业"跨越式"发展贡献一份力量。此外，植物猎人弗兰克·迈耶创建的美国农业部通信员体制和传教士互助采集网络，成为各国传教士自愿参与在华采集活动主要原因之一①。客观地说，美国农业传教士没有实现中国"基督化乡村"的美好愿景，但无意中却成为中国近代农业发展的推动者。

## 二、中国留学生参与作物采集活动评析

### （一）美国成功改变近代中国学习日本的意愿

"西学东渐"是在特殊的历史背景下进行的，时值西方列强不断发动侵华战争，中国人民顽强反抗侵略的中日甲午战争之后，清政府鼓励青年学生到国外留学，此时大多数清政府官员和青年学生倾向于前往日本学习，对欧美国家的兴趣不大；为了改变这种状况，美国政府加大对中国留学生的优惠政策力度，试图吸引大批中国留学生前往美国学习和生活。1901年，中国的陈振先首先获得美国加州大学农科毕业证书；1908年，美国主动退还庚子赔款后，大批中国留学生开始前往美国攻读农科，例如：秉志、邹树文、穆藕初、吴觉生等专攻土壤和昆虫等专业②；他们学成归国后，在中国的农作物育种、植物病虫害防治、土壤肥料学等专业做出了重大的贡献。

为了加强中美两国在农业领域的交流与合作力度，金陵大学农林科和岭南大学农科开始聘请美籍农业专家来华讲学，例如：裴义理（J. Bailie，金陵大学农科创办人）、芮思娄（J. H. Reisner，农业教育专家）、郭仁风（G. B. Griffen，棉作专家）、洛夫（H. H. Love，水稻育种专家）、马雅思（C. H. Myer，蔬菜育种专家）、魏更斯（R. G. Wiggans，高粱和玉米专家）、卜凯（J. L. Buck，农业经济专家）、史德蔚（A. N. Steward，植物病理学家）等美籍

---

① 邱龙虎. 试论传教士对农学"东渐西传"的贡献 [J]. 农业考古，2010（3）：24-25.
② 沈志忠. 近代中美农业科技交流与合作初探——以金陵大学农学院、中央大学农学院为中心 [J]. 中国农史，2002，21（4）：20-23.

教授和专职教员①；这些美国农业专家长期在华任教，指导改进作物育种技术，使中国的作物育种方法日臻现代化，近代中国农业进入一个更加缜密、更加科学的新时期。此外，金陵大学农科毕业生可以申请到美国著名的农学院进行访学，例如：威斯康星大学、爱荷华大学、密歇根大学、加利福尼亚大学、伊里诺伊大学、明尼苏达大学、华盛顿州立大学、斯坦福大学等高校农学院。这些大学增加对中国留学生的优惠政策力度，强化两国农业高等教育的合作与交流，拓展了农业传教的影响范围，系列化战略举措成功改变了中国政府向日本学习的主流意愿，转而向欧美国家学习农业技术和农业经验。

## （二）在文化层面成功影响一批近代中国学者

1909年，美国主动退还庚子赔款后，前往美国的中国留学生逐渐增多，此时专门攻读农科的人数不多，但他们中的大多数人学成回国后，成为中国著名的农业专家；这些中国学者与美国作物育种专家频繁交往，为美国农业科学研究提供了数量可观的中国作物品种。此外，以合作交流方式前往美国高校进修高等农业教育的人数也不少；20世纪30年代，金陵大学农学院的毕业生前往美国进修的人数比较多；1945年，中华民国政府农林部利用《美国租借法案》，选派出国考察1年的农技人员达到166人，超过金陵大学农学院教学科研人员的1/3。美国在华创建的高等农业教育和农业合作交流项目，为近代中国培养了一批杰出的农业专家，他们是近代中国作物栽培、作物育种专业的中坚力量，为推动中国传统农业的发展做出了重要贡献。

但与此同时，美国也实现了在华文化侵略的战略目标，近代中国曾接受过美国高等农业教育的中国知识分子都有一种模仿美国的意向。美国历史学者费正清曾说："这些曾在美国接受过训练的中国知识分子，其思想、言行、讲学都采取与我们一致的方式和内容，他们构成了一项可触知的美国在华利益，并且是此间正在进行的斗争中一股举足轻重的力量。"

---

① 傅琼. 美国与近代中国高等农业教育 [J]. 中国农史，2007（1）：37-40.

# 第六章　美国作物采集活动历史评价和启示

## 第一节　历史评价

在传统作物育种条件下种质资源改良需要多年时间，十几年甚至几十年都是极为正常的。美国为了迅速提升农业生产力，促进农业工业化进程，满足农业生产对作物种质资源的迫切需求，探索出一条农业发展的"捷径"，即大规模从海外采集引种新作物品种。20世纪美国农业生产实践证明，作物采集活动是其农业"跨越式"发展的高效战略，为美国农业跃居全球首位提供了现实条件。目前，世界农业发展已经步入全球化时代，美国农业"弯道超车"的历史经验对发展中国家仍具有借鉴价值。

### 一、迅速增强20世纪美国农业生产实力

独立战争后，美国确立了资本主义生产方式，农业生产力开始加速发展，为资本主义工业奠定了坚实的物质基础。在南北战争前美国以农业生产为主，农业生产总值占60%以上；战争结束后美国农业发生重大历史变化，其中包括：以家庭农场为主的生产经营制度正式确立，先进的农业机械广泛应用，生物学技术迅速发展并在农业生产中发挥关键作用，农产品专业化生产格局初步形成。

美国联邦政府与各州政府为了推动农业生产迅速发展，满足农民对作物种质资源的强烈需求，在世界各国组织开展作物采集活动。初期美国农业部对新作物品种的采集活动持谨慎态度，海外的新作物品种必须经过检验检疫，并由

农业部指定育种试验站进行种植试验，只有那些种植效果好、经济效益高的新作物才能够大范围推广；很多暂时无法使用的新作物种质，或某些性状未达到预期目标的作物品种，被暂时贮藏在作物种质基因库中，以备未来开展杂交育种试验。100多年的作物采集活动使美国农业部贮藏了大量有价值的海外作物种质资源，尤其在粮食作物品种方面，海外新品种迅速提升了粮食生产水平。

硬质冬小麦。为了帮助美国密西西比河流域和北部各州农民采集引种高品质硬质冬小麦，1898—1900年，美国农业部植物产业局SPI委派小麦育种专家马克·卡尔顿（Mark A. Carleton），前往俄国、匈牙利、奥地利等国家寻找冬小麦新品种；卡尔顿在地中海到俄国南部广阔的区域采集到大量的硬质冬小麦和硬质红麦样本[1]，这些新麦作非常适合在干旱气候条件下种植，而且产量高，引种作物大幅度提升了美国面粉品质，用这些麦子加工制作的通心粉和面包，口感比国外进口的面粉还要好；为此，美国政府每年节省200万美元的意大利通心粉进口费用。

日本九州稻。1695年，美国卡罗来纳州就开始引种非洲马达加斯加岛的稻作品种，该稻种品质非常好，稻米长期出口欧洲各国；但随着稻谷脱壳机的迅速升级换代，这一品种稻谷外壳很容易被过度打磨，使营养成分损失严重，稻米的口感也大打折扣，当地农民不得不请求美国农业部帮助引进新稻种。SPI派遣西顿·纳普（Seaton A. Knapp）前往日本寻找稻壳不易破损的短核稻作品种；1899年，纳普在日本九州采集到一个稻作样本，经过多轮育种栽培试验，终于使稻谷破损率从40%下降到10%，开创了美国路易斯安那州和得克萨斯州作物种植新局面，新稻种的产出量极高，短时期内使美国从粮食进口国转变为粮食出口国[2]。

大豆作物。1780年，美国政治家本杰明·富兰克林担任驻法国大使，他将法国的大豆作物采集引种到美国，100多年里作物的种植情况并不理想。1905—1908年，弗兰克·迈耶在中国、日本和朝鲜等亚洲国家先后采集42个

---

[1] KAPLAN J K. Conserving the world's plants [J]. *Agricultural Research*, 1998, 46 (9): 4.
[2] KAPLAN J K. Conserving the world's plants [J]. *Agricultural Research*, 1998, 46 (9): 8.

大豆作物样本，而此前美国仅有8个大豆作物品种。1906—1932年，美国豆类作物育种专家多塞特（P. H. Dorsett）多次前往中国、日本、朝鲜进行大豆作物采集，累计采集5 534个大豆作物样本[①]。在美国植物猎人、作物育种专家以及各州农业试验站的共同努力下，从亚洲采集的大豆作物在美国各州广泛种植；20世纪30年代，美国大豆作物的种植面积达到340万英亩[②]，年产值1 900万美元[③]，美国农业开始广泛受益于大豆作物的粮食价值、油料价值和饲料价值。

## 二、中国种质资源多次控制美国果树疫情

20世纪上半叶是美国农业经济发生重大转折时期，联邦政府针对农业的宏观调控手段发挥了重要作用：国家土地使用制度更趋合理；退耕还林政策更符合可持续发展生态理念；各类性质农场逐渐合并，农业规模化经营逐步扩大；农业机械化水平迅速提升，先进的农机具开始大量应用于农业生产，农业劳动人口迅速减少；生物遗传学和生物化学技术在农业生产中广泛运用，促进农业生产力大幅度提高。在这一历史背景下，农业生产中的果树栽培日益得到重视，果树经济迅速发展；但农民种植果树的风险性非常大，很容易感染植物疾病，美国农业部植物产业局在组织采集海外果树作物的同时，尽可能储备大量的植物疾病抗体样本，以便防控随时暴发的各种果树疫情。

栗疫真菌病抗体。1913年，美国多个州暴发大范围栗疫病，大量的栗子树枯萎死亡，直接经济损失高达2 500万美元，农业部森林病理学办公室与SPI紧急联系植物猎人弗兰克·迈耶，要求他在中国寻找栗疫病真菌抗体；迈耶深知此举关系到美国栗树产业的未来发展，立即在直隶北部山区开展了为期4周野外考察，终于采集到抗真菌的栗树皮样本，并及时将样本和栗子果实邮

---

① STONER A, HUMMER K. 19$^{th}$ and 20$^{th}$ Century Plant Hunters [J]. *HortScience*, 2007, 42（2）：198.

② 1英亩=6.07亩=4 047平方米

③ RYERSON K A. Plant Introductions [J]. *Agricultural History*, Bicentennial Symposium: *Two Centuries of American Agriculture*, 1976, 50（1）：256.

寄给美国农业部，使栗树疫情得到及时有效控制，从而创造了美国植物病理防治奇迹；海文·麦卡夫（Haven Metcalf）[1] 博士对此高度赞赏，他盛赞这项采集成果是近10年植物病理学领域最富有成效的工作。

防治火疫病梨树砧木。1916年，美国俄勒冈州胡德河沿岸发生梨树火疫病（Bacillus amylovarus），如果疫情不能得到有效控制，必将带来灾难性影响。迈耶获悉后，立即与南俄勒冈试验站赖默尔（F. C. Reimer）教授沟通，赖默尔教授保守估计采集防治火疫病嫁接砧木，至少能够产生数百万美元的经济价值；他已测试所有可供使用的海外引种的梨树作物样本，仅有迈耶在华采集的野生梨树（Pyrus ussuriensis and Pyrus calleryana）样本具有抵抗力，这种嫁接砧木对防治火疫病起到了重要的作用。20世纪50年代末至60年代初，美国梨树产量遭遇下降趋势，来自长江流域的中国豆梨（Pyrus calleryana）嫁接砧木有效抑制了产果率下降，时至今日美国仍在受益于这个中国梨树样本。

成功引种无籽柿子树。每年秋季美国水果市场上随处可见中国柿子，哈佛大学阿诺德树木园主任戴维·费尔柴尔德（David Fairchild）认为这种来自中国的圆形大磨盘柿子在美国很有发展前景；迈耶采集引种的中国野生柿子树（Diospyros lotus），作为嫁接砧木已经在美国果树经济中发挥了重要作用，基本替换了美国本土嫁接砧木。

20世纪初，美国开始高速发展国家经济，尽量避免与其他西方国家发生正面冲突，并运用多种手段获取国际影响力。美国内战后国家的经济实力迅速增长，此时英国不但大量进口美国的粮食产品，而且开始在美国巨额投资，这使得美国的农业经济对本国和欧洲国家都具有非同寻常的意义。为了确保农业生产力持续高速发展，在全球取得垄断地位，美国政府采用农业新技术和优势农产品有效控制了欧洲和亚洲部分国家，这是美国农业部不惜投入巨资开展作物采集活动的深层次原因。

---

[1] 美国农业部森林病理学办公室主管。

## 三、丰富了美国农业生产的作物种质资源

1917年，弗兰克·迈耶在湖北荆门采集到一批豆梨（*Pyrus calleryana*）种子样本，这些种质对于美国防治梨树火疫病发挥了关键性作用①。1950年，马里兰州格伦代尔作物育种试验站的约翰·克里奇（John L. Creech）博士利用该样本培育成"布拉德福德"梨树，即中国豆梨树的嫁接品种，在华盛顿郊区开展行道树种植试验，通过长期的试验观察，克里奇发现这种果树对城市空气污染有较强抵抗力；在每个季节果树都会呈现出漂亮的景致，春夏季大量的梨花、光滑的绿叶，景致令人赏心悦目，秋冬季紫红色的叶子和大量的小果实令人陶醉其中、流连忘返；30年后，华盛顿郊区30多万株"布拉德福德"梨树苗壮生长起来，它们被认为是美国最好的行道树之一。克里奇博士认为："这种梨树是对植物猎人弗兰克·迈耶最永久、最鲜活的纪念。"

1915—1926年，美国农业部柑橘作物专家施温高（S. T. Swingle）前往中国柑橘产区开展考察活动，全面调查中国野生柑橘的分布情况。他与岭南大学美国农业专家高鲁甫（G. W. Groff）合作，仔细研究了华中地区、华南地区柑橘作物，采集了一大批耐寒柑橘作物样本②；其中在湖北采集的宜昌橙（*Citrus ichangensis*）作为嫁接砧木在培育抗寒柑橘品种中起到重要作用，中国的柑橘果树成为美国加州最受欢迎的庭院和盆栽观赏树种；北美南部地区已经成为全球柑橘类水果的重要产地，柑橘也成为美国人的主要消费水果。美国农业部在华采集引种的山桃树（*Prunus davidiana*）成为杏树、李子树、桃树的嫁接砧木，美国干旱盐碱和寒冷地区主要依靠这种嫁接砧木形成果园。在中国采集引种的塘栖樱桃也比美国其他樱桃品种结出果实早，在水果市场上非常受欢迎，具有较高的杂交育种价值，尽管在美国没有成功推广，但很多种植者对这一品种非常认可。

美国农业部在世界各地采集的作物样本中，中国样本的数量占有极高比

---

① CUNNINGHAM I S. *Frank N. Meyer*: *Plant Hunter in Asia* [M]. Ames: The Iowa State University Press, 1984: 262.
② 罗桂环. 近代西方识华生物史 [M]. 济南：山东教育出版社，2005: 267.

例。植物猎人迈耶、威尔逊、洛克以及作物育种专家施温高、费尔柴尔德、多塞特等人，在华作物采集的种类范围都非常广泛，粮食作物包括：水稻、旱稻、小麦、大麦、燕麦、高粱、大豆、粟（小米）、芝麻等；蔬菜作物包括：白菜、胡萝卜、白萝卜、韭菜、冬瓜、茭白、空心菜、葫芦、茄子、黄瓜、蚕豆、豌豆、葱、蒜等；果树作物包括：野生猕猴桃、野生苹果、野生梨、野生核桃、柚子、龙眼、甜橙、樱桃、杏、桃、李、梅、板栗等；很多中国作物品种栽培历史久远，具有明显的地域特征，这些作物引种到美国后极大地丰富了美国的作物种质资源，提高了农业育种栽培的选择性空间，深刻影响了美国人民生活。

## 四、有效促进美国农业科技水平迅速提升

19世纪，美国农业科技水平开始加速发展，其中进步最快的是农业机械技术，主要体现在耕作机具与收获机具等方面；出现这种局面的主要原因是这一时期劳动力价格昂贵，农场主被迫改进农业机械技术，提高单个劳动力的生产效率，以寻求人力短缺的解决路径。19世纪60年代，美国联邦政府承担起农业科研重任，相继通过《建立美国农业部法案》和《莫里尔法案》，这些法案成为构建全国性农业科研机构的法律依据。美国联邦政府和州政府逐步创建了两级农业科研体制，摆脱了清规戒律式组织形式和只针对特定问题、特定商品建立科研机构的方式。

20世纪初，美国农业部和各州赠地学院农业试验站全力采集引种海外新作物品种，同时推出更有成效的作物育种栽培措施。1914年，美国通过《史密斯—利弗法》，联邦政府和州政府在农作物品种推广方面相互协作，构建起全国性农业研究机构和农业推广系统；大量的海外作物新品种促进了农业生物技术发展，促进很多新作物品种在美国成功栽培与大范围推广，其中农业部试验站、合作社团育种机构和私人研究推广组织发挥了关键作用。20世纪50—60年代，美国私人科研机构的经费投入远远超过联邦政府或各州政府，他们在作物育种改良和种质资源分配方面具有更多的优势；美国农业专业化格局初步形成后，农业耕作技术、农业化学技术、农业生物技术在生产中广泛应用，

种植业与畜牧业各自发展成独立产业，海外作物采集活动和农业科技发展形成互促局面，也间接促进了一些欧洲、亚洲国家农业科技水平大幅度提升。

## 第二节 启 示

### 一、选择性借鉴"三位一体"模式

纵观20世纪美国在华作物采集活动以及美国农业"跨越式"发展历史，可以选择性借鉴其"三位一体"模式的发展经验。美国农业部通过作物采集活动全面促进了农业科技进步，并形成农业教育、农业科研和农业推广"三位一体"发展模式，构筑起一个完整的农业运作体系，三个系统各自独立运行、相互促进、相互协作[1]。美国联邦政府首先通过立法来保证发展农业教育，《哈奇法案》（即农业试验站法）和《阿德姆法》保证了农业科研实施；《史密斯—利弗法》（即农业推广法）保证了科研成果和农业技术推广；《史密斯—休斯法》保证了农业技术教育拥有充足的资金支持，农业职业学校享有办学自主权，招生、就业、课程设置均由学校根据市场需求自行决定，无论公立还是私立农业学校都享有政府扶持政策，两种性质的学校相互竞争、相互促进、相互补充，共同为美国农业技术普及发挥作用。

美国农业技术研发由公共部门和私人部门两个系统组成，公共研究机构包括农业部下属研究局和各州农业试验站，私人研究机构包括私有企业、家族基金会、协会性质研究机构等。农业科研经费的来源也多样化，农业部研究经费大多来自商业性公司，农业研究项目直接面向市场，科研与生产紧密结合加快了科技成果转化速度。农业推广机构由联邦、州、县三个层级构成，农业部推广服务局是美国农业技术推广的管理与领导机构，不直接从事推广工作，主要任务是确保全国范围内实现有效的推广体系。各州州立大学和农学院推广站负责领导农业推广示范工作，制定各州农业推广计划并负责实施，选聘培训县级

---

[1] 梁立赫，孙冬临．美国现代农业技术［M］．北京：中国社会出版社，2009：100．

农业推广人员；县级推广办是这一推广体系的主要基础，设立 3~5 人的推广委员会，专项负责本地农业项目的推广和协调工作；这种层级组织管理高效地把科技与生产紧密联系起来，美国农业科技推广体系对农民开展无偿技术推广服务，使得最新农业科技迅速被推广；完善的法律保障体系、结构层次分明的"三位一体"发展模式、多渠道经费来源与合理的人员配置，使美国农业生产力始终保持高速增长。

目前，中国农业教育、农业科研、农业推广体系尚未形成完整的互动机制，各机构之间缺少协作精神，主要表现在：农业教育、农业科研、农业推广各自为政，分别独立开展工作，农村职业教育水平相对落后，高校农业推广专业缺少生源和吸引力，涉农院校毕业生流失严重，农业技术和农业人才储备不足，等等。为此，中国应该选择性借鉴美国农业发展的历史经验，从中央到地方的各级政府应该将农业发展顶层设计作为中心工作，组织起合理的教育、科研、推广"三位一体"配套体系；引导发挥地方农业院校的积极性，采用订单模式培养特长型新农民，使历史悠久的"农民"职业成为农业发展的核心驱动力；针对区域性农作物发展需求，地方政府组织专门科研机构开展作物品种与种植技术调研，在经费充足、确保生态安全的前提下，购买或交换高附加值新作物品种；采用先试验种植、后大面积推广的方式，有效缩短作物品种改良时间，提高区域作物单产水平，真正解决农民个体无法突破的种质资源瓶颈问题。

地方政府的农业推广机构必须在完善综合体系进程中，构建起顺畅的新作物推广渠道；政府与科研机构必须充分尊重农民的生产意愿，在调研农业种植基础数据基础上，运用现代化信息手段将农业试验站、商业种子公司、涉农产业公司和农民个体集结在互联网信息共享平台上；农业科研机构精准、动态地发布作物供求信息，有针对性采集引种域外新种质资源，农民个体和商业种子公司及时反馈新作物品种特性，多方协同致力于中国农业"三位一体"发展模式。

## 二、完善农业情报与科研互动机制

美国农业情报组织和农业专员制度构建比较早,农业情报与作物采集活动相互促进,其农业科研机构对世界各国的农业情报进行详细分析,并在此基础上制定有针对性的农业发展政策,迅速增强本国农产品市场优势,弥补弱势的作物产业,短期内使美国农业快速跻身世界强国之首。1881年,美国农业部设立海外农业专员制度,农业专员工作内容包括:为美国农产品寻找海外市场,维持并扩大本国农产品销售额,调查所在国农业生产和农产品销售情况,对市场调查材料进行分析研究,制定本国农产品市场发展规划,协助政府农业代表团出访,帮助美国商人寻找农产品销路,举办各种农业展览会,访问农业精英人士,等等。美国海外农业专员定期为农业部提供所在国农业情报,内容涵盖了农业发展报告、农业新闻、农业出版物等,尤其关注所在国农产品生产消费情况、农业政策、农业经济以及农业技术动态等内容;信息获取渠道包括政府公开的数据、旅行访问报告、实地调研和亲自计算验证的数据等;美国联邦政府分析参考这些情报,及时制定调整农产品出口政策。从1919年开始,美国农业部还相继出版了《国外农产品和市场》《国外农业通报》《国外农业》等专业期刊。

提高作物育种水平是农业发展关键环节,各国政府都将新品种、新技术研发作为农业科研机构的核心任务,研究机构硬件设施和政府农业政策是一个国家农业发展的必备基础。20世纪初期,美国农业研究机构由三个部分组成:第一部分是贝茨维尔农业科学研究中心、查尔斯顿蔬菜实验室、加州农业试验站等官方研究机构;第二部分是威斯康星大学、康奈尔大学、加州大学和佛罗里达州大学等高等院校园艺系;第三部分是大型跨国商业种子公司。这些机构分工明确,农业部所属科研机构和高等院校园艺系主要以基础研究、应用基础研究为主,商业性种子公司以选育新作物品种为主,各机构之间非常注重相互联系,科研人员和高校教师可以相互兼职,或共同承担来自企业的委托项目。

美国农业科研机构的运作体制非常鲜明,高度注重实用性。例如:贝茨维尔农业科学研究中心,位于华盛顿东北部,占地475英亩(2 883亩),由美国农业部创建，会聚了近5 000名农业科学家，同时开展数千个科研项目；研究中心主要开展重大的全国性研究课题，并与其他研究机构或赠地学院、农业大学进行有效合作，各州农业试验站侧重于区域性农业研究；研究中心的最大特色是技术集中，生物学家、物理学家、社会学家均云集在该区域，比如：一位农艺学家只需走很短的路程，即可获得化学家、植物学家、水文学家或土壤专家对其研究项目的建议，其他科学家如果想邀请相关领域专家进行学术会商，也是一件轻而易举的事；研究中心的专家不受限于专项研究，也不必承担行政责任，他们可以自由设想、观察、试验和分析，不需要自证研究项目"实用性"；研究中心配套10 500英亩（63 737亩）农场，分为试验牧场、田间作物试验场、花圃、果园等，建有1 160幢大楼供试验、办公、家畜家禽舍房、农机修配车间、图书馆以及其他教学科研使用；良好的实验条件、宽松的科研政策、充足的经费保障使得该研究中心硕果累累，例如：1918年美国植物学家就知道光周期现象，1959年发现并分离植物色素，类似的研究成果数量众多。

与美国农业科研体制相比，中国农业科研机构缺少协同创新机制，国家层面政策支持并未完全到位，大多数情况下各地研发机构独立开展工作，农业信息的不对称使得大量的人力、物力和财力被重复消耗。中国可以选择性借鉴美国科研机构的协作理念，在宽松的政策支持下，集中科研力量开展项目攻关，提升农业科技自主研发水平，在多种合力作用下提升农业科技实力。

目前，中国现代农业要做好两项关键工作，一方面加速培养农业科技领军人才，老一辈遗传育种学领军人物，如金善宝、丁颖、庄巧生、盖钧镒等，或已高龄辞世，或年事较高，无法继续主持工作，在纷繁复杂的世界经济背景下，中国必须积极应对西方发达国家的技术封锁，尽快培养农业科技领军人才，为中国农业科技达到国际前沿水平提供保障；另一方面不断完善中国农业情报系统，现代信息社会以互联网和计算机应用为载体，农业科技研发机构要通过各种渠道加速农业信息搜集、整理、分析和运用，在世界性农业竞争中知己知彼、百战不殆。

## 三、强化主粮作物的培育过程管理

20世纪美国作物育种栽培的先进经验,主要体现在三个方面:一是分类进行作物采集引种试验,美国民众对作物品种的多样化需求比较高,美国《种子法》和农业部相关章程规定美国种子分为农业种子和蔬菜种子两大类,其中蔬菜种子包括了观赏植物种子;因此,美国种子公司分为农业种子公司、蔬菜种子公司和观赏植物种子公司,商业性种子公司和官方研究机构对海外新作物品种进行专项研究;二是各研究机构之间相互配合,20世纪初期,美国农业部与种子经销公司开展合作,在全球开展作物采集活动和作物育种试验,农业部所属各实验站、高等院校园艺系与商业种子公司相互交换作物样本,高效率利用海外的新作物品种,异域种质资源在美国农业发展过程中发挥了重要作用;三是制定高水平作物培育标准,美国农业研究机构制定的作物培育标准极高,首先要求作物品种的表现以高产出低投入为主,注重培养新作物的优异品质和较强的抗逆性,尤其是抗病虫害、耐低温、耐高热、耐旱涝、耐盐碱等特性,对食品加工专用作物品种还特别注重后期营养品质。

1885年,美国公使查尔斯·丹比(Charles Denby)前往中国工作,他在中国生活工作了13年,得出这样的结论:"尽管中国有伟大而古老的农业文明,但在农业方面却已经停止了前进的脚步;尽管中国农民精耕细作,但忽视了作物轮作原则与谷物对土地的适应,对农业工具的认识也极为原始;他们在农业改革方面停滞了千年,就像这个国家的其他文明停滞不前一样[1]。"上述论断虽然有些偏颇,但也是基于中国北方地区农业生产历史做出的局部性结论,其中包含一定的正确成分。

中国现代农业在加速推进的进程中,可以借鉴美国作物采集活动历史经验,尤其在传统育种技术面临瓶颈的情况下,需要强化高科技育种技术;作物育种专家可以将全基因组选择、分子标记辅助选择、转基因技术与传统育种技

---

[1] STROSS R E. *The Stubborn Earth: American Agriculturalist on Chinese Soil*, 1898-1937 [M]. Berkeley Los Angeles London: University of California Press, 1986: 7-9.

术结合起来，培育优质、高产、抗逆性强的新作物品种；作物育种事业的长期目标是提升作物的抗逆性和稳产性，大规模培育适合中低产田的作物品种，使其易于机械化作业，提升作物附加值。国家层面要继续鼓励、引导商业合作性育种研发项目，推动官方科研机构与商业种子公司密切合作，培养中国种子公司的自主研发能力，全面确保中国粮食安全战略。

中国现有人口数量已逾14亿，属于世界人口超级大国，为了确保国人的口粮安全，在农业生产方面依靠技术和管理才是唯一的选择。培育优良作物种系是保证农产品有效产出的重要前提和基础，中华人民共和国成立后作物育种事业取得一系列突出成就，矮化育种、杂交育种都取得了重大突破；改革开放40多年，中国自主培育的新作物6 000多种，水稻、小麦、玉米、大豆等主粮作物已更新了数代，每次更新都能增产10%~20%，良种覆盖率达到95%以上[1]；进入21世纪，生物信息学、基因组学、系统生物学等新兴学科迅速出现并不断发展，作物育种理论和关键技术取得了重大突破，中国现代农业进入分子育种技术时代；从"十五"到"十三五"，大批的农业重点科研攻关项目的完成，使中国作物育种水平推进到一个新阶段。

在充分肯定发展成就的同时，我们必须承认现实中的差距。中国现有作物品种培育过程管理仍处于粗放型阶段，存在农业基础设施相对落后、农田地力持续下降趋势、作物新品种增产潜力不足、商业育种产业欠发达等诸多问题。大多数中国农业专家认同培育作物新品种重要性，他们认为未来5~10年杂交育种技术仍将是中国主要增产技术，转基因育种技术与分子标记辅助育种技术作为补充手段；中国种质资源不能完全满足农业需求的原因涉及种质研发技术水平、国家农业扶持政策、种业市场成熟度、育种机构管理体制、科研团队规模以及研发经费投入等多种因素。因此，中国有必要从美国作物采集活动及相关农业发展进程中，借鉴有价值的育种栽培管理经验，直接或间接促进新作物品种培育的市场化进程。

---

[1] 翟虎渠. 科技进步：粮食增产的重要支撑 [J]. 求是, 2010 (5): 51.

## 四、增强作物的知识产权保护意识

美国在华开展作物采集活动期间，中国正处于积贫积弱的半殖民地半封建社会，丧失了独立国家的主权和领土完整，仅保留形式上的清政府，作为西方列强侵华的代理人。欧美等西方国家在中国无偿采集了大量的珍稀动植物资源，面对这种赤裸裸的经济资源掠夺，中国人却无力反抗；尽管民国政府采取了一些限制性措施，但总体来看，未抑制住西方国家对中国的作物资源掠夺势头。新中国成立后，中央政府以法律形式对新作物品种进行知识产权保护，先后出台《中华人民共和国植物新品种保护条例》《中华人民共和国专利法》《中华人民共和国反不正当竞争法》等法律法规，这些措施为国家带来了重大的经济效益和社会效益，激发了作物育种专家的工作积极性。

在中国的计划经济时期，由于经济发展模式制约，作物育种工作未取得突破性进展。此外，新品种育种技术要求高、研究周期长、研发经费投入大和种植试验条件长期得不到有效改善等不利因素，使得作物知识产权保护长期处于缺失状态。在市场经济时期，中国经济体制重大调整，中国新作物品种在国际种业市场上的优势日益突出，新作物品种知识产权保护从无到有，并逐步得到完善。21世纪初期，中国作物育种专家已培育出41个种类5 000多个新作物品种，粮食产量增加到4 500多亿千克[①]，基本满足了中国人的口粮和工业用粮需求，新作物品种知识产权保护在国家粮食安全战略中发挥了重要作用。

20世纪下半叶，以美国为首的西方国家缔约了《国际植物新品种保护公约》（简称《UPOV公约》）。世界各国对新作物品种的保护方式不尽相同，美国采取专门立法和专利法相结合方式，通过《植物专利法》保护无性繁殖的新作物品种，通过《植物新品种保护法》保护有性繁殖的新作物品种[②]。目前，国际社会已达成以下共识：作物新品种权和著作权、商标权同属知识产权范围；新作物品种知识产权保护可以有效打击侵权，规范市场运行，为商业性

---

① 夏远峰，许明学，于明彦. 试论农作物育种领域的知识产权保护 [J]. 作物杂志，2005 (6)：9.

② 马艳青，戴雄泽. 关于我国蔬菜新品种保护的思考 [J]. 蔬菜，2013 (1)：1.

研发公司创造更多经济效益；通过保护立法可以促进新作物品种研发水平，加快科研成果的经济转化速度，使优良作物品种的经济效益和社会效益最大化。中国作为新兴经济体的第一梯队、经济全球化体系的重要成员国，完全可以参照国际惯例，进一步完善新作物品种保护法律法规，全面提高国人的新作物品种知识产权保护意识。中国作为《UPOV公约》缔约国之一，有必要针对原产作物种质资源进行保护性开发，尤其是生物转基因技术日渐成熟时期，必须确保原产作物品种的纯正度，这也是国家粮食安全战略的重要内容之一。

### 五、利用作物的特性美化人居环境

20世纪上半叶，美国各州大量引种中国果树作物，这些果树对自然生态环境起到了美化、绿化和保护作用。例如：弗兰克·迈耶在北京西山采集到的栗子树，作为景观树种植在美国多个城市的公路两旁，在这些栗子树种植前，大多数美国人未见过这种果树。迈耶在湖北采集到一种野生梨树，经过育种改良作为景观树种植在华盛顿的城市街道两侧，初春时节，白色的梨花满枝怒放，衬托着浓密的绿叶，呈现出一派欣欣向荣的景致；金秋季节，紫红色的树叶间结出大量的金黄色果实，令人赏心悦目；这些野生梨树不仅能净化城市空气，而且能美化、绿化人居环境，美国人还将它视为对迈耶的永久性纪念。迈耶在北京丰台采集到的矮种柠檬样本，经过作物育种专家的精心培育，成为美国人最喜爱的庭院和室内盆栽作物，柠檬的果实丰硕、果汁饱满，成为佛罗里达州和得克萨斯州最紧俏商品。

美国人充分开发利用新作物品种的方式，给予我们一定的启示：目前，中国城市化进程不断加快，城乡居民社区以惊人的速度涌现，社区绿化和微景观打造已成为中国人不可或缺的生活内容之一；现在中国主要大城市的社区绿化树种多以装饰性植物为主，基本没有什么经济价值；随着中国人均收入水平不断提高，城乡居民的审美水平也在同步提升，居民社区的绿化植物档次也越来越高；我们完全可以借鉴美国的作物利用经验，充分利用各类果树或灌木浆果作物的生物性状，设计打造具有特殊风格的绿化景观带，既兼顾经济效益，又加强生态环境保护，同时提升了人们的生活情趣，不失为一举多得的绿化景观方案。

# 参考文献

## 一、中文参考文献

### (一) 学术著作

包平,王宏林,曹新宇,2015.金陵纪事:康奈尔首例国际农业技术合作项目[M].北京:中国农业出版社.

编写组,1997.中国生物多样性国情研究报告[M].北京:中国环境科学出版社.

曹增友,1999.传教士与中国科学[M].北京:宗教文化出版社.

丁晓蕾,2009.二十世纪中国蔬菜科技发展研究[M].北京:中国三峡出版社.

董源,1987.中国植物之最[M].北京:中国旅游出版社.

范发迪,2011.清代在华的英国博物学家:科学、帝国与文化遭遇[M].袁剑译,北京:中国人民大学出版社.

郭卫东,1993.近代外国在华文化机构综录[M].上海:上海人民出版社.

郭文韬,1993.中国大豆栽培史[M].南京:河海大学出版社.

美国经济讨论会论文集编辑组,1980.现代美国农业论文集[M].北京:农业出版社.

美国农业部林务局,1984.美国木本植物种子手册[M].李霆等译,北京:中国林业出版社.

海男,2009.我生命中的仙境:约瑟夫·洛克传[M].上海:学林出版社.

何红中,惠富平,2015.中国古代粟作史[M].北京:中国农业科学技术出版社.

红音,干文清,2009.威尔逊在阿坝:100年前威尔逊在四川西北部汶川茂县松潘小金旅行游记[M].成都:四川民族出版社出版.

梁立赫,孙冬临,2009.美国现代农业技术[M].北京:中国社会出版社.

刘馨秋，王思明，2013. 江苏茶文化遗产调查研究［M］. 北京：中国农业科学技术出版社.

罗桂环，2005. 近代西方识华生物史［M］. 济南：山东教育出版社.

尼·米·安德烈耶娃，1979. 美国农业专业化［M］. 仁舒译，北京：农业出版社.

乔治·惠勒，1962. 美国农业的发展和问题［M］. 月异等译，北京：世界知识出版社.

全国农业资源区划办公室，1997. 美国可持续农业研究和教育［M］. 北京：中国农业科技出版社.

萨顿，2013. 苦行孤旅：约瑟夫·F. 洛克传［M］. 李若虹译，上海：上海辞书出版社.

沈志忠，2008. 近代中美农业科技交流与合作研究［M］. 北京：中国三峡出版社.

R·D·罗德菲尔德，1983. 美国的农业和农村［M］. 安子平等译，北京：农业出版社.

汪振儒，1994. 中国植物学史［M］. 北京：科学出版社.

王红谊，章楷，王思明，2001. 中国近代农业改进史略［M］. 北京：中国农业科技出版社.

王守臣，李秀才，2001. 当代美国农业［M］. 长春：吉林人民出版社.

王思明，2010. 美洲作物在中国的传播及其影响研究［M］. 北京：中国三峡出版社.

夏如兵，2009. 中国近代水稻育种科技发展研究［M］. 北京：中国三峡出版社.

徐更生，1991. 美国农业政策［M］. 北京：中国人民大学出版社.

杨虎，2013. 20世纪中国玉米种业科技发展研究［M］. 北京：中国农业科学技术出版社.

曾雄生，2008. 中国农学史［M］. 福州：福建人民出版社.

章楷，2009. 中国植棉简史［M］. 北京：中国三峡出版社.

郑林庄，1980. 美国的农业：过去和现在［M］. 方原等译，北京：农业出版社.

中国科学技术情报研究所，1963. 美国农业一百年（内部发行）.

中国科学院中国植物志编辑委员会，2004. 中国植物志［M］. 北京：科学出版社.

中国农业科学院科技情报研究所，1979. 美国农业基础研究［M］. 北京：农业出版社.

中国农业遗产研究室，1990. 太湖地区农业史稿［M］. 北京：中国农业出版社.

## （二）学位论文、学术论文

毕列爵，1983. 从19世纪到建国之前西方国家对我国进行的植物资源调查［J］. 武汉植物学研究（1）．

傅琼，2007．美国与近代中国高等农业教育［J］．中国农史（1）．

何晓燕，包志毅，2005．英国引种家威尔逊引种中国园林植物种质资源及其影响［J］．浙江林业科技（3）．

胡先骕，1924．论国人宜注重经济植物学［J］．科学，9（7）．

胡先骕，1950．中国之植物富源［J］．科学，32（7）．

金文驰，2014．威尔逊：一位博物学家的中国情缘（上）［J］．生命世界（4）．

李沛容，2013．哈佛大学阿诺德植物园植物学家的东部藏区活动考述（1906—1927）［J］．西藏大学学报（社会科学版）（3）．

李如东，2012．华西的植物研究：1920—1937［D］．北京：中央民族大学．

李若虹，2014．重识约瑟夫·洛克［J］．读书（8）．

李式军，1985．国外蔬菜生产与科研发展概况［J］．新疆农业科技（5）．

刘桂军，蔡金志，2004．国际竞争中的中国蔬菜种业［J］．蔬菜（3）．

刘家峰，2003．基督教与中国近代乡村建设论纲［J］．浙江学刊（5）．

陆玉芹，2015．美国农业传教士与中国乡村建设（1907—1937）［J］．中国农史（1）．

罗安平，2012．反思"拯救民族志"：以《国家地理》中约瑟夫·洛克的中国报道为例［J］．西南民族大学学报（人文社会科学版）（11）．

罗桂环，1994．近代西方人在华的植物学考察和收集［J］．中国科技史料（2）．

罗桂环，1995．西方从中国的植物引种及其影响［J］．古今农业（1）．

罗桂环，1998．近代西方对中国生物的研究［J］．中国科技史料（4）．

罗桂环，2000．西方对"中国：园林之母"的认识［J］．自然科学史研究（1）．

罗桂环，2006．试论20世纪前期"中央古物保管委员会"的成立及意义［J］．中国科技史杂志（2）．

罗桂环，李昂，2011．哈佛大学阿诺德树木园对我国植物学早期发展的影响［J］．北京林业大学学报（社会科学版），10（3）．

马艳青，戴雄泽，2013，邹学校．关于我国蔬菜新品种保护的思考［J］．蔬菜（1）．

迈克·爱德华兹，白枫，1998．约瑟夫·洛克在中国（上）［J］．对外大传播（7）．

迈克·爱德华兹，白枫，1998．约瑟夫·洛克在中国（下）［J］．对外大传播（8）．

强百发，李新，2006．西方传教士对中国近代农业的贡献［J］．西北农林科技大学学报（社会科学版）（1）．

邱龙虎, 2010. 试论传教士对农学"东渐西传"的贡献 [J]. 农业考古（3）.

沈志忠, 2002. 近代中美农业科技交流与合作初探：以金陵大学农学院、中央大学农学院为中心 [J]. 中国农史, 21（4）.

松山, 1928. 生物学研究的重要和外人近年在中国的工作 [J]. 自然界 1（3）.

腾葳, 柳琪, 陈琦, 等, 1997. 我国 40 种主要优良梨品种的地域分布及感官性状研究 [J]. 中国果品研究（1）.

佟大香, 1991. 我国国外农作物引种的重要意义和现状 [J]. 作物品种资源（4）.

佟大香, 朱志华, 2011. 国外农作物引种与中国种植业 [J]. 中国农业科技导报, 3（3）.

王勇, 1999. 挥之不去"彩云"情：记美国科学家约瑟夫·洛克 [J]. 科技潮（11）.

武建勇, 薛达元, 赵富伟, 2013. 欧美植物园引种中国植物遗传资源案例研究 [J]. 资源科学, 35（7）.

夏远峰, 许明学, 于明彦, 等, 2005. 试论农作物育种领域的知识产权保护 [J]. 作物杂志（6）.

熊友榛, 1987. 中国的植物在美国 [J]. 世界知识（20）.

杨梅, 2011. 近代西方人在云南的探查活动及其著述 [D]. 昆明：云南大学.

杨学新, 2010. 论卜凯在安徽宿州的农业改良与推广 [J]. 河北师范大学（哲学社会科学版）（33）2.

应俊生, 2001. 中国种子植物物种多样性及其分布格局 [J]. 生物多样性, 9（4）.

余树勋, 1981. 中国，园林的母亲 [J]. 植物杂志（5）.

俞德浚, 1985. 中国植物对世界园艺的贡献 [J]. 植物学通报，（2）.

翟虎渠, 2010. 科技进步：粮食增产的重要支撑 [J]. 求是（5）.

赵晓阳, 2015. 思想与实践：农业传教士与中国农业现代化：以金陵大学农学院为中心 [J]. 中国农史（4）.

郑殿升, 杨庆文, 刘旭, 2011. 中国作物种质资源多样性 [J]. 植物遗传资源学报, 12（4）.

郑重, 1984. 哈佛大学植物标本馆湖北木本植物标本志要 [J]. 武汉植物学研究（1）.

## 二、英文参考文献

### （一）美国农业部（USDA）《新作物引进公告》

*Bulletin of Foreign Plant Introductions*, *New Plant Immigrants*, No. 1. August 19 to Sept. 19, 1908.

*Bulletin of Foreign Plant Introductions*, *New Plant Immigrants*, No. 2. Sept. 20 to Oct. 1, 1908.
*Bulletin of Foreign Plant Introductions*, *New Plant Immigrants*, No. 4. Oct. 12 to 26, 1908.
*Bulletin of Foreign Plant Introductions*, *New Plant Immigrants*, No. 5. Oct. 27 to Nov. 9, 1908.
*Bulletin of Foreign Plant Introductions*, *New Plant Immigrants*, No. 6. Nov. 10 to 23, 1908.
*Bulletin of Foreign Plant Introductions*, *New Plant Immigrants*, No. 7. Nov. 24 to Dec. 7, 1908.
*Bulletin of Foreign Plant Introductions*, *New Plant Immigrants*, No. 8. Dec. 8 to 28, 1908.
*Bulletin of Foreign Plant Introductions*, *New Plant Immigrants*, No. 9. Dec. 29, 1908 to Jan. 13, 1909.
*Bulletin of Foreign Plant Introductions*, *New Plant Immigrants*, No. 10. Jan. 14 to 29, 1909.
*Bulletin of Foreign Plant Introductions*, *New Plant Immigrants*, No. 11. Jan. 30 to Feb. 15, 1909.
*Bulletin of Foreign Plant Introductions*, *New Plant Immigrants*, No. 13. Mar. 1 to 20, 1909.
*Bulletin of Foreign Plant Introductions*, *New Plant Immigrants*, No. 14. Mar. 21 to April 5, 1909.
*Bulletin of Foreign Plant Introductions*, *New Plant Immigrants*, No. 15. Apr. 7 to 27, 1909.
*Bulletin of Foreign Plant Introductions*, *New Plant Immigrants*, No. 16. Apr. 28 to May 19, 1909.
*Bulletin of Foreign Plant Introductions*, *New Plant Immigrants*, No. 17. May 20 to June 10, 1909.
*Bulletin of Foreign Plant Introductions*, *New Plant Immigrants*, No. 18. June 11 to July 3, 1909.
*Bulletin of Foreign Plant Introductions*, *New Plant Immigrants*, No. 19. July 5 to Aug. 1, 1909.
*Bulletin of Foreign Plant Introductions*, *New Plant Immigrants*, No. 21. Sept. 2 to Oct. 1, 1909.
*Bulletin of Foreign Plant Introductions*, *New Plant Immigrants*, No. 22. Oct. 2 to Nov. 1, 1909.
*Bulletin of Foreign Plant Introductions*, *New Plant Immigrants*, No. 24. Dec. , 2 to 16, 1909.
*Bulletin of Foreign Plant Introductions*, *New Plant Immigrants*, No. 25. Dec. 17 to 31, 1909.
*Bulletin of Foreign Plant Introductions*, *New Plant Immigrants*, No. 26. Jan. 1 to 15, 1910.
*Bulletin of Foreign Plant Introductions*, *New Plant Immigrants*, No. 27. Jan. 16 to 31, 1910.
*Bulletin of Foreign Plant Introductions*, *New Plant Immigrants*, No. 28. Feb. 1 to 15, 1910.
*Bulletin of Foreign Plant Introductions*, *New Plant Immigrants*, No. 29. Feb. 16 to 28, 1910.
*Bulletin of Foreign Plant Introductions*, *New Plant Immigrants*, No. 30. Mar. 1 to 8, 1910.
*Bulletin of Foreign Plant Introductions*, *New Plant Immigrants*, No. 31. Mar. 9 to 16, 1910.

*Bulletin of Foreign Plant Introductions*, *New Plant Immigrants*, No. 32. Mar. 16 to 23, 1910.
*Bulletin of Foreign Plant Introductions*, *New Plant Immigrants*, No. 33. Mar. 24 to 31, 1910.
*Bulletin of Foreign Plant Introductions*, *New Plant Immigrants*, No. 34. Apr. 1 to 15, 1910.
*Bulletin of Foreign Plant Introductions*, *New Plant Immigrants*, No. 35. Apr. 16 to 23, 1910.
*Bulletin of Foreign Plant Introductions*, *New Plant Immigrants*, No. 37. May 1 to 15, 1910.
*Bulletin of Foreign Plant Introductions*, *New Plant Immigrants*, No. 40. June 1 to 15, 1910.
*Bulletin of Foreign Plant Introductions*, *New Plant Immigrants*, No. 41. June 16 to 23, 1910.
*Bulletin of Foreign Plant Introductions*, *New Plant Immigrants*, No. 42. June 24 to July 1, 1910.
*Bulletin of Foreign Plant Introductions*, *New Plant Immigrants*, No. 43. July 1 to 15, 1910.
*Bulletin of Foreign Plant Introductions*, *New Plant Immigrants*, No. 44. July 16 to 31, 1910.
*Bulletin of Foreign Plant Introductions*, *New Plant Immigrants*, No. 45. Aug. 1 to 15, 1910.
*Bulletin of Foreign Plant Introductions*, *New Plant Immigrants*, No. 46. Aug. 16 to 31, 1910.
*Bulletin of Foreign Plant Introductions*, *New Plant Immigrants*, No. 50. Oct. 16 to 31, 1910.
*Bulletin of Foreign Plant Introductions*, *New Plant Immigrants*, No. 51. Nov. 1 to 15, 1910.
*Bulletin of Foreign Plant Introductions*, *New Plant Immigrants*, No. 52. Nov. 16 to 30, 1910.
*Bulletin of Foreign Plant Introductions*, *New Plant Immigrants*, No. 53. Dec. 1 to 15, 1910.
*Bulletin of Foreign Plant Introductions*, *New Plant Immigrants*, No. 54. Dec. 16 to 31, 1910.
*Bulletin of Foreign Plant Introductions*, *New Plant Immigrants*, No. 55. Jan. 1 to 15, 1911.
*Bulletin of Foreign Plant Introductions*, *New Plant Immigrants*, No. 57. Feb. 1 to 14, 1911.
*Bulletin of Foreign Plant Introductions*, *New Plant Immigrants*, No. 58. Feb. 15 to 28, 1911.
*Bulletin of Foreign Plant Introductions*, *New Plant Immigrants*, No. 59. Mar. 1 to 15, 1911.
*Bulletin of Foreign Plant Introductions*, *New Plant Immigrants*, No. 60. Mar. 16 to 31, 1911.
*Bulletin of Foreign Plant Introductions*, *New Plant Immigrants*, No. 61. Apr. 1 to 30, 1911.
*Bulletin of Foreign Plant Introductions*, *New Plant Immigrants*, No. 62. May 1 to 15, 1911.
*Bulletin of Foreign Plant Introductions*, *New Plant Immigrants*, No. 64. June 16 to 30, 1911.
*Bulletin of Foreign Plant Introductions*, *New Plant Immigrants*, No. 65. July 1 to 31, 1911.
*Bulletin of Foreign Plant Introductions*, *New Plant Immigrants*, No. 66. Aug. 1 to 31, 1911.
*Bulletin of Foreign Plant Introductions*, *New Plant Immigrants*, No. 67. Sept. 1 to 30, 1911.
*Bulletin of Foreign Plant Introductions*, *New Plant Immigrants*, No. 68. Oct. 1 to 31, 1911.
*Bulletin of Foreign Plant Introductions*, *New Plant Immigrants*, No. 69. Nov. 1 to 15, 1911.

*Bulletin of Foreign Plant Introductions*, *New Plant Immigrants*, No. 71. Dec. 1 to 31, 1911.
*Bulletin of Foreign Plant Introductions*, *New Plant Immigrants*, No. 72. Jan. 1 to 31, 1912.
*Bulletin of Foreign Plant Introductions*, *New Plant Immigrants*, No. 73. Feb. 1 to 29, 1912.
*Bulletin of Foreign Plant Introductions*, *New Plant Immigrants*, No. 74. Mar. 1 to 31, 1912.
*Bulletin of Foreign Plant Introductions*, *New Plant Immigrants*, No. 78. July 1 to 15, 1912.
*Bulletin of Foreign Plant Introductions*, *New Plant Immigrants*, No. 81. Oct. 1 to Nov. 30, 1912.
*Bulletin of Foreign Plant Introductions*, *New Plant Immigrants*, No. 82. Dec. 1, 1912 to Jan. 15, 1913.
*Bulletin of Foreign Plant Introductions*, *New Plant Immigrants*, No. 85. Mar. 16 to May 1, 1913.
*Bulletin of Foreign Plant Introductions*, *New Plant Immigrants*, No. 86. May 1 to June 1, 1913.
*Bulletin of Foreign Plant Introductions*, *New Plant Immigrants*, No. 87. July, 1913.
*Bulletin of Foreign Plant Introductions*, *New Plant Immigrants*, No. 88. Aug., 1913.
*Bulletin of Foreign Plant Introductions*, *New Plant Immigrants*, No. 89. Sept., 1913.
*Bulletin of Foreign Plant Introductions*, *New Plant Immigrants*, No. 91. Nov., 1913.
*Bulletin of Foreign Plant Introductions*, *New Plant Immigrants*, No. 92. Dec., 1913.
*Bulletin of Foreign Plant Introductions*, *New Plant Immigrants*, No. 94. Feb., 1914.
*Bulletin of Foreign Plant Introductions*, *New Plant Immigrants*, No. 95. Mar., 1914.
*Bulletin of Foreign Plant Introductions*, *New Plant Immigrants*, No. 97. May, 1914.
*Bulletin of Foreign Plant Introductions*, *New Plant Immigrants*, No. 98. June, 1914.
*Bulletin of Foreign Plant Introductions*, *New Plant Immigrants*, No. 99. July, 1914.
*Bulletin of Foreign Plant Introductions*, *New Plant Immigrants*, No. 101. Sept., 1914.
*Bulletin of Foreign Plant Introductions*, *New Plant Immigrants*, No. 104. Dec., 1914.
*Bulletin of Foreign Plant Introductions*, *New Plant Immigrants*, No. 106. Jan., 1915.
*Bulletin of Foreign Plant Introductions*, *New Plant Immigrants*, No. 107. Mar., 1915.
*Bulletin of Foreign Plant Introductions*, *New Plant Immigrants*, No. 108. Apr., 1915.
*Bulletin of Foreign Plant Introductions*, *New Plant Immigrants*, No. 109. May, 1915.
*Bulletin of Foreign Plant Introductions*, *New Plant Immigrants*, No. 110. June, 1915.
*Bulletin of Foreign Plant Introductions*, *New Plant Immigrants*, No. 113. Sept., 1915.
*Bulletin of Foreign Plant Introductions*, *New Plant Immigrants*, No. 114. Oct., 1915.
*Bulletin of Foreign Plant Introductions*, *New Plant Immigrants*, No. 115. Nov., 1915.
*Bulletin of Foreign Plant Introductions*, *New Plant Immigrants*, No. 116. Dec., 1915.

*Bulletin of Foreign Plant Introductions*, *New Plant Immigrants*, No. 117. Jan., 1916.
*Bulletin of Foreign Plant Introductions*, *New Plant Immigrants*, No. 118. Feb., 1916.
*Bulletin of Foreign Plant Introductions*, *New Plant Immigrants*, No. 120. Apr., 1916.
*Bulletin of Foreign Plant Introductions*, *New Plant Immigrants*, No. 121. May, 1916.
*Bulletin of Foreign Plant Introductions*, *New Plant Immigrants*, No. 123. July, 1916.
*Bulletin of Foreign Plant Introductions*, *New Plant Immigrants*, No. 125. Sept., 1916.
*Bulletin of Foreign Plant Introductions*, *New Plant Immigrants*, No. 128. Dec., 1916.
*Bulletin of Foreign Plant Introductions*, *New Plant Immigrants*, No. 130. Feb., 1917.
*Bulletin of Foreign Plant Introductions*, *New Plant Immigrants*, No. 131. Mar., 1917.
*Bulletin of Foreign Plant Introductions*, *New Plant Immigrants*, No. 132. Apr., 1917.
*Bulletin of Foreign Plant Introductions*, *New Plant Immigrants*, No. 137. Sept., 1917.
*Bulletin of Foreign Plant Introductions*, *New Plant Immigrants*, No. 138. Oct., 1917.
*Bulletin of Foreign Plant Introductions*, *New Plant Immigrants*, No. 139. Nov., 1917.
*Bulletin of Foreign Plant Introductions*, *New Plant Immigrants*, No. 140. Dec., 1917.
*Bulletin of Foreign Plant Introductions*, *New Plant Immigrants*, No. 141. Jan., 1918.
*Bulletin of Foreign Plant Introductions*, *New Plant Immigrants*, No. 142. Feb., 1918.
*Bulletin of Foreign Plant Introductions*, *New Plant Immigrants*, No. 143. Mar., 1918.
*Bulletin of Foreign Plant Introductions*, *New Plant Immigrants*, No. 144. Apr., 1918.
*Bulletin of Foreign Plant Introductions*, *New Plant Immigrants*, No. 146. June, 1918.
*Bulletin of Foreign Plant Introductions*, *New Plant Immigrants*, No. 149. Sept., 1918.
*Bulletin of Foreign Plant Introductions*, *New Plant Immigrants*, No. 150. Oct., 1918.
*Bulletin of Foreign Plant Introductions*, *New Plant Immigrants*, No. 153. Jan., 1919.
*Bulletin of Foreign Plant Introductions*, *New Plant Immigrants*, No. 155. Mar., 1919.
*Bulletin of Foreign Plant Introductions*, *New Plant Immigrants*, No. 158. June, 1919.
*Bulletin of Foreign Plant Introductions*, *New Plant Immigrants*, No. 160. Aug., 1919.
*Bulletin of Foreign Plant Introductions*, *New Plant Immigrants*, No. 164. Dec., 1919.
*Bulletin of Foreign Plant Introductions*, *New Plant Immigrants*, No. 165. Jan., 1920.
*Bulletin of Foreign Plant Introductions*, *New Plant Immigrants*, No. 167. Mar., 1920.
*Bulletin of Foreign Plant Introductions*, *New Plant Immigrants*, No. 172. Aug., 1920.
*Bulletin of Foreign Plant Introductions*, *New Plant Immigrants*, No. 177. Jan., 1921.

*Bulletin of Foreign Plant Introductions*, *New Plant Immigrants*, No. 178. Feb., 1921.
*Bulletin of Foreign Plant Introductions*, *New Plant Immigrants*, No. 179. Mar., 1921.
*Bulletin of Foreign Plant Introductions*, *New Plant Immigrants*, No. 188. Dec., 1921.
*Bulletin of Foreign Plant Introductions*, *New Plant Immigrants*, No. 190. Feb., 1922.
*Bulletin of Foreign Plant Introductions*, *New Plant Immigrants*, No. 191. Mar., 1922.
*Bulletin of Foreign Plant Introductions*, *New Plant Immigrants*, No. 192. Apr., 1922.
*Bulletin of Foreign Plant Introductions*, *New Plant Immigrants*, No. 193. May, 1922.
*Bulletin of Foreign Plant Introductions*, *New Plant Immigrants*, No. 194. June, 1922.
*Bulletin of Foreign Plant Introductions*, *New Plant Immigrants*, No. 195. July, 1922.
*Bulletin of Foreign Plant Introductions*, *New Plant Immigrants*, No. 196. Aug., 1922.
*Bulletin of Foreign Plant Introductions*, *New Plant Immigrants*, No. 197. Sept., 1922.
*Bulletin of Foreign Plant Introductions*, *New Plant Immigrants*, No. 198. Oct., 1922.
*Bulletin of Foreign Plant Introductions*, *New Plant Immigrants*, No. 199. Nov., 1922.
*Bulletin of Foreign Plant Introductions*, *New Plant Immigrants*, No. 200. Dec., 1922.
*Bulletin of Foreign Plant Introductions*, *New Plant Immigrants*, No. 201. Jan., 1923.
*Bulletin of Foreign Plant Introductions*, *New Plant Immigrants*, No. 202. Feb., 1923.
*Bulletin of Foreign Plant Introductions*, *New Plant Immigrants*, No. 203. Mar., 1923.
*Bulletin of Foreign Plant Introductions*, *New Plant Immigrants*, No. 204. Apr., 1923.
*Bulletin of Foreign Plant Introductions*, *New Plant Immigrants*, No. 205. May, 1923.
*Bulletin of Foreign Plant Introductions*, *New Plant Immigrants*, No. 207. July, 1923.
*Bulletin of Foreign Plant Introductions*, *New Plant Immigrants*, No. 209. Sept., 1923.
*Bulletin of Foreign Plant Introductions*, *New Plant Immigrants*, No. 211. Nov., 1923.
*Bulletin of Foreign Plant Introductions*, *New Plant Immigrants*, No. 213. Jan., 1924.
*Bulletin of Foreign Plant Introductions*, *New Plant Immigrants*, No. 214. Feb., 1924.
*Bulletin of Foreign Plant Introductions*, *New Plant Immigrants*, No. 216. July, 1924.
*Bulletin of Foreign Plant Introductions*, *New Plant Immigrants*, No. 217. Aug., 1924.
*Bulletin of Foreign Plant Introductions*, *New Plant Immigrants*, No. 219. Oct. 30, 1924.

## (二) 学术专著

BRETSCHNEIDER E, 1988. *History of European Botanical Discoveries in China* [M]. London: Sampson Low and Marston.

COX E H M, 1945. *Plant-Hunting in China* [M]. London and Glasgow: Collins Clear-Type Press.

CUNNINGHAM I S, 1984. *Frank N. Meyer Plant Hunter in Asia* [M]. Ames: The Iowa State University Press.

DODGE B S, 1979. *It Started in Eden* [M]. St. Louis/San Francisco/New York : McGraw-Hill Book Company.

FAN · F, 2004. *British Naturalists in Qing China: Science, Empire, and Cultural Encounter* [M]. Cambridge, Mass: Harvard University Press.

FAIRCHILD D, 1938. *The World was My Garden* [M]. New York: Charles Scribner's Son.

FARRINGTON E I, 1931. *Ernest H. Wilson Plant Hunter* [M]. Boston: the Alpine Press, Inc.

HAAS W J, 1996. *China Voyager: Gist Gee's Life in Science* [M]. M. E. Sharpe. New York: Armonk Inc..

HAY I, 1948. *Science in the Pleasure Ground: A History of the Arnold Arboretum* [M]. Mass: Northeastern University.

KLOSE N, 1950. *America's Crop Heritage* [M]. Ames: The Iowa State College Press.

McLEAN B, 2004. *George Forrest, Plant Hunter* [M]. Woodbridge: Antique Collectors' Club Ltd..

RASMUSSEN W D, 1975. *Agriculture in the United States——A Documentary History* [M]. New York: Random House, Inc..

SARGENT C S, 1913. *Ernest Henry Wilson. Plantae Wilsonianae* [M]. Cambridge: Cambridge University Press .

SARGENT C S, 1924. *Annual Report of the Director of the Arnold Arboretum to the President and Fellows of Harvard University* [M]. Cambridge: Cambridge University Press.

STROSS R E, 1986. *The Stubborn Earth: American Agriculturalist on Chinese Soil*, 1898-1937 [M]. Berkeley and Los Angeles London: University of California Press.

SUTTON S B, 1970. *Charles Sprague Sargent and the Arnold Arboretum* [M]. Cambridge: Harvard University Press.

SUTTON S B, 1974. *In China's Border Provinces: the Turbulent Career of Joseph F. Rock Botanist Explorer* [M]. New York : Hastings House.

WANG C W, 1961. *The Forests of China* [M]. Cambridge: Harvard University.

WARD F K, 1985. *Plant Hunting on the Edge of the World* [M]. London: Cadogan Books Ltd..

WILSON E H, 1927. *Plant Hunting* [M]. Hawaii: University Press of the Pacific Honolulu.

WILSON E H, 1911. *Field Notes: Relating to Plants Collected on the Arnold Arboretum Second Expedition to Western China* (1910) [M]. London: Thomas Nelson & Sons.

WILSON E H, 1929. *China, Mother of Gardens* [M]. First Edition. Mass: The Stratford Company.

WILSON E H, 1931. *Plant Hunter* [M]. Mass: The Stratford Company.

WILSON E H, 1913. *A Naturalist in Western China, with Vasculum, Camera, and Gun* [M]. New York: Doubleday, Page Ltd..

## (三) 学术报告、手稿、学位论文、学术论文

ERNEST A R, 1936. Henry Wilson (1876—1930) [J]. *Proceedings of the American Academy of Arts and Sciences*, 70 (10).

FAIRCHILD D, 1906. An Account of some of the Results of the Work of the Office of Seed and Plant Introduction of the Department of Agriculture and of some of the Problems in Process of Solution [J]. *The National Geographic Magazine*, 17 (4).

HAAS W J. 1996. *A Life in Science and in China* [D]. Boston: Harvard University.

KAPLAN J K, 1998. Conserving the world's plants [J]. *Agricultural Research*, 46 (9).

MEYER F N and FAIRCHILD D, 1918. South China Explorations: Typescript [Z]. July 25, 1916-Sept., 21.

*Report of the China-United States Agricultural Mission: An Abstract* [R]. The United States Information Service China Division, June, 1948.

RYERSON K A, 1976. Plant Introductions [J]. *Agricultural History*, Bicentennial Symposium: Two Centuries of American Agriculture, 50 (1): 248.

STONER A, HUMMER K, 2007. 19$^{th}$ and 20$^{th}$ Century Plant Hunters [J]. *HortScience*, 42 (2).

TREDICI P D, 2007. The Arnold Arboretum: A Botanical Bridge between the United States and China from 1915 through 1948 [J]. *Bulletin of the Peabody Museum of Natural History* (2).

# 附 录

## 在华采集部分作物拉丁学名和英汉名称一览表

| 拉丁学名 | 英语名称 | 汉语名称 |
| --- | --- | --- |
| *Actinidia chinensis* Planchon | Chinese gooseberry | 猕猴桃 |
| *Brassica pekinensis*（Lour.）Ruprecht | Chinese cabbage | 大白菜 |
| *Carya cathayensis* Sargent | Chinese hickory | 山核桃 |
| *Castanea mollissima* Blume | Chinese chestnut | 板栗 |
| *Citrus ichangensis* Swingle | Ichang lemon | 宜昌橙 |
| *C. limonia* Osbeck | Meyer lemon | 北京柠檬 |
| *Crataegus pinnatifida* Bunge | Hawthorn | 山楂 |
| *Diospyros kaki* L. F. | Chinese persimmon | 柿子 |
| *Glycine max*（L.）Merrill（*Glycine hispida*） | Soybean | 大豆 |
| *Hordeum vulgare* L. | Barley | 大麦 |
| *Juglans mandshurica* Maxim. | Manchurian walnut | 东北核桃 |
| *Juglans regia* L. | Chinese walnut | 胡桃 |
| *Myrica rubra* Sieb. et Zucc. | Chinese strawberry | 杨梅 |
| *Prunus davidiana*（Carr.）Franch. | Wild peach | 毛桃 |
| *Prunus davidiana* var. *potaninii*（Batal.）Rehder | Potanin's peach | 陕甘山桃 |
| *Prunus persica*（L.）Batsch | Feicheng peach | 肥城桃 |
| *Prunus pseudocerasus* Lindl. | Tangsi cherry | 塘栖樱桃 |
| *Prunus tangutica*（Batal.）Koehne（*Amygdalus tangutica*） | Bush almond | 扁桃 |
| *Pyrus betulaefolia* Bunge | Wild pear | 杜梨 |

(续表)

| 拉丁学名 | 英语名称 | 汉语名称 |
| --- | --- | --- |
| *Pyrus calleryana* Decaisne | Callery pear | 豆梨 |
| *Pyrus ussuriensis* Maxim. | Wild pear of north China | 秋子梨 |
| *Sorghum bicolor* (L.) Moench (*S. vulgare*) | Dwarf sorghum | 矮高粱 |
| *Spinacia oleracea* L. | Spinach | 菠菜 |
| *Triticum aestivum* L. | Winter wheat | 冬小麦 |
| *Triticum turgidum* L. (*T. aestivum*) | Poulard wheat | 圆锥小麦 |
| *Zizyphus jujube* Miller | Jujube | 枣 |

# 后 记

首先说明，这部学术著作的问世是在我博士学位论文的基础上形成的。

2012年，我已经步入不惑之年，有幸考入南京农业大学科学技术史专业攻读学术型博士学位，由于跨学科、跨专业、学术功底薄弱，科研起步之路异常艰辛。在中华农业文明研究院多位教授的辛勤指导和帮助下，我几经周折才最终确定个人学术研究方向，即以中美农业交流史为主要研究内容，并围绕该方向确定了博士学位论文选题。

在新的学术征程中，首先感谢我的博士生导师李群教授，在众多优秀的考生中给予我攻读博士的机会。李老师乐观豁达，为人亲和，平易近人，在跟随导师完成"老科学家学术成长资料采集工程"中国工程院院士传记项目的几年，是我自身学术成长最快的时期，个人学术能力有了本质性突破。

"饮水思源"，这部专著的问世要特别鸣谢中华农业文明研究院院长王思明教授，先生在农业科技史、中外农业交流史等研究领域造诣深厚，鼓励我围绕个人专业基础开展学术研究，博士学位论文选题也是在他的启发下确定的，研究过程中多次得到先生指点，其儒雅学者的风范让我终生难忘。此外，惠富平、沈志忠、严火其等教授和夏如兵副教授，在我攻读博士过程中也给予了宝贵的学术建议，在此致以衷心感谢！

学术研究从来都是站在他人的肩膀上眺望，在专题研究过程中，本人参考了中国科学院自然科学史研究所罗桂环研究员和其他科技史专家的相关学术专著，他们的学术成果或成为本研究的逻辑起点，或为研究过程指引了方向，在此表示诚挚的谢意！

著作合作者王红梅副教授，在繁忙的教学科研工作中，抽出大量时间查阅整理了难以计数的英文原版文献，为书稿的最后确定倾注了无数精力和心血。

此外，著作的出版要感谢江苏理工学院马克思主义学院和侯强教授的大力支持！借此机会，向中国农业科学技术出版社和责任编辑表示衷心感谢，他们提供的出版机会，使得更多人能够了解著作内容，重读那段几乎被遗忘的历史。

刘　琨

2020年10月于江苏常州